Mosaik

Olaf Medenbach
Cornelia Sussieck-Fornefeld

Mineralien

Herausgegeben von Gunter Steinbach
Illustriert von Karl Medenbach

Mosaik Verlag

Bildnachweis

S. = Seite, o. = oben, u. = unten, l. = links, r. = rechts

Rainer Bode, Bochum
S. 31 o.r., S. 31 o.l., S. 35 o.l., S. 35 u.l., S. 43 u.r., S. 45 u.l., S. 53 u., S. 57 o.r., S. 61 o.l., S. 71 u.r., S. 71 u.l., S. 73 o.r., S. 75 o.l., S. 77 o.r., S. 77 o.l., S. 79 o.r., S. 79 o.l., S. 81 o.l., S. 87 o.r., S. 101 u.l., S. 105 o.r., S. 105 o.l., S. 117 o.r., S. 125 o., S. 141 o.r., S. 143 o., S. 147 o.r., S. 147 u.r., S. 149 u.r., S. 151 o.r., S. 151 o.l., S. 151 u.r., S. 151 u.l., S. 159 o.r., S. 161 o.r., S. 161 o.l., S. 161 u.l., S. 165 o.r., S. 165 o.l., S. 165 u.r., S. 165 u.l., S. 173 o.l., S. 173 u.r., S. 173 u.l., S. 179 o., S. 191 o.r., S. 191 o.l., S. 193 o.r., S. 193 o.l., S. 203 o.r., S. 203 o.l., S. 213 o., S. 219 o.r., S. 219 u., S. 225 u.l., S. 229 o.l., S. 233 u.r., S. 235 u.l., S. 237 o.r., S. 245 u.r., S. 247 o.r., S. 247 o.l., S. 249 o.l., S. 251 o.r., S. 253 o.l.

Alle anderen Bilder Olaf Medenbach, Bochum

Objektnachweis auf Seite 284

Wir danken den Museen und Privatpersonen, die unsere Arbeit großzügig unterstützt haben. Ein Teil der Kristallzeichnungen wurde nach Vorlagen aus »Klockmanns Lehrbuch der Mineralogie« mit freundlicher Genehmigung von Herrn Prof. Dr. Hugo Strunz ausgeführt.
Alle Fotos von Dr. Olaf Medenbach wurden mit einem LEITZ-ARISTOPHOT erstellt.

Der Mosaik Verlag ist ein Unternehmen
der Verlagsgruppe Bertelsmann

Neue, bearbeitete Sonderausgabe

Druck und Bindung: Graphischer Großbetrieb Pößneck GmbH
Printed in Germany · ISBN 3-576-10561-1

Inhalt

Die Symbolfarben des Hauptteils

Zum Buch

Das Regelmaß ihrer Formen und die Schönheit ihrer Farben machten Kristalle und Mineralien seit jeher zu Gegenständen der Naturbeobachtung, zu Objekten des Sammeltriebes. Das Interesse am Mineraliensammeln ist in den letzten Jahrzehnten stetig gewachsen, steigende Mitgliederzahlen der Sammlervereinigungen, die allein in Deutschland in die Zehntausende gehen, bezeugen das.

Dieser Band will das Verständnis interessierter Laien für die Kristalle, ihren inneren Aufbau und ihre Eigenschaften vertiefen. Die wichtigsten Arten (Spezies) werden in Wort und Bild beschrieben, die zu ihrer Bestimmung nötigen Hilfsmittel geliefert. Aus diesem Grund gliedert sich der Band in drei Teile:

Der vorangestellte allgemeine Teil führt den Leser ohne Voraussetzung mineralogischen Fachwissens gleichsam ins Innere der Kristalle. Hier werden – mit geschichtlichem Rückblick – Grundlagen zum Aufbau der Kristalle gegeben. Ihre stoffliche Feinstruktur nämlich bedingt die physikalischen und chemischen Eigenschaften der Kristalle, also auch ihre äußere Erscheinung und damit ihre Schönheit.

Im zweiten, dem Hauptteil, werden 223 der wichtigsten in Europa vorkommenden Mineralien oder Mineralgruppen vorgestellt. Im Einklang mit den anderen Bänden der Reihe sind die Arten nach ihrer Systematik geordnet; sie folgt in der Mineralogie der Kristallchemie und unterscheidet neun Klassen:

I Elemente
II Sulfide
III Halogenide
IV Oxide und Hydroxide
V Nitrate, Carbonate, Borate
VI Sulfate, Chromate, Molybdate, Wolframate
VII Phosphate, Arsenate, Vanadate
VIII Silikate
IX organische Verbindungen

Der dritte Teil des Buches bringt Bestimmungstafeln. Sie ermöglichen es dem Leser, einzelne Mineralien durch Bestimmen ihrer besonderen Merkmale zu unterscheiden.

Mineralien sind stofflich einheitliche natürliche Bestandteile der starren Erdkruste. Sie kennzeichnen sich durch eine einheitliche (homogene) chemische Zusammensetzung und durch ein ihnen typisches Kristallgitter. Das Kristallgitter verleiht den Mineralien (und ganz allgemein den Kristallen) bestimmte physikalische und chemische Eigenschaften.

Diese arttypischen und diagnostisch verwertbaren Eigenschaften werden seit alters her zur Bestimmung der Mineralien nach äußeren Merkmalen benutzt. Sie ermöglichen dem geübten Beobachter in vielen Fällen eine schnelle und eindeutige Bestimmung. Voraussetzung einer solchen Diagnose ist allerdings, daß man den Ergebnissen kritisch gegenübersteht, um Fehlbestimmungen zu vermeiden. Zahlreiche Mineralien können absolut eindeutig und einfach bestimmt werden. Andere, denen weniger typische Eigenschaften zukommen, führen oft zu zweifelhaften und mehrdeutigen Ergebnissen. Bei ihnen muß eine genaue Bestimmung dem Fachmann vorbehalten bleiben, dem zur eindeutigen Identifikation aufwendige physikalische und chemische Verfahren zur Verfügung stehen, etwa die röntgenographische Phasenanalyse und die Elektronenstrahlmikrosonde für mikrochemische Analysen.

Zum sicheren Bestimmen nach äußeren Kennzeichen ist eine gewisse Erfahrung und Übung nötig. Der Interessierte möge daher keine Gelegenheit auslassen, in Sammlungen und Ausstellungen anhand der Mineralien selbst sein Auge zu schulen. Nur so kann man in Verbindung mit fachmännischer Unterweisung und unterstützt durch Hilfsmittel, wie sie dieser Band bietet, eine ausreichende Sicherheit bei der Mineralbestimmung erreichen.

Gang der Bestimmung: Drei wichtige Bestimmungskriterien sind leicht erlernbar und an den Mineralien in der Regel sehr gut anwendbar. 1. der Glanz, 2. die Strichfarbe, 3. die Härte. Nach diesen drei Kriterien gliedern sich die Bestimmungstafeln am Ende des Buches. Ein Teil faßt die metallisch glänzenden Mineralien zusammen. Sie sind weiter untergliedert nach der Eigenfarbe und nach aufsteigender Härte.

Die nichtmetallisch glänzenden Mineralien wurden nach Arten mit einem farbigen Strich unterschieden, die dann wiederum nach der Farbe ihres Strichs und aufsteigender Härte unterteilt sind, und solchen ohne farbigen Strich. Diese sind ausschließlich nach aufsteigender Härte geordnet. Nach der Bestimmung dieser drei wichtigsten diagnostischen Merkmale und dem Vergleich mit den anderen Mineralarten in der Tabelle und im bebilderten Hauptteil lassen sich die Mineralien bestimmen.

Die acht Erkennungssymbole des Hauptteils

Die Form steht für das Kristallsystem, die Farbe für die Strichfarbe des Minerals, Ziffern bezeichnen die Ritzhärte nach Mohs.

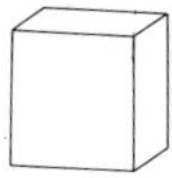

kubisch

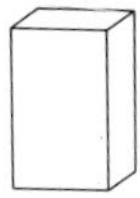

tetragonal

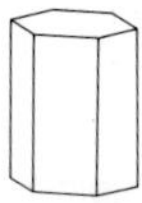

hexagonal

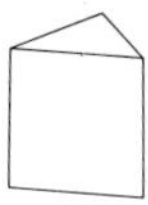

trigonal

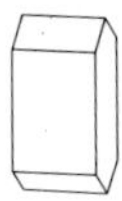

rhombisch

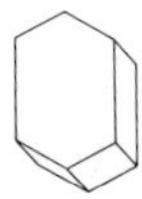

monoklin

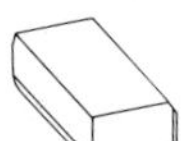

triklin

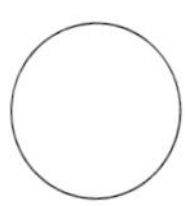

nicht kristallin

Angaben zum Glanz:

met. = metallischer Glanz
halbm. = halbmetallischer Glanz
n.met. = nichtmetallischer Glanz

Was ist Mineralogie?

Die naturwissenschaftlichen Disziplinen Geologie, Geophysik und Mineralogie befassen sich mit der Erforschung des Erdaufbaus. Während die Geologie großräumige Prozesse, wie Gebirgsentstehung und Großbewegungen in der Erdkruste untersucht, wenden sich die Mineralogen dem Einzelmineral zu, das die Gesteine als deren kleinstes Bauteilchen zusammensetzt und deren äußere Eigenschaften bestimmt. Das Wort Mineral leitet sich ab aus dem lateinischen *minare,* Bergbau betreiben; es zeigt die enge historische Verwandtschaft zwischen der Bergbaukunde und der Beschäftigung mit dem gewonnenen Berggut, dem Mineral, auf.

Die Fragestellungen der modernen Mineralogie greifen heute viel weiter. Zu ihren Schwerpunkten gehört die Untersuchung der Bildungsbedingungen von Mineralien, ihr Verhalten bei hohen Drucken und Temperaturen, ihre kristallchemische Zusammensetzung und ihre Eignung für technische Zwecke. In Zusammenarbeit mit Geologen, Chemikern, Physikern und Medizinern verfolgt die Mineralogie darüber hinaus auch grenzüberschreitende Probleme. Innerhalb der Mineralogie unterscheidet man drei Teilgebiete:

Kristallkunde. Der Ursprung des Wortes stammt aus dem griechischen *crystallos,* Bergkristall, die glasklare, farblose Varietät des Quarzes. Die Kristallkunde oder Kristallographie untersucht den kristallinen Zustand der Materie. Kristalle sind in ihrem Inneren hochgeordnete Gebilde aus einzelnen chemischen Bauteilen, den Atomen, Ionen oder Molekülen. Diese Bausteine haben einen festen Platz. Ihre räumliche Anordnung nennt man das Kristallgitter. Der kristalline Zustand ist der normale Zustand aller Festkörper. Nicht nur unsere Erde ist nahezu vollständig aus einzelnen Kristallen aufgebaut, sondern auch die ganze Vielfalt der technischen Produkte, wie die Metalle und Legierungen, die organischen und anorganischen chemischen Verbindungen und sogar eine Reihe von biologischen Objekten. Das Stützskelett der Säugetiere und die Zähne der Tiere und Menschen sind ebenso aus Kristallen aufgebaut, wie die Kalkschalen der Muscheln und die Stacheln der Seeigel. Kristalle zeichnen sich durch gleiche chemische und physikalische Eigenschaften innerhalb ihres Kristallgitters aus.

Mineralkunde. Alle Kristalle, die ohne das Einwirken des Menschen in der Natur entstanden sind, bezeichnet man als Mineralien. Die Bedeutung der Mineralien für die Menschheit ist unübersehbar. Einst nur als Werkzeuge oder Schmuck von vorgeschichtlichen Menschen benutzt, bilden die Mineralien heute die Grundlage der technisierten Welt. Sie sind Rohstoffe für Erze und Baumaterialien, für Glas, Keramik, ja für die anorganische Chemie überhaupt. Die Bedeutung der Mineralien geht noch sehr viel weiter. Ohne sie wäre die Entstehung und die Erhaltung von Leben unmöglich, da sowohl die Grundbausteine als auch die wichtigen Spurenelemente den Mineralien entstammen. Die Mineralkunde beschäftigt sich mit der Bestimmung der physikalischen und chemischen Eigenschaften der Mineralien.

Gesteinskunde oder **Petrologie.** Gesteine sind Mineralaggregate, die in großen felsartigen Massen auftreten. Man unterscheidet polymineralische Gesteine, bei denen mehrere Mineralarten am Aufbau beteiligt sind, wie z. B. beim Granit Feldspat, Quarz und Glimmer, von den monomineralischen Gesteinen. Diese bestehen aus vielen einzelnen Kristallen einer einzigen Mineralart, wie z. B. der Marmor aus Calcit und der Quarzit aus Quarz. Die Petrologie beschäftigt sich mit der Beschreibung von Gesteinen und deren Bildungsbedingungen.

Der innere Aufbau von Kristallen

Das Ebenmaß der Mineralien hat die Menschen seit jeher in seinen Bann gezogen; die Symmetrie und die Perfektion der Kristallflächen sind Ausdruck geheimnisvoller Naturgesetze, die jahrtausendelang die Fantasie der Forscher erregten und schließlich zur Entdeckung des inneren Aufbaus der Kristalle führten.

Bereits im alten Griechenland beschäftigten sich Aristoteles und Theophrastos besonders eingehend mit Mineralien. Sie kannten schon damals sechzig verschiedene Arten (Spezies), die sie nach ihren Eigenschaften, wie Bearbeitbarkeit, Brennbarkeit oder metallartigem Charakter klassifizierten. Diese Kenntnisse wurden von arabischen Ärzten angewandt und vermehrt. Bereits um das Jahr 1000 war Biruni in der Lage, die Dichte von Mineralien physikalisch exakt zu bestimmen. Er entdeckte auch als erster kleine Flüssigkeitseinschlüsse im Inneren der Kristalle, die er schon damals als Reste der Substanz deutete, aus der sich die Kristalle bilden. Danach wurde es um die Mineralogie einige Jahrhunderte lang verhältnismäßig still, bis 1556 das Buch des deutschen Arztes und Naturwissenschaftlers Georg Agricola »De re metallica« erschien, das sich mit Bergbau, Hüttenkunde und Mineralogie beschäftigte, drei zu dieser Zeit eng verquickte Wissensgebiete.

Die vielleicht wesentlichste Entdeckung, die schließlich zur Kenntnis des inneren Aufbaus von Kristallen führte, gelang 1669 Nicolaus Steno. Steno maß mit Hilfe von Anlegegoniometern und Winkelmessern die Winkel zwischen einzelnen Flächen der regelmäßig begrenzten Kristalle und fand, daß bei derselben Kristallart die Winkel zwischen gleichen Flächen immer gleich waren. Dabei spielte es keine Rolle, ob ein Quarzkristall aus den Zerrklüften der Alpen, aus dem Marmor von Carrara oder aus den Tiefen des Harzer Bergbaus stammte: Der Winkel, den zwei Prismenflächen dieser Quarzkristalle zwischen sich einschlossen, war immer 120°.

Steno nannte diese für die Kristallographie grundlegende Erscheinung das Gesetz von der Konstanz der Flächenwinkel. Er erkannte schon damals, daß dieser äußeren Regelmäßigkeit eine tiefe innere Ordnung zugrundeliegen mußte.

Text weiter auf Seite 12

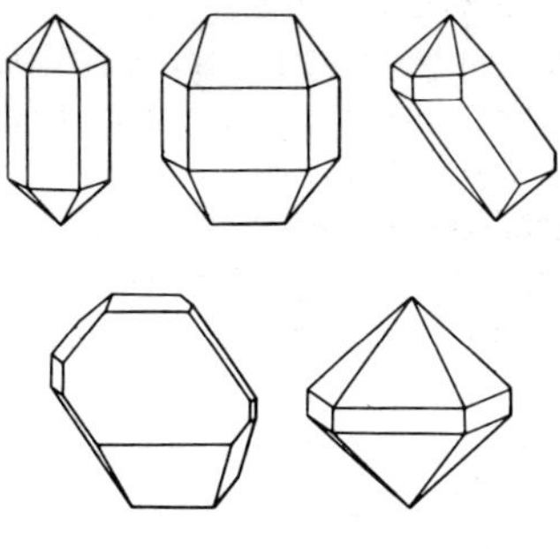

Bild 1: *Ideale und verzerrte Kristalle von Quarz. Die Winkel zwischen gleichen Flächen sind immer genau gleich (Gesetz von der Konstanz der Flächenwinkel).*

Die sieben Kristallsysteme

kubisch
$a = b = c$
$\alpha = \beta = \gamma = 90°$

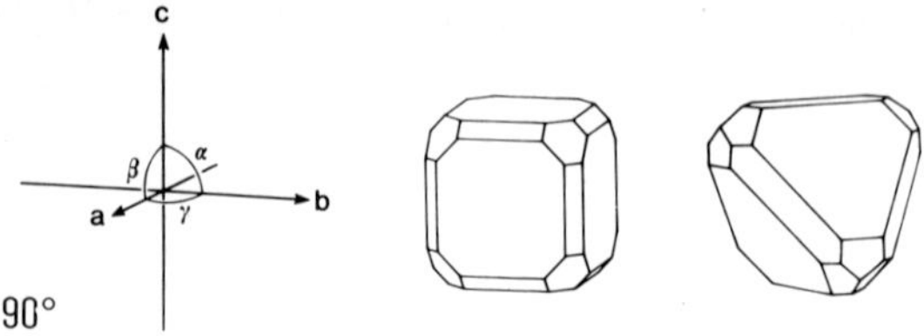

Uraninit — Boracit

tetragonal
$a = b \neq c$
$\alpha = \beta = \gamma = 90°$

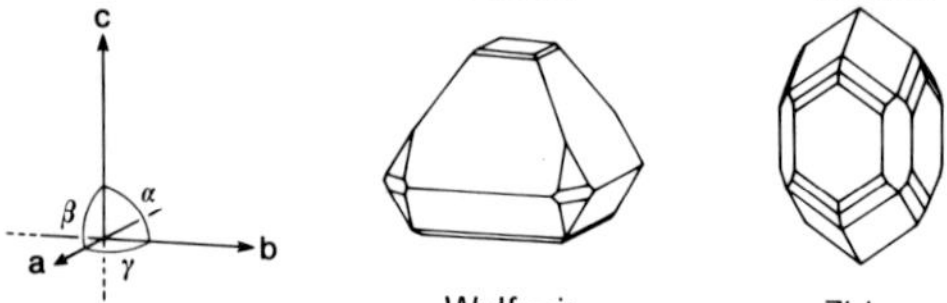

Wulfenit — Zirkon

hexagonal
$a_1 = a_2 = a_3 \neq c$
$\alpha = \beta = 90°;\ \gamma = 120°$

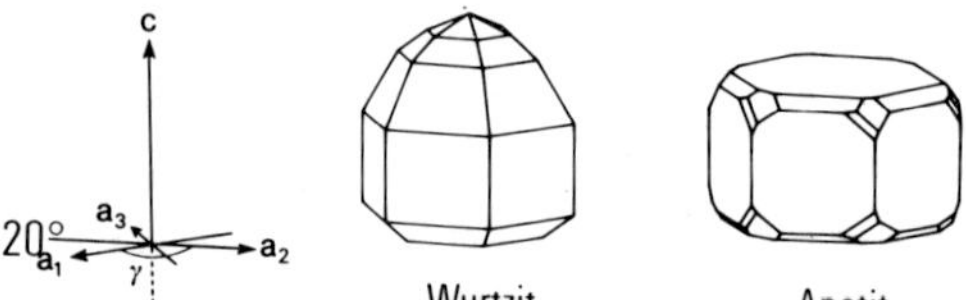

Wurtzit — Apatit

trigonal
$a_1 = a_2 = a_3$
$\alpha_1 = \alpha_2 = \alpha_3 \neq 90°$

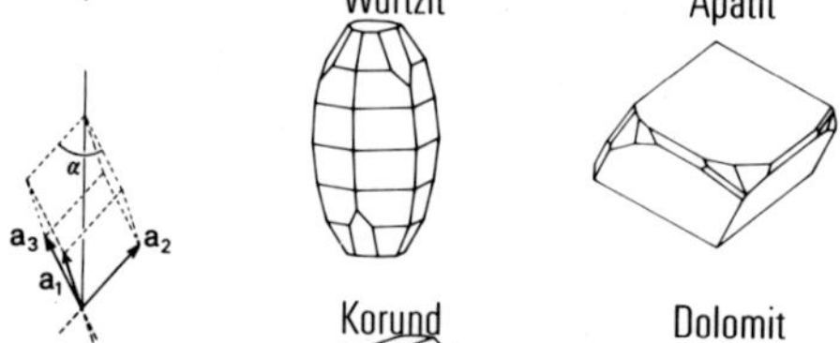

Korund — Dolomit

rhombisch
$a \neq b \neq c$
$\alpha = \beta = \gamma = 90°$

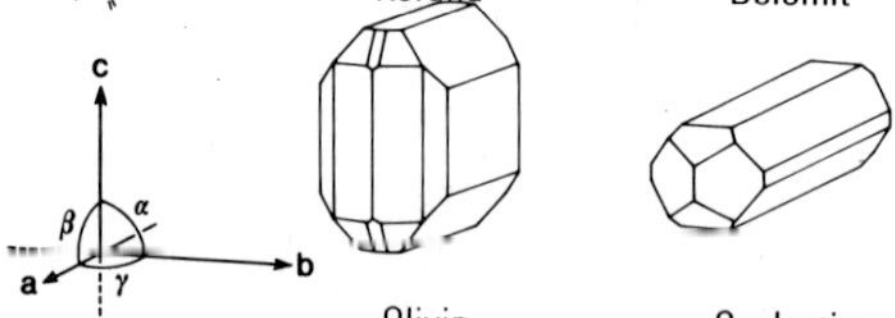

Olivin — Coelestin

monoklin
$a \neq b \neq c$
$\alpha = \gamma = 90°;\ \beta \neq 90°$

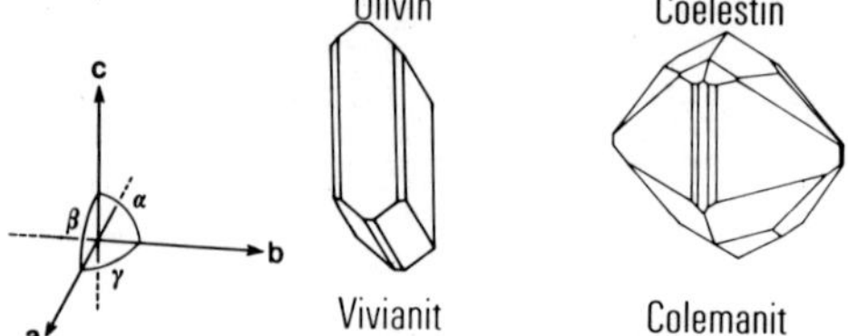

Vivianit — Colemanit

triklin
$a \neq b \neq c$
$\alpha \neq \beta \neq \gamma \neq 90°$

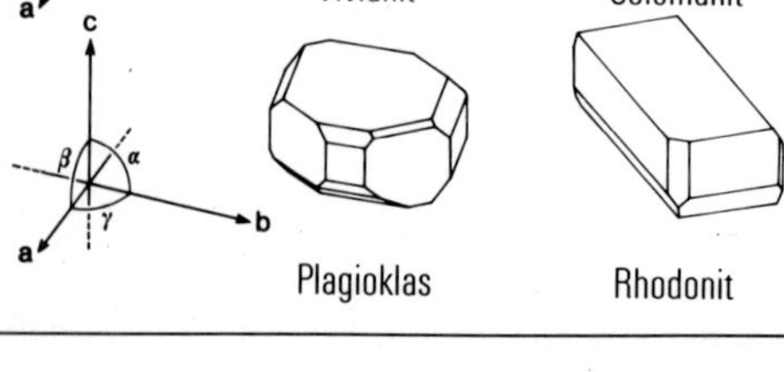

Plagioklas — Rhodonit

2

3

4

5

6

7

Bild 8: *Vivianit, monoklin*
Trepča/ehem. Jugoslawien, 35 × 35 mm

Bild 9: *Rhodonit, triklin*
Pajsberg, Wermland/Schweden,
12 × 12 mm

Zu Seite 11

Bild 2: *Granat (Grossular), kubisch*
Ikositetraeder
Québec/Kanada, 25 × 25 mm

Bild 3: *Cuprit, kubisch*
Würfel, Oktaeder, Rhombendodekaeder
Onganja, SWA/Namibia, 23 × 23 mm

Bild 4: *Wulfenit, tetragonal*
Basis und Pyramide
Tsumeb, SWA/Namibia, 30 × 30 mm

Bild 5: *Mimetesit, hexagonal*
Basis, Prisma und Pyramide
Mt. Bouney Mine, N.T./Kanada,
12 × 12 mm

Bild 6: *Calcit, trigonal*
orientierte Aufwachsungen von Pyrit
Grube Lindenberg, Taunus/BRD,
18 × 18 mm

Bild 7: *Anglesit, rhombisch*
Mine Meretrice/Neukaledonien,
12 × 12 mm

In den folgenden Jahrzehnten und Jahrhunderten wurde eine wahre Flut von morphologischen Untersuchungen mit Winkelmesser und Goniometer an Kristallen vorgenommen, die schließlich zu der Feststellung führten, daß sich alle vorkommenden Kristalle in ein Schema von nur 7 verschiedenen Gruppen einordnen ließen, die man die »Kristallsysteme« nannte.
Diese Kristallsysteme sind durch unterschiedliche Symmetrie voneinander abgetrennt. Zur Beschreibung der Kristallsysteme und ihrer Symmetrie genügt ein einfaches Koordinatenkreuz, das durch die Länge seiner drei Achsen und die Winkel zwischen ihnen charakterisiert wird (siehe S. 10).
Mit Hilfe der sieben Kristallsysteme war es zwar möglich geworden, alle Mineralien bezüglich ihrer Symmetrie zu klassifizieren, der Erkenntnis über deren inneren Aufbau aber war man damit um keinen Schritt näher gekommen. Durch ein Miß-

geschick und im Anschluß daran durch ein großartiges Gedankenexperiment kam schließlich der französische Mineraloge Haüy auf die richtige Spur. Haüy besichtigte einmal die Mineraliensammlung eines Freundes, wobei ihm ein schöner Calcitkristall aus der Hand fiel und zerbrach. Beim genauen Hinsehen fand der französische Gelehrte, daß die unzähligen Bruchstücke des Kristalls untereinander alle ähnlich waren. Sie bestanden aus von sechs Rhomben begrenzten Rhomboedern, die Winkel zwischen den entsprechenden Flächen der Rhomboeder waren in allen Fällen gleich.

Calcit ist das formenreichste Mineral, das wir überhaupt kennen. Es gibt weit über hundert verschiedene Kristallformen mit mehr als tausend Kombinationen. Die Ausbildung der Kristalle reicht von langgestreckten, nadeligen bis zu papierdünnen, blättrigen Formen.

Haüy führte nun Versuche an Calciten mit völlig unterschiedlichen Kristallformen durch, und das Ergebnis war immer das gleiche: Bei einer mechanischen Beanspruchung spalteten sich die Kristalle, wobei immer Rhomboeder entstanden, deren Flächen gleiche Winkel hatten. Auch bei mikroskopischer Betrachtung feinsten Calcitstaubes blieb das Ergebnis gleich: Kleine Rhomboeder ließen sich im Mikroskop in immer noch kleinere aufspalten. Das Ergebnis dieser Versuche und die daran anknüpfende Theorie veröffentlichte Haüy 1801 in seinem berühmten Werk »Traité de minéralogie«. In diesem vielbeachteten Werk äußerte er die Ansicht, daß sich die beobachtete Calcitspaltung über den mikroskopischen Bereich hinaus bis zum submikroskopischen fortführen ließe. Irgendwann einmal, so glaubte Haüy, käme man aber zu einem kleinsten Spaltrhomboederchen, das sich dann nicht mehr weiter zerteilen ließe, ohne daß man das Calciumcarbonat Calcit ($CaCO_3$) in seine chemischen Einzelteile zerlegen würde. Diese hätten dann aber völlig andere Eigenschaften, und der Kristall Calcit wäre somit zerstört. Die kleinsten Teilchen nannte Haüy die »Spaltungskerne«.

Sozusagen in Umkehrung seiner Spaltungsversuche baute Haüy dann aus seinen »Spaltungskernen« wieder Kristalle auf. Aus den kleinen Rhomboedern ließen sich natürlich leicht große Rhomboeder zusammensetzen. Durch geeignetes lückenloses Aufeinanderstapeln gelang es aber auch, völlig andere Kristallformen zu erhalten, wie z. B. Skalenoeder oder Prismen. Es war möglich, alle beobachteten Kristallformen am Calcit durch das gesetzmäßige Aufeinanderstapeln der Spaltungskerne abzuleiten und damit erstmalig eine ebenso anschauliche wie auch mathematisch nachvollziehbare Begründung der von Steno beobachteten Konstanz der Flächenwinkel zu geben.

Haüy machte auch Experimente mit kubischen Kristallen, deren »Spaltungskerne« kleinste Würfel sind. Aus diesen Würfelchen konstruierte er Oktaeder, Tetraeder und viele andere kubische Flächenformen, die allesamt auch in der Natur beobachtet werden können. Ein Beispiel aus seinem reich bebilderten Buch »Traité de minéralogie« ist Bild 10. Nur aus Würfeln baute Haüy ein Rhombendodekaeder, eine Kristallform, die bei Granat (Bild 11) häufig vorkommt.

Haüy glaubte damals noch, daß die kleinsten »Spaltungskerne« unveränderbare und starre Teilchen sind. Im Gegensatz dazu stand die Beobachtung, daß sich

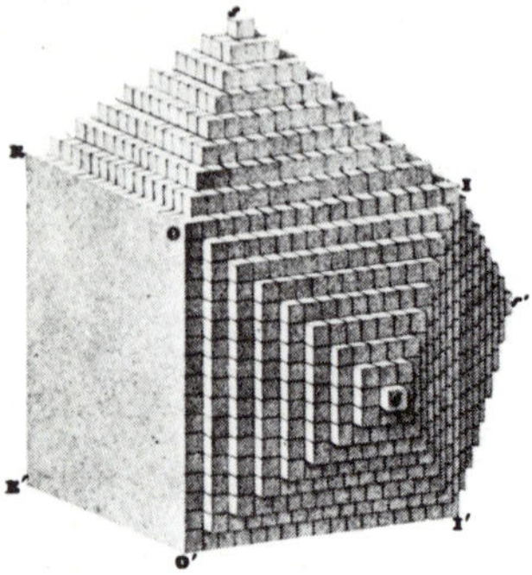

Bild 10: *Konstruktion eines Rhombendodekaeders aus kleinen Würfelchen (Haüy, »Traité de minérologie«, 1801).*

Bild 11: *Granat Rhombendodekaeder Québec/Kanada, 17 × 17 mm*
Die kleinsten Bausteine dieses Kristalls sind gleichfalls Würfelchen.

Kristalle durch äußeren Druck zusammenpressen (komprimieren) lassen, d. h. daß ihr Volumen kleiner wird. Diese Beobachtung ist jedoch mit einem Aufbau aus unveränderlichen, starren Teilchen unvereinbar. Seebers entwickelte im Jahre 1824 in einer Kritik an den Arbeiten Haüys den Gedanken, daß innerhalb der »Spaltungskerne« die chemischen Bestandteile, beim Calcit also das Ca und CO_3, sich nicht berühren und damit einen starren Bauteil bilden, sondern daß sie gewisse Abstände zueinander einhalten. Die chemischen Komponenten könnten innerhalb des »Spaltungskerns« feste, wohlgeordnete Plätze einnehmen, aber in gewisser Weise noch beweglich oder sogar austauschbar sein.

Eine großartige Entdeckung, welche diese Theorie unmittelbar beweisen sollte, gelang am Beginn des 19. Jahrhunderts, der Blütezeit der Mineralchemie, dem Chemiker Eilhard Mitscherlich. Mitscherlich wußte, daß es verschiedene Mineralarten gibt, die in völlig gleichen Kristallformen kristallisieren. Apatit, Pyromorphit, Vanadinit und Mimetesit z. B. kommen in schönen hexagonalen Prismen vor, Vivianit und Erythrin sowie Annabergit bilden stets identische monokline Kristalle (Bilder 12 und 13). Mitscherlich fand bei der Analyse solcher gleichgestaltiger Mineralien, daß auch deren chemische Formeln außerordentlich ähnlich sind. Dies zeigt das Beispiel:

Vivianit	$Fe_3(PO_4)_2 \cdot 8H_2O$
Erythrin	$Co_3(AsO_4)_2 \cdot 8H_2O$

Bei gleichem Formentypus ist, verglichen mit Vivianit, im Erythrin das Eisen durch Kobalt ersetzt und der Phosphor durch Arsen. Die Gleichheit der Kristallform zweier ähnlich zusammengesetzter Mineralien ist also dadurch bedingt, daß bei gleichem Formeltypus gewisse chemische Elemente

Bild 12: *Vivianit, $Fe_3[PO_4]_2 \cdot 8H_2O$*
Trepča, ehem. Jugosl.; 12 × 12 mm

Bild 13: *Erythrin, $Co_3[AsO_4]_2 \cdot 8H_2O$*
Bou Azzer/Marokko; 20 × 20 mm

Die äußere Gestalt von Vivianit und Erythrin ist gleich, ihre chemischen Formeln sind vom Typus her sehr ähnlich. Daraus schloß Mitscherlich auf eine gleiche Anordnung der Bausteine im Inneren der Kristalle und nannte diese Eigenschaft Isomorphie.

durch andere ersetzt werden können. Mitscherlich nannte diese Erscheinung *Isomorphie,* d. h. Gleichgestaltigkeit.

Bei seinen eingehenden Studien fand Mitscherlich auch, daß manche völlig unterschiedliche Mineralien offensichtlich die gleiche chemische Zusammensetzung haben. So besteht nicht nur der Calcit, sondern auch der Aragonit aus $CaCO_3$; reiner Kohlenstoff kristallisiert nicht nur als Graphit, sondern auch als Diamant (Bilder 15 und 17). Mitscherlich schloß daraus, daß nicht nur die Art der chemischen Bestandteile ein Mineral charakterisiert, sondern in ganz besonderem Maße auch die räumliche Anordnung dieser Bauteile innerhalb der »Spaltungskerne«. Er nannte diese Eigenschaft *Polymorphie.*

Aufgrund dieser Erkenntnis, daß sowohl chemische Zusammensetzung als auch die räumliche Anordnung der Bausteine zur Charakterisierung eines Minerals nötig sind, entwickelte sich die moderne Mineralklassifikation nach *kristallchemischen Eigenschaften,* die sowohl der chemischen Zusammensetzung als auch der Kristallstruktur Rechnung trägt.

Die großartige Bestätigung all dieser Theorien gelang durch ein Experiment, das Max von Laue 1912 durchführte und für das er 1914 den Nobelpreis für Physik erhielt. Er durchstrahlte einen Kupfersulfatkristall mit einer damals gerade von dem deutschen Physiker Röntgen entdeckten Strahlungsart. Auf einer fotografischen Platte hinter dem Kristall entstanden ganz typische, die Symmetrie des Kristalls widerspiegelnde Punktmuster. Durch dieses Experiment waren gleich zwei Dinge zweifelsfrei erwiesen:

1. Das Röntgenlicht wird an den Bausteinen des Kristallgitters gebeugt und kann hinter dem Kristall Interferenzerscheinungen hervorrufen. Diese Interferenzerschei-

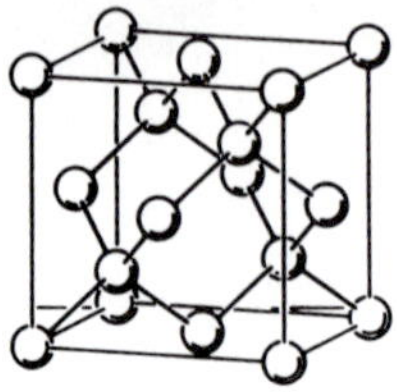

Bild 14: *Kristallstruktur von Diamant*

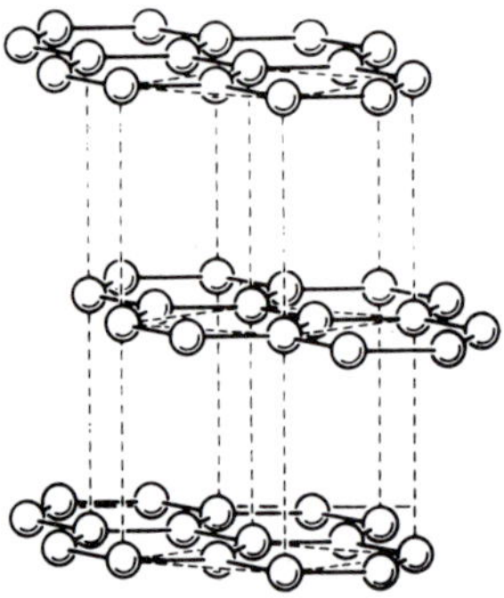

Bild 15: *Kristallstruktur von Graphit*
Die unterschiedliche Struktur bei gleicher chemischer Zusammensetzung (Polymorphie) bedingt völlig verschiedene Eigenschaften.

Bild 16: *Diamant, chemisch reiner Kohlenstoff, Kimberley, RSA, 15× 15 mm*

Bild 17: *Graphit, chemisch reiner Kohlenstoff. Altstadt, ehem. ČSSR 16× 16 mm*

nungen sind ein Abbild der Symmetrie des Kristalls und der räumlichen Anordnung der einzelnen Bausteine innerhalb seines Kristallgitters.

2. Die Röntgenstrahlung besteht aus elektromagnetischen Wellen sehr kurzer Wellenlänge.

In neuester Zeit ist es sogar gelungen, durch die Anwendung höchstauflösender elektronenmikroskopischer Methoden solche Kristallgitter unmittelbar sichtbar zu machen. Bild 18 zeigt solch ein höchstauflösendes elektronenmikroskopisches Abbild eines Beryllkristalls, dessen Struktur aus zahllosen bienenwabenartig aneinandergereihten Sechserringen von $(SiO_4)^{4-}$-Tetraedern besteht. Die Fotografie des natürlichen Kristalls (Bild 19) spiegelt exakt

Bilder 18 und 19: *Beryll (Smaragd) Muzo, Kolumbien, 10× 10 mm*
Die höchstauflösende elektronenmikroskopische Aufnahme beweist, daß der in sechsseitigen Prismen kristallisierende Beryll in seinem Inneren aus ebenfalls sechsseitigen Bausteinen aufgebaut ist, die bienenwabenähnlich verknüpft sind.

Bild 20: *Auch die röntgenographische »Laue-Aufnahme« zeigt eindeutig die hexagonale Symmetrie des Berylls.*

diesen inneren Aufbau wider. Auch das Röntgen-Diagramm nach Laue (Bild 20) zeigt eindeutig die hexagonale Symmetrie in Form eines sechsstrahligen Punktmusters.

Nach jahrhundertelangem Rätseln um den inneren Aufbau der Kristalle weiß man heute also, daß die einzelnen chemischen Bestandteile, wie Moleküle, Atome oder Ionen, in einem Kristallgitter angeordnet sind, wo sie feste und nur wenig veränderbare Plätze einnehmen. Zur eindeutigen Beschreibung eines Minerals ist sowohl dessen chemische Zusammensetzung als auch die genaue Kenntnis des Kristallgitters erforderlich.

Das Wissen um die Kristallstruktur eines Minerals braucht man aber nicht nur für die Klassifikation. Viel wichtiger ist es, daß man aus der Kenntnis des inneren Aufbaus der Kristalle deren äußere Eigenschaften erklären kann. Ein besonders gutes Beispiel dafür geben die beiden polymorphen Mineralien Diamant und Graphit (Bilder 15 und 17). Beide sind chemisch identisch, aber ihre physikalischen Eigenschaften unterscheiden sich wegen ihrer verschiedenen Strukturen grundlegend. Diamant ist mit Abstand das härteste aller Mineralien, er ist klar durchsichtig, er ist ein Isolator, hat geringe Wärmeleitfähigkeit und eine Spaltbarkeit nach der Oktaederfläche. Ganz anders der Graphit: Er ist sehr weich und wird sogar als Schmiermittel benutzt, er leitet sowohl elektrischen Strom als auch Wärme und ist vollkommen spaltbar nach der Basis.

Die Eigenschaften der Mineralien

Bild 21: *Katapleit*
Mt. St. Hilaire/Kanada, 25 × 25 mm
hexagonal, tafeliger Habitus

Eines der augenfälligsten Merkmale von Kristallen ist die **Kristallform** (siehe Seite 10). Immer dann, wenn Kristalle unter freier Entfaltung ihrer Gestalt *(idiomorph)* wachsen können, bilden sie ebenmäßige Körper, an denen die Symmetrie erkennbar ist. Mit der Einordnung in eines der sieben Kristallsysteme ist ein wesentlicher Schritt der Mineralidentifikation bereits vollzogen. Aber auch idiomorphe Kristalle einer einzigen Mineralart können durchaus sehr unterschiedlich, z. B. verzerrt sein (Bild 1) und damit das Erkennen der Symmetrie erschweren. Außerdem kann es zur Ausbildung völlig verschiedener Flächenformen, der **Tracht** kommen; im kubischen Kristallsystem z. B. von Würfelflächen, Oktaederflächen und Rhombendodekaederflächen oder Kombinationen dieser Flächen an einem einzigen Kristall. Die Tracht ist unabhängig von der Größe der einzelnen Kristallflächen und deren Verhältnis zueinander, während der **Habitus** die Größenverhältnisse der Flächen beschreibt. So können z. B. Kristalle mit gleicher Tracht völlig unterschiedlichen Habitus zeigen.

Bild 24: *Glasglanz*
Calcit und Fluorit
Andreasberg, Harz/BRD, 40 × 40 mm

Bild 25: *Diamantglanz*
Sphalerit
Tifin, Ohio/USA, 25 × 25 mm

Bild 22: *Vanadinit*
Arizona/USA, 15× 15 mm
hexagonal, isometrischer Habitus

Bild 23: *Mimetesit mit Bayldonit*
Tsumeb, SWA/Namibia, 35× 35 mm
hexagonal, prismatischer Habitus

Dies verdeutlicht Bild 21–23.

Der **Glanz** der Mineralien ist eine arttypische Eigenschaft, die sehr leicht auch von Ungeübten bestimmbar ist. Als diagnostisches Merkmal ist er deshalb hervorragend geeignet. Man unterscheidet im wesentlichen nichtmetallisch glänzende Mineralien von metallisch glänzenden Mineralien. Alle nichtmetallisch glänzenden sind durchsichtig oder transparent und

Bild 26: *Halbmetallischer Glanz*
Pyrargyrit
Andreasberg, Harz/BRD, 40× 40 mm

Bild 27: *Metallglanz*
Pyrit
Peru, 32× 32 mm

glänzen mehr oder weniger stark. Man unterscheidet den schwachen Glasglanz (Bild 24) von dem starken Diamantglanz oder dem Fettglanz (Bild 25) und dem halbmetallischen Glanz, den fast metallische, aber noch eben transparente Kristalle zeigen (Bild 26). Metallisch glänzende Mineralien sind völlig opak, d. h. undurchsichtig, und ihre Kristallflächen spiegeln oft stark (Bild 27).

Aggregatformen: Kristalle können ihre eigene idiomorphe Gestalt immer nur dann entwickeln, wenn sie in ihrem Wachstum nicht gestört werden, z. B. freischwebend in einer Gesteinsschmelze oder in Drusenräumen in Gesteinen. Wenn sich die Kristalle aber gegenseitig im Wachstum behindern, nennt man die entstandenen Gebilde Aggregate. Die Formen der Aggregate sind in vielen Fällen arttypisch und daher auch diagnostisch verwertbar. Einige typische Aggregatformen lassen auch Rückschlüsse auf die Bildungsbedingungen der Mineralien zu. Skelettförmige oder dendritische Kristalle sind meist sehr schnell unter reichhaltiger Stoffzufuhr gewachsen; glaskopfartige oder nierig-traubige Aggregate sind in der Regel aus gelförmiger oder kolloidaler Ausgangssubstanz entstanden.

Typische Aggregatformen zeigen die Bilder 28 bis 35.

Härte: Neben der Kristallform, dem Glanz und der Farbe ist die sogenannte Ritzhärte das wichtigste Bestimmungsmerkmal bei Mineralien. Man mißt sie üblicherweise nach der nichtlinearen Mohs'schen Härteskala; sie umfaßt die Werte von 1 (sehr weich) bis 10 (außerordentlich hart).

Siehe Bilder 36–44.

1 = Talk	ritzbar mit Fingernagel (1–2)
2 = Gips	
3 = Calcit	ritzbar mit Taschenmesser (1–5)
4 = Fluorit	
5 = Apatit	
6 = Feldspat	ritzbar mit Glas (1–6)
7 = Quarz	
8 = Topas	
9 = Korund	
10 = Diamant	

Bild 28: *Tafelig-blättrige Aggregate*
Torbernit
Musonoi, Katanga/Zaïre, 30× 30 mm

Bild 29: *Faserig-nadelige Aggregate*
Cyanotrichit
Cap Garonne, Var/Frankreich, 19× 19 mm

Bild 30: *Sphärolithische Aggregate*
Wavellit
Pencil Bluff, Arkansas/USA, 16× 16 mm

Bild 31: *Kugelige Aggregate*
Wavellit
Garland Co., Arkansas/USA, 31× 31 mm

Bild 32: *Nierig-traubige Aggregate*
Skorodit
Djebel Debar/Algerien, 60× 60 mm

Bild 33: *Glaskopfartige Aggregate*
Hämatit
Cumberland/Großbritannien, 58× 58 mm

Bild 34: *Erdige Anflüge*
Elyit
Lautenthal, Harz/BRD, 6× 6 mm

Bild 35: *Skelettförmiges Wachstum*
gediegen Kupfer
Ajo, Arizona/USA, 40× 40 mm

28

29

30

31

32

33

34

35

Für genaue Härtebestimmungen dienen kleine Probenkörper dieser 10 Mineralien, mit denen man das zu bestimmende Mineral bzw. die man mit dem zu untersuchenden Mineral ritzt. Ritzt z. B. das unbekannte Mineral einen Flußspatkristall, wird aber selbst von einem Apatit geritzt, hat es die Härte 4–5 oder 4½. Für die grobe Härtebestimmung reichen einfache Hilfsmittel: Fingernagel, Taschenmesser und Glasscherbe. Bei der Bestimmung der Härte ist darauf zu achten, daß immer frische Kristalle oder Spaltflächen verwendet werden, da alte Oberflächen durch Verwitterung eine niedrigere Härte vortäuschen können. Auch Härtebestimmungen an feinkristallinen Aggregaten führen oft zu falschen Ergebnissen.

Farbe: Zu den augenfälligsten Eigenschaften der Mineralien gehört die Farbe. Man unterscheidet die sogenannten *idiochromatischen,* das heißt eigengefärbten Mineralien von den *allochromatischen,* das heißt fremdgefärbten. Die idiochromatischen Mineralien haben eine typische Eigenfarbe, die auch als Bestimmungsmerkmal dient. Die allochromatischen Mineralien sind durch Beimengungen von fremden Elementen oder durch Störungen in ihrem Kristallgitter gefärbt. Der farblose Korund wird so durch Spuren von Chrom zum wertvollen roten Rubin, farbloser Beryll dagegen wird durch Chromeinlagerungen zum geschätzten grünen Smaragd. Da eine Unterscheidung zwischen idiochromatischen und allochromatischen Mineralien oft sehr schwierig ist, benutzt man anstelle der Eigenfarbe der Mineralien deren Strichfarbe.

Strich: Einen Strich eines Minerals stellt man her, indem man mit einem Kristall über eine weiße unglasierte Porzellanplatte oder einen Porzellanscherben streicht. Dabei werden feine Partikel des Kristalls abgerieben und die typische, von Fremdbeimengungen oder Gitterstörungen unbeeinflußte Strichfarbe des Minerals wird sichtbar. Auch zunächst makroskopisch in der gleichen Farbe erscheinende Mineralien können völlig unterschiedliche Strichfarben zeigen und damit voneinander unterschieden werden. So z. B. die drei in Kristallen glänzend schwarz aussehenden Eisenoxide Magnetit (Strich schwarz), Hämatit (Strich kirschrot) und Goethit (Strich braun).

Lumineszenz: Als Lumineszenz bezeichnet man Leuchterscheinungen, die von Kristallen ausgehen können. Werden diese durch Anregung mit ultravioletter Strah-

Bild 36: *Härte 1, Talk*
St. Gotthard/Schweiz, 37 × 55 mm

Bild 37: *Härte 2, Gips*
Eisleben, Harz/BRD, 54 × 80 mm

Bild 38: *Härte 3, Calcit*
Elmwood, Tennessee/USA, 33 × 49 mm

Bild 39: *Härte 4, Fluorit*
Mexiko, 40 × 60 mm

Bild 40: *Härte 5, Apatit*
Erongo, SWA/Namibia, 10 × 15 mm

Bild 41: *Härte 6, Feldspat*
Minas Gerais/Brasilien, 67 × 100 mm

Bild 42: *Härte 7, Quarz*
Herkimer, New York/USA, 30 × 44 mm

Bild 43: *Härte 8, Topas*
Thomas Range, Utah/USA, 25 × 37 mm

Bild 44: *Härte 9, Korund*
Ceylon, 46 × 68 mm
Härte 10, Diamant (siehe Bild 15)

36

37

38

39

40

41

42

43

44

Bild 45: *Schalenblende von Altenberg bei Aachen im normalen Licht, 60 × 60 mm*

Bild 46: *Gleiche Objektstelle, gelbgrüne Fluoreszenz im ultravioletten Licht*

lung hervorgerufen, spricht man von **Fluoreszenz** (Bilder 45 und 46). Auch diese typischen Farberscheinungen dienen als Erkennungsmerkmal von Mineralien und werden sogar bei der Exploration, z. B. auf Scheelit, angewandt.

Spaltbarkeit heißt die Eigenschaft, unter Einwirkung einer mechanischen Belastung, wie z. B. eines Hammerschlags, parallel zu ebenen Flächen zu zerspringen. Diese Ebenen entsprechen meist einfachen Kristallflächen: Steinsalz und Bleiglanz z. B. spalten nach den Würfelflächen, Zinkblende und Diamant nach den Flächen des Oktaeders. Die Spaltbarkeit und deren Güte ist ein gebräuchliches diagnostisches Hilfsmittel. Sie wird, rein qualitativ, bezeichnet als: höchst vollkommen (Glimmer und Graphit), sehr vollkommen (Calcit und Steinsalz), vollkommen (Fluorit und Zinkblende), deutlich (Orthoklas), unvollkommen (Cassiterit), keine (Quarz). Nicht spaltbare Minerale zeigen bei der mechanischen Zerstörung unregelmäßige Flächen, die man als **Bruch** bezeichnet, z. B. muschelig, schalig, hakig.

Dichte: Wie alle anderen Stoffe weisen Mineralien auch eine bestimmte Dichte auf. Diese kann physikalisch exakt in g/cm^3 gemessen werden und ist ein gut brauchbares Bestimmungsmerkmal. Durch wenig Übung ist man auch schon nach kurzer Zeit in der Lage, die Dichte eines Kristalls oder Handstücks als schwer, mittel oder leicht abzuschätzen und diese Maßgröße zur Bestimmung zu benutzen.

Pseudomorphosen: Ein jedes Mineral entsteht nur bei ganz besonderen Bedingungen. Diamant z. B. kann nur unter sehr hohen Drucken, die einer Erdtiefe von mindestens 150 km entsprechen, gebildet werden. Ändern sich die physikalisch-chemischen Bedingungen, können die ursprünglichen Mineralien instabil werden und durch andere Mineralien, unter Beibehaltung der ursprünglichen äußeren Form, ersetzt werden. (Bild 47).

Zwillingsbildung: Eine charakteristische Eigenschaft besonders niedersymmetrischer Kristalle ist die Zwillingsbildung, bei der zwei oder mehrere Individuen der Kristalle nach bestimmten Gesetzen zusammenwachsen. Der dadurch entstehende Zwilling täuscht in der Regel eine höhere Symmetrie vor, als sie der Einzelkristall besitzt. Die Bilder 48 und 49 zeigen die Entstehung und das Erscheinungsbild eines Zinnoberzwillings.

Paragenese: Ein weiteres, aber nur von dem Erfahrenen wirklich sicher zu handhabendes diagnostisches Merkmal ist die sogenannte Paragenese, d. h. die Vergesellschaftung mit anderen wohlbekannten Spezies. Es gibt sehr typische Paragenesen. Zum Beispiel ist Zinnstein in der Regel mit Fluorit, Wolframit und Topas vergesellschaftet. Dann gibt es seltene und unwahrscheinliche und sogar unmögliche Paragenesen. So ist ein Nebeneinandervorkommen von Quarz und Nephelin oder Quarz und Olivin in einem einzigen Gestein aus physikalischen Gründen unmöglich.

Bild 47: *Pseudomorphose von Malachit nach Azurit. Bei bestimmten physikalisch-chemischen Bedingungen wandelt sich der blaue Azurit $Cu_3[OH/CO_3]_2$ in grünen Malachit $Cu_2[(OH)_2/CO_3]$ um. Tsumeb, SWA/Namibia, 70 × 70 mm.*

Bild 48: *Zinnober, Durchdringungszwilling zweier Rhomboeder. Hunan, China, 28 × 28 mm.*

Bild 49: *Entstehung des Durchdringungszwillings aus zwei einzelnen Rhomboedern.*

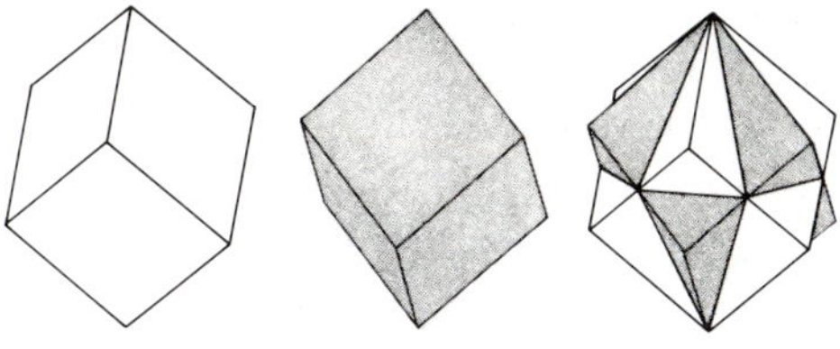

Entstehung der Mineralien

Wie alle anderen Dinge sind auch Mineralien einem steten Kreislauf von Werden und Vergehen unterworfen. Die Gesteine können durch geologische Prozesse von dem Ort ihrer Entstehung im Erdinneren an die Erdoberfläche heraufgehoben werden. Durch den Einfluß der Atmosphäre verwittern sie; neue Mineralien entstehen, werden durch Schwerkraft oder Wasser verfrachtet, erneut abgelagert und von weiteren Schichtgesteinen (Sedimenten) bedeckt. Durch die Überlagerung steigen Druck und Temperatur, es kommt zur Umkristallisation und zur Bildung neuer Mineralien. Steigen Druck und Temperatur weiter an, schmelzen diese Mineralien wieder auf und werden zu einem glutflüssigen *Magma* (griechisch für Teig), aus dem bei der Abkühlung erneut Kristalle entstehen. So schließt sich der Kreislauf der Gesteine. Je nach Bildung in diesem Zyklus der Gesteine rechnet man die Mineralien

1. der magmatischen Abfolge,
2. der sedimentären Abfolge,
3. der metamorphen Abfolge zu.

Magmatische Mineralbildungen: In dem sonst festen Erdinneren können örtlich durch bestimmte physikalische und chemische Bedingungen Gesteinsschmelzen (Magmen) entstehen, die je nach chemischer Zusammensetzung eine Temperatur zwischen 650 und 1250°C haben. Diese Schmelzen treten entweder an die Erdoberfläche aus, es entstehen *Ergußgesteine (Vulkanite)*, oder sie bleiben in größerer Tiefe stecken, es entstehen *Tiefengesteine (Plutonite)*.

Unter Abkühlung bilden sich schon bei sehr hohen Temperaturen die ersten Kristalle. Diese nennt man Frühkristallisate. Typische Mineralien sind zum Beispiel Chromit, Magnetit und Apatit. Im Anschluß daran, bei sinkender Temperatur, verfestigt sich die Hauptmasse der Schmelze – es entsteht ein Gestein. Dieser Phase der Hauptkristallisation gehören die wichtigsten magmatischen Minerale an, wie zum Beispiel die gesteinsbildenden Silikate Olivin, Pyroxen, die außerordentlich häufigen Feldspäte und der Quarz.

Nach der Hauptkristallisation verbleibt von dem ursprünglichen Magma nur ein sehr geringer Teil, die sogenannte Restschmelze. Sie ist angereichert an vielen seltenen Elementen, die wegen ihrer sehr großen oder sehr kleinen Atome keinen Platz in den Kristallstrukturen der gesteinsbildenden Silikate gefunden haben. Es sind dies zum Beispiel Beryllium, Bor, Zinn, Molybdän, Uran und die Seltenen Erd-Elemente. Weiterhin enthalten die Restschmelzen sehr viel Wasser und Kohlendioxid und sind daher sehr beweglich (mobil). Sie können sich, unter Ausbildung riesiger Kristalle, in Hohlräumen verfestigen. Diese Gesteine bezeichnet man als *Pegmatite.* Pegmatitische Bildungen sind zum Beispiel die von Sammlern und Edelsteinkundlern gleichermaßen geschätzten Topase, Aquamarine, Turmaline und Rosenquarze. Die leichtflüchtigen und zum Teil sehr aggressiven und reaktionsfreudigen Bestandteile der Pegmatite können auf Sprüngen und Rissen in das Nebengestein eindringen und dieses tiefgreifend verändern. Es kommt dabei zu den *pneumatolytischen Mineralbildungen,* denen so wichtige Lagerstätten wie die Zinn-, Wolfram- und Molybdänvererzungen in den oberen Bereichen großer Granitstöcke zuzurechnen sind. Unterhalb etwa 500°C gehen die Schmelzen dann übergangslos in Lösungen über, die zum größten Teil aus Wasser, Kohlendioxid und gelösten Schwermetallen sowie SiO_2 bestehen. Diese Phase der Mineralbildung nennt man *hydrothermal.* Ein Großteil der abbauwürdigen Buntmetallagerstätten ist an solche Mineralbildungen gebunden. Hydrothermale Gänge sind zum Beispiel die Lagerstätten des Oberharzes, des Siegerlandes und des sächsischen Erzgebirges. Die meisten der wohlausgebildeten, sammelwürdigen Kristalle stammen aus dem Bereich hydrothermaler Mineralbildung.

Sedimentäre Mineralbildungen: Unter erdoberflächennahen Bedingungen unterliegen Mineralien und Gesteine der Verwitterung. Durch physikalische, chemische oder organogene Einflüsse werden die Kristalle aufgelöst, verändert oder verfrachtet. So können ganze Granitplutone durch den Einfluß von Grundwasser zersetzt werden. Dabei bildet sich aus den Feldspäten der für die Porzellanherstellung wichtige Kaolin. In den Tropen entstehen aus basischen Gesteinen abbauwürdige Lagerstätten von Bauxiten und Lateriten, wichtige Rohstoffe für die Aluminium- und Eisenherstellung. Mineralien, die durch ihre große Härte und chemische Widerstandsfähigkeit nicht zerstört werden, können durch Schwerkraft und Wasser fortbewegt werden und sich in Fluß- oder Küstensanden anreichern. Man spricht dabei von *Seifenlagerstätten,* zu denen viele wichtige Gold-, Platin-, Diamant-, Zinnstein- und Monazitvorkommen zählen. Das Wasser verfrachtet aber auch die bei der Verwitterung gelösten Stoffe, wie Salze und Carbonate, bis zum Ozean. Bei der Eindunstung von Lagunen kristallisieren die gelösten Stoffe wieder aus und bilden die sogenannten *Verdunstungsgesteine (Evaporite).* Beispiele solcher chemischer Sedimente sind der Muschelkalk im süddeutschen Raum (bis zu mehrere tausend Meter mächtige Carbonatgesteine der Kreide), sowie die großen und verbreiteten Salzlagerstätten des Zechsteins in Norddeutschland.

Metamorphe Mineralbildungen: Werden magmatische oder sedimentäre Gesteine nach ihrer Entstehung erhöhten Drucken oder Temperaturen ausgesetzt, verändern sich die Mineralien. Große Körner wachsen auf Kosten der kleineren, oder die Mineralien werden überhaupt zerstört, und es bilden sich neue, ganz andere Kristalle. Diesen Vorgang nennt man Metamorphose. Man unterscheidet die *Regionalmetamorphose,* bei der ausgedehnte Gesteinskomplexe unter Druck- und Temperaturanstieg in große Erdtiefen versenkt werden, von der *Kontaktmetamorphose,* die durch den Einfluß heißen Magmas auf das Nebengestein ausgeübt wird. Die dabei entstehenden *metamorphen Gesteine (Metamorphite)* weisen meist ein typisches Gefüge und einen kennzeichnenden Mineralbestand auf. Typische metamorphe Mineralien sind zum Beispiel Granat, Sillimanit, Andalusit und Disthen, Staurolith, Cordierit und Vesuvian. Aus dem Vorkommen einzelner dieser Mineralien kann man sogar auf die Bildungsbedingungen der Gesteine schließen. Disthen etwa bildet sich ausschließlich in Gesteinen, die sehr hohen Drucken ausgesetzt waren, Andalusit ist eine typische Bildung kontaktmetamorpher Gesteine. Zwischen etwa 650 und 900°C beginnt die *Aufschmelzung (Anatexis)* der metamorphen Gesteine, der Kreislauf schließt sich zu den Magmatiten.

I. Klasse: Elemente

Chemie: Jedes Element ist in sich einheitlich aufgebaut, es besteht aus kleinsten Teilchen, den Atomen. Die Masse eines Atoms beträgt etwa 10^{-24} g (= 0,000.000.000.000.000.000.000.001 g), sein Durchmesser ist etwa 10^{-10} m. Atome sind auf chemischem Wege nicht teilbar. Gegenwärtig kennt man 104 Elemente und entsprechend 104 verschiedene Atomsorten. Davon wurden bisher 90 in der Natur gefunden, die übrigen nur künstlich erzeugt. Die Häufigkeit der Elemente in der Natur ist sehr unterschiedlich. Unsere Erdrinde (Gesteins-, Wasser-, Lufthülle) besteht zu rund der Hälfte aus Sauerstoff und zu einem Viertel aus Silizium. Die meisten Elemente kommen nur in chemischen Verbindungen vor. Chemische Verbindungen bestehen aus mindestens zwei verschiedenen Atomsorten; dabei vereinigen sich zwei verschiedene Elemente zu einem völlig neuen Stoff. So bilden z. B. die beiden Elemente Wasserstoff und Sauerstoff, beides Gase, den neuen Stoff Wasser, eine Flüssigkeit. Die Elemente haben ein verschieden starkes Bestreben, Verbindungen einzugehen, je edler sie sind, um so eher treten sie als reines Element in der Natur auf. Insgesamt kommen in der Natur 24 Elemente als Mineralien vor; sie werden unterteilt in *Metalle:* Eisen Fe, Ruthenium Ru, Osmium Os, Kobalt Co, Rhodium Rh, Iridium Ir, Nickel Ni, Paladium Pd, Platin Pt, Kupfer Cu, Silber Ag, Gold Au, Zink Zn, Quecksilber Hg; *Halbmetalle und Nichtmetalle:* Kohlenstoff C, Zinn Sn, Blei Pb, Phosphor P, Arsen As, Antimon Sb, Wismut Bi, Schwefel S, Selen Se, Tellur Te. Die hinter den Namen stehenden Abkürzungen sind die internationalen Elementsymbole, die sich meist von griechischen oder lateinischen Namen herleiten, wie z. B. Pb für Blei von *plumbum.*

Kristallographie: Die Metalle und ihre Legierungen kristallisieren in Form von Metallgittern; dabei sind die Gitterpunkte durch positiv geladene Atomrümpfe besetzt. Je nach der Art des Gitters ist jeder Atomrumpf von 8 oder 12 Nachbarn umgeben. Dazwischen bewegen sich negativ geladene Teilchen und halten so das Gitter zusammen. Sie sind die Träger der elektrischen Leitfähigkeit der Metalle und der Grund für deren Undurchsichtigkeit. Da sich die Atomrümpfe leicht gegeneinander verschieben lassen, sind alle Metalle biegsam und nicht spaltbar. Poliert und auf frischen Kristallflächen glänzen sie sehr stark. Im Kristallgitter der Nichtmetalle befinden sich im allgemeinen neutrale Atome, die sich zu Gruppen, Ketten, Ringen oder Gerüsten vereinigen. Je nach den Bildungsbedingungen eines Kristalls sind seine Atome verschieden angeordnet. So entstehen unterschiedliche Ausbildungsformen (*Modifikationen*), wie zum Beispiel Diamant (hoher Druck) und Graphit (niedriger Druck), beides Kohlenstoff (siehe Seite 16 und 17). Halbmetalle unterscheiden sich von den Metallen durch ihre ausgeprägte Spaltbarkeit und Sprödigkeit, Nichtmetalle sind ebenfalls spröde und zeigen meist Diamantglanz.

Petrologie: Reine Elemente beteiligen sich nur zu einem sehr geringen Teil am Aufbau der Erde. Anreicherungen in Lagerstätten können zum Beispiel entstehen, wenn das ursprüngliche Erz zersetzt wird (Eiserner Hut). Nach der Verwitterung einer primären Lagerstätte können sich zum Beispiel Gold und Platin auf Seifen sammeln; in der niedrigtemperierten pneumatolytischen Phase imprägnieren Lösungen das Nebengestein; durch direkten vulkanischen Einfluß zum Beispiel in Fumarolen lagert sich Schwefel ab.

gediegen Silber
Freiberg, Sachsen/BRD; 29 × 40 mm

Gold Au

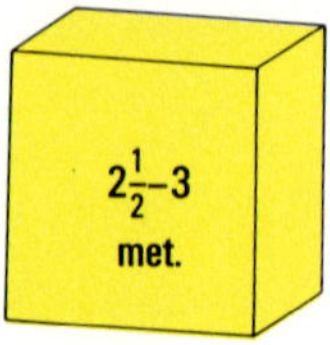

Eigenschaften: Gold hat keine wahrnehmbare Spaltbarkeit, der Bruch ist hakig, die Farbe goldgelb, das Metall läßt sich bis zu dünnsten Schichten (0,0001 mm) hämmern und walzen (Blattgold) und ist dann blau oder grün durchscheinend. Die Dichte von reinem Gold ist 19,3. Gediegen Gold hat im allgemeinen Silbergehalte von 2–20%, es wirkt dadurch heller. Manchmal enthält Gold auch Platin oder Kupfer (Auricuprit). Silberreiches Gold mit 20% Silber nennt schon Plinius *Elektrum*. Reines Gold ist ein sehr widerstandsfähiges Metall, vom Luftsauerstoff wird es nicht angegriffen, ebensowenig von Säuren, nur in Königswasser (Gemisch von Salpetersäure und Salzsäure) ist es löslich. In der Regel treten stark verzerrte Kristalle auf mit gekrümmten Flächen und gerundeten Ecken und Kanten. Auf Oktaederflächen sind manchmal Dreiecksfiguren (*Trigonen*) zu beobachten. Die Aggregate sehen gestrickt, fiedrig oder baumartig aus und sind dabei z. T. mit anderen Mineralien wie z. B. Arsenkies verwachsen. Meist findet man Gold jedoch derb, aufgewachsen, in draht- und moosförmiger Ausbildung, in Platten, als Anflug, eingesprengt, lose in unregelmäßigen löcherigen Klumpen (Nuggets), in Körnern und Schuppen.

Bildung: Gold wird als *Berggold* auf primärer Lagerstätte und als *Seifengold* auf sekundärer Lagerstätte gefunden. Berggold ist gebunden an hydrothermale Gänge, besonders in alten Gebirgsrümpfen (»alte Goldlagerstätte«). Erzbegleiter sind hier Pyrit und Arsenkies, seltener Magnetkies, Kupferkies, Zinkblende, Bleiglanz, Fahlerz. Auch in vulkanischen Gesteinen (»junge Golderzgänge«), in Gängen und Imprägnationszonen ist Gold zu finden. Erzbegleiter sind hier: Pyrit, Zinkblende, Fahlerz und viele Silbermineralien, Telluride, selten Selenide. Dieser Lagerstättentyp ist heute meist erschöpft, so z. B. das Golddreieck Siebenbürgens (Brád, Nagyag, Offenbánya, Nagybánya). Verwittert goldhaltiges Gestein, wird das Gold im Verwitterungsschutt wegtransportiert und reichert sich zusammen mit anderen Schwermineralien in Seifen auf sekundärer Lagerstätte an.

Vorkommen: Die Römer wuschen bereits im Rhein Gold; noch 1874 betrug der Goldgehalt hier 1 Gramm pro Tonne Sand. Der Goldrausch in Kalifornien entstand durch die Entdeckung der Goldseifen im Sacramento-Tal im Jahre 1849; gleiche Vorkommen fanden sich im Klondike-Bezirk am Yukon in Alaska. 1851 wurde Gold in Australien entdeckt. Eine riesige fossile Seifenlagerstätte ist der Witwatersrand bei Johannesburg in Südafrika. Auch das Aldan-Gebiet in Sibirien liefert größere Mengen Gold. Brandholz im Fichtelgebirge, das Sonnblickgebiet in Salzburg (Tauerngold), Beresowsk im Ural, Mother Lode in Kalifornien, gehören zum primären Lagerstättentyp der »alten Lagerstätten«. »Junge Golderzgänge« finden sich in Siebenbürgen. Hier wurden die wohl schönsten Goldstufen Europas in Verespatak gefunden.

Verwendung: Gold bestimmte das Schicksal vieler Völker, es symbolisiert die Macht wie kein anderes Metall. Namen wie Tut-ench-Amun (sein Sarg bestand aus 110 kg purem Gold), Cortez, Azteken, Inkas sind untrennbar mit der Vorstellung vom Gold verbunden, desgleichen die Forschungen der Alchimisten im Mittelalter. Seit den Anfängen der Menschheit wurden schätzungsweise 80 000 t Gold gewonnen. Die derzeitigen Goldbestände der Welt werden auf 75 000 t geschätzt, davon etwa je die Hälfte in staatlichem und privatem Besitz. Die Weltproduktion betrug 1976 998 t. Gold ist heute in erster Linie staatliche Währungsgrundlage, außerdem findet es Verwendung als Münzmetall, für Edelmetallegierungen, Schmuck, Zahnersatz und in der Apparatetechnik.

o. l.: gediegen Gold
Abrudbánya/Rumänien; 12× 16 mm
o. r.: Gold
Musariu, Siebenbürgen/Rumänien; 50× 50 mm
u.: gediegen Gold
Brad, Siebenbürgen/Rumänien; 46× 33 mm

Silber Ag

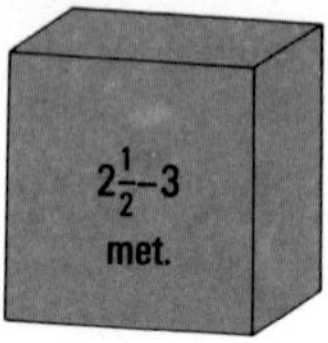

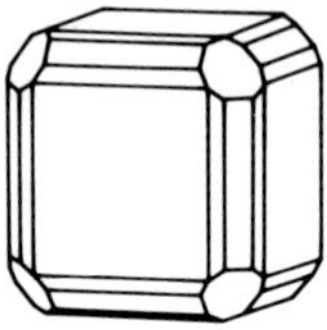
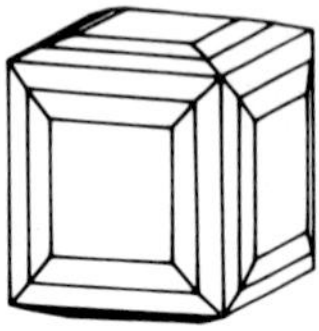

Eigenschaften: Der Bruch ist hakig (siehe Kupfer), das Metall sehr dehnbar, seine Dichte liegt bei 10,5, die Farbe ist silberweiß, in dünnen Schichten scheint es blau durch; oberflächlich ist Silber oft gelblich, braun, grau oder schwarz angelaufen. Die oft auftretenden idiomorphen Kristalle sind meist verzerrt und die Kristallflächen abgeknickt. Es treten dendritische und federartige Wachstumsformen auf (Silberbäumchen), rechtwinklige Abzweigungen sind Parallel-, solche unter 60° sind Zwillingsverwachsungen. Silber kommt oft auch derb, in Nestern, eingesprengt oder als Anflug vor; in Blechen, Platten, gerundeten, löcherigen und zackigen Klumpen; außerdem strähnig, lockenförmig gekrümmt und ineinander verschlungen (wollartig), moos- und haarartig (sog. Haarsilber). Pseudomorphosen nach Silberglanz, Rotgültigerz und Stephanit sind bekannt. Gediegen Silber enthält häufig Anteile von Gold, Quecksilber (siehe auch Landsbergit), Kupfer, seltener Platin, Antimon und Wismut.

Bildung: In kleinen Mengen fand man Silber in der Zementations- oder manchmal auch in der Oxidationszone von hydrothermalen Silberadern. Diese Lagerstätten sind heute meist abgebaut. Silber war hier vergesellschaftet mit anderen Silbererzen, Bleiglanz und Cerussit. Größere Silber-Lagerstätten sind immer an hydrothermale Bildungsbedingungen gebunden. Dabei kann Silber vergesellschaftet sein: a) mit Sulfiden, Zeolithen, Calcit, Schwerspat, Fluorit und Quarz. Diese Paragenese ist typisch für Kongsberg in Norwegen, wo mehrere hundert Jahre gearbeitet wurde und man hervorragende Exemplare von kristallisiertem Silber fand, z. T. armdicke Kristalle und Stufen von einigen -zig Kilogramm; b) mit Arseniden, Sulfiden und Wismut. Diese Paragenese ist für Freiberg und Schneeberg in Sachsen typisch; c) mit Uraninit und Kobalt-Nickel-Mineralien ist Silber in Joachimsthal in der ehem. ČSSR vergesellschaftet.

Vorkommen: Silber wurde außerdem im Harz (St. Andreasberg), in der Slowakei, in Österreich, Spanien, Frankreich, England und Rußland abgebaut. Da Silber oft an Bleiglanz gebunden ist, suchte man nach Bleiglanzlagerstätten, um das Silber daraus zu gewinnen (z. B. Wiesloch, Baden). Der Reichtum des antiken Griechenlands beruhte auf dem silberhaltigen Bleiglanz von Laurion. Große Silbervorkommen bestehen in Kanada, Mexiko und Bolivien.

Verwendung: Silber ist ein technisch überaus wichtiges Metall. Das meiste verwendete Silber stammt aus sulfidischen Silbererzen. Für phototechnische Zwecke, Schmuck, Gebrauchs- und Ziergegenstände und für die elektronische Industrie sowie für medizinisch-therapeutische und chemisch-technische Zwecke wird Silber benötigt. Durch rückläufige Produktionszahlen und steigende Preise wurde Silber als Münzmetall bereits zum großen Teil durch Nickel und Kupfer ersetzt. Die Weltproduktion betrug 1977 10 549,7 t. Die Sowjetunion (1550 t) und Mexiko (1462 t) liegen an der Spitze.

Ähnliche Mineralien: Silber kann mit gediegen Antimon verwechselt werden. Silber ist jedoch viel weicher.

o. l.: gediegen Silber
Grube Himmelsfürst, Freiberg, Sachsen/BRD, 40 × 55 mm
o. r.: gediegen Silber
Freiberg, Sachsen/BRD, 41 × 57 mm
u.: gediegen Silber
Kongsberg/Norwegen; 125 × 88 mm

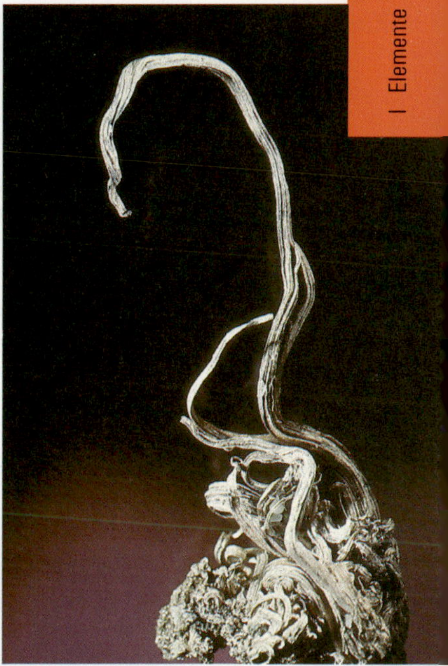

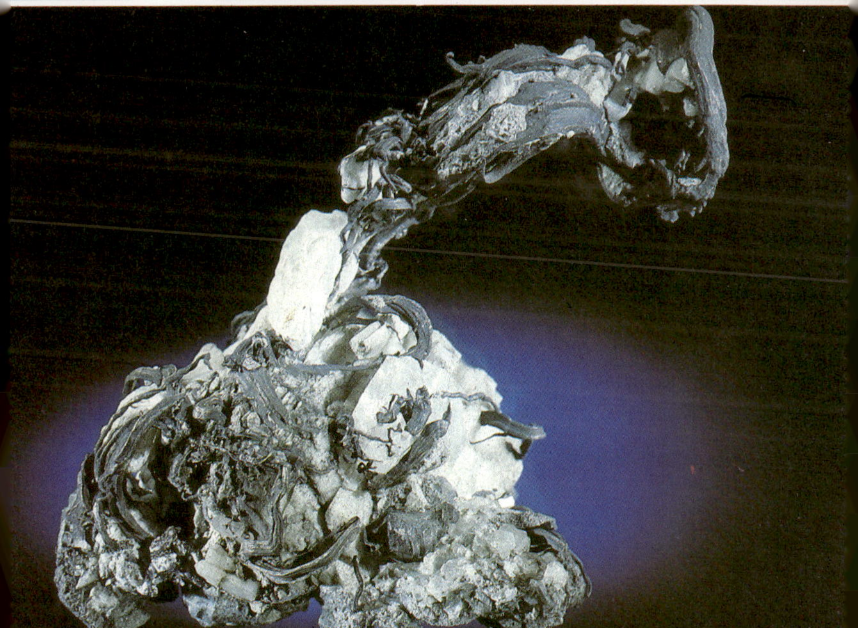

Kupfer Cu

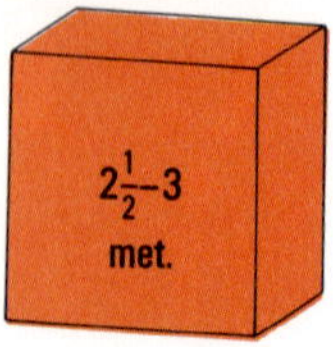

Eigenschaften: Streicht man mit dem Finger über ein kupferhaltiges Gestein, so hakt er fest, man spricht von einem hakigen Bruch. Kupfer ist sehr dehnbar, seine Dichte schwankt zwischen 8,3 und 8,9, die Farbe ist rotbraun, in dünnen Schichten scheint es grün durch; oberflächlich meist dunkel angelaufen und häufig mit brauner, schwarzer, grüner oder blauer Verwitterungsschicht überzogen. Die idiomorph vorkommenden Kristalle sind oft stark verzerrt, die Aggregate sehen gestrickt und bäumchenartig aus (dendritisches Wachstum). Man findet es auch derb, eingesprengt im Gestein, als Anflug, in Blechen und Klumpen.

Bildung: Kupfer entsteht an der Grenze von Oxidations- und Zementationszone, dort, wo bereits gebildete kupferreiche Erze der Oxidation unterliegen. Es ist so fast immer mit Cuprit und Chalkosin vergesellschaftet. Lokal findet man es auch in Basaltdecken, Breccien und in Seifen.

Vorkommen: Sontra bei Bebra, Grube Käusersteimel im Siegerland, Grube Wolf bei Herdorf (auf braunem Limonit). Besonders im Siegerland oft mit grünem Malachit überzogen. In Thüringen und im Harz (Saalfeld, Kamsdorf), in Sachsen (Zwickau, Schneeberg), Schlesien, Böhmen, Ungarn, Spanien (Rio Tinto), Frankreich, Korsika, Rußland (Bogoslowsk). Riesige Kristallaggregate bis über 400 t fand man in Michigan (USA).

Verwendung: Als Draht in der Elektrotechnik, für Dachbedeckungen, Heizungs- und Wasserrohre usw.; in Legierungen wie Messing, Bronze und Schmucksilber.

l.: gediegen Kupfer
Grube Wingertshard, Niederhöfels, Sieg/BRD; 30× 42 mm
r.: gediegen Kupfer mit Malachit
Grube Wolf, Herdorf, Sieg/BRD; 20× 28 mm

Quecksilber Hg

Quecksilber ist das einzige flüssige Mineral und kommt als zinnweiße Kügelchen auf Zinnober vor. Dichte: 13,5. Schlägt man quecksilberhaltiges Gestein an, so tropft das Metall heraus. Es kristallisiert unterhalb −38,9°C in Oktaedern oder in nadeligen Kristallen. Die Dämpfe sind hochgiftig!

Kommt verhältnismäßig selten vor, hauptsächlich in Reduktionszonen von Zinnober-Lagerstätten und in der Nähe von Vulkanen. Klassische Lagerstätten sind Moschellandsberg/Pfalz, Almaden/Spanien, Monte Amiata/Italien. Anwendung: in der Meßtechnik, der Medizin, zur Amalgamation von Gold und Silber, für Schiffsanstrichfarbe.

gediegen Quecksilber
Moschellandsberg, Pfalz/BRD; 10× 14 mm

Landsbergit Ag_5Hg_8

Landsbergit ist eine natürliche Legierung von Silber und Quecksilber (Amalgam). Es treten oft sehr schöne flächenreiche Kristalle auf von würfeliger oder oktaedrischer Ausbildung; auch Körner, derbe Massen und Anflüge kommen vor. Bruch: muschelig, ziemlich spröde bis hämmerbar, Dichte: etwa 14. Landsbergit kommt auf manchen Zinnober- und Quecksilber- sowie auf einzelnen Silber-Lagerstätten vor. Bereits 1783 wird von einem erbsgroßen Kristall aus der Grube Caroline bei Moschellandsberg/Pfalz berichtet. Weiterhin fand man in Schweden (Sala), Norwegen (Kongsberg) und Ungarn (Szlana) Landsbergit. Künstliches Amalgam wird heute als Zahnfüllung verwendet.

Landsbergit
Moschellandsberg, Pfalz/BRD; 6× 9 mm

Eisen Fe

Eigenschaften: Es sind keine idiomorphen Kristalle bekannt, das Metall kommt derb, eingesprengt, in Körnern, Schüppchen, Tropfen und Knollen vor. Der Bruch ist hakig, Dichte: 7,9; Farbe: stahlgrau bis schwarz, stark magnetisch. Eisen enthält immer etwas Nickel und manchmal geringe Anteile von Kobalt, Kupfer, Mangan, Schwefel und Kohlenstoff.

Entstehung: Elementares Eisen kommt sehr selten in der Natur vor, da es schnell mit dem Luftsauerstoff reagiert (oxidiert). Außer in irdischen Lagerstätten findet man es auch in Meteoriten.

Vorkommen, *irdisch:* Bis zu 30 cm große und 5 kg schwere Eisenknollen sind aus dem Basalt von Bühl bei Kassel bekannt. Die Knollen haben ein schwammiges Gefüge, in den Zwickeln befinden sich Silikate. In Ovifak auf Grönland fand man eine 25 t schwere Eisenknolle neben kleineren Massen und Imprägnationen in Basalten. *Meteoritisch:* Neben den »Steinmeteoriten« gibt es die »Eisenmeteoriten«, die zum größten Teil aus elementarem Eisen bestehen und Anteile von bis zu 20% Nickel enthalten. Ätzt man die Oberfläche eines Eisenmeteoriten an, kann man die typischen »Widmanstättenschen Figuren« beobachten, mehrere sich schneidende Scharen von Lamellen.

Verwendung: Eisen ist das häufigste und wichtigste Schwermetall. Zur Gewinnung werden jedoch hauptsächlich Oxide und Carbonate abgebaut. Gußeisen und Stahl sind die bedeutendsten Produkte. 1978 wurden 492 Mio t Eisen gefördert; von den Reserven liegen mehr als ein Drittel in den Industrieländern.

gediegen Eisen (meteoritisch)
Turtle River, Minnesota/USA; 46 × 65 mm

gediegen Eisen (irdisch)
Bühl bei Kassel/BRD; 62 × 88 mm

Arsen *Scherbenkobalt* As

Kristalle selten, in der Regel krummschalige Aggregate mit nierenförmiger Oberfläche, einzelne dünne Schalen lassen sich oft abheben (Scherbenkobalt). Spaltbarkeit in einer Richtung vollkommen, Farbe: bleigrau; Dichte: 5,7. Beim Schmelzen und beim Hammerschlag entwickelt sich Knoblauchgeruch. Arsen ist giftig!

Als hydrothermales Produkt in Erzgängen im Harz (St. Andreasberg), Erzgebirge (Schneeberg, Freiberg, Johanngeorgenstadt, Marienberg), bei Příbram und Jáchymov (Joachimsthal) in Böhmen, im Schwarzwald (Wittichen), in den Vogesen (Markirch). Verwendung: zur Bekämpfung von Insekten, medizinisch und als Legierungsmetall.

gediegen Arsen
Andreasberg, Harz/BRD; 38 × 53 mm

Wismut *Federwismut* Bi

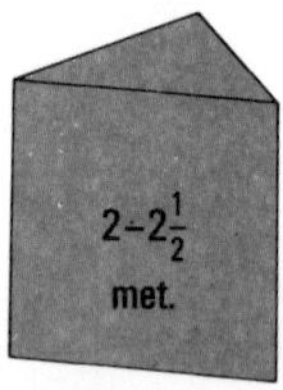

Selten Kristalle, gestrickt, baumförmig, federartig, in Plättchen, Blechen oder körnig. Künstliche Kristalle oft sehr schön mit treppenartigen Flächen ausgebildet. Eine vollkommene, eine deutliche Spaltbarkeit, spröde, schneidbar, Dichte: 9,8; Farbe rötlichsilberweiß, oft bunt, sogar messinggelb angelaufen. Bildungsbereiche sind pegmatitisch-pneumatolytisch, z. B. in Altenberg, Zinnwald, und hydrothermal, z. B. in Schneeberg, Annaberg, Jáchymov/Erzgebirge, Schwarzwald (Wittichen), Spanien (Pozoblanco). Verwendung für leichtflüssige Legierungen (Wood'sches Metall) und medizinisch. Durch Neutronenbeschuß kann man Polonium in größeren Mengen darstellen.

gediegen Wismut
Schneeberg, Sachsen/BRD; 33 × 46 mm

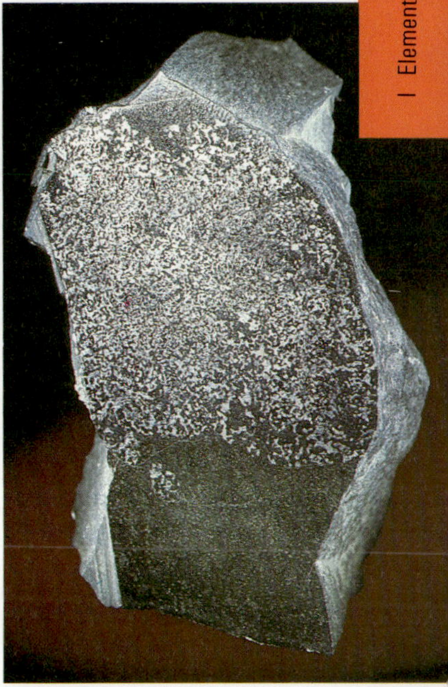

Graphit C

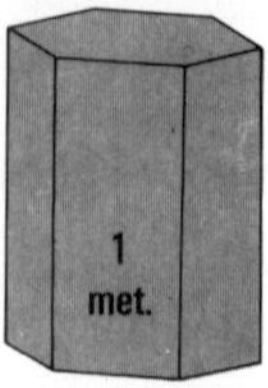

Eigenschaften: An der Erdoberfläche stabile Zustandsform des Kohlenstoffs, meist als derbe, blättrige oder schuppige Massen, selten in sechseckigen Tafeln oder Kristallen. Graphit hat ein typisches Schichtgitter und ist deshalb parallel den Schichten vollkommen spaltbar. Dies zusammen mit der geringen Härte ist der Grund für sein starkes Abfärben. Der vom griechischen *grapho = ich schreibe* abgeleitete Name weist auf diese Eigenschaft hin. Dichte: 2,25.

Bildung und Vorkommen: Die wichtigsten Lagerstätten sind meist durch metamorph veränderte Kohlevorkommen entstanden (organische Herkunft). 1. Bei Regional- und sonstiger starker Metamorphose kommt Graphit als Flöze, in Nestern und Linsen in kristallinem Schiefer und kontaktmetamorphem Kalk- und Sandstein vor. Oft Übergänge zur Kohle. (Bayerischer Wald, Steiermark, Finnland, Sibirien). 2. Als Spaltenfüllung in Pegmatiten oder kontaktmetasomatisch (Aliberovsk, ehemalige UdSSR, Ceylon; Travancore, Südindien). Graphit entstand hier durch Reduktion von Kohlendioxid, das aus Kalksteinen durch die Kontaktmetamorphose frei wurde, oder durch die Zersetzung von aufsteigenden Kohlenwasserstoffen. 3. Als Flitter und Knollen in Meteoriten.

Die Hochdruckmodifikation des Kohlenstoffs, der Diamant, wurde in Europa nur einmal gefunden, und zwar in Böhmen neben Granat.

Verwendung: Um 1550 wurde das Graphitlager von Borrowdale in Cumberland entdeckt und die Herstellung von Bleistiften erfunden; für Schmelztiegel, Schmiermittel, Farbe, für Elektroden und in der Reaktortechnik.

Ähnlich ist der Molybdänit, der aber einen bläulichen Schimmer hat.

Graphit
Altstadt, Mähren/ehem. ČSSR 21 × 15 mm

Schwefel S

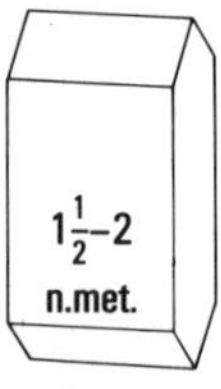

Eigenschaften: In der Natur gibt es zwei Erscheinungsformen: monokliner Schwefel entsteht unter Normaldruck oberhalb +95,6° C, er bildet sich aber bald in rhombischen Schwefel um. Der stabile rhombische Schwefel bildet sehr schöne flächenreiche, aufgewachsene Kristalle, die manchmal von Bitumen oder Öl überzogen sind oder dieses eingeschlossen haben. Muscheliger Bruch, sehr spröde, springt bei Temperaturschwankungen, bereits beim Anfassen können die Kristalle innere Risse bekommen; Dichte: 2,0; Farbe: honig- bis wachsgelb, gelblich weiß, die Transparenz reicht von durchscheinend bis opak.

Bildung und Vorkommen: 1. Vulkanisch, durch Zersetzung von H_2S-haltigen Dämpfen in der Hitze. So im Bereich von tätigen und erloschenen Vulkanen (Eifel; Vulcano/Italien; Japan; Indonesien). 2. Sedimentär durch Reduktion von Sulfaten mit Hife von organischen Substanzen (Anaerobbakterien); hier mit Gips und Coelestin vergesellschaftet (Agrigento, Caltanisetta/Sizilien; deutsches Zechsteingebiet, Staßfurt; Tarnobrzeg/Südpolen).

Verwendung: Etwa die Hälfte der Weltschwefelproduktion stammt aus elementarem Schwefel (über 10 Mio t). Herstellung von Schwefelsäure, Vulkanisieren von Kautschuk, Schädlingsbekämpfung, Schwarzpulver, Sulfitzellstoffindustrie.

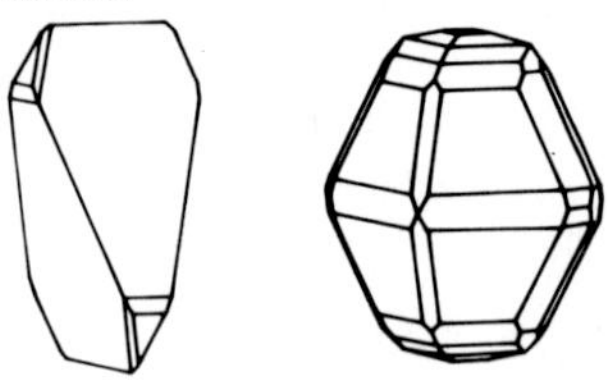

gediegen Schwefel
Sizilien; 120 × 85 mm

II. Klasse: Sulfide und verwandte Verbindungen

Chemie: Sulfide sind Salze der Schwefelwasserstoffsäure H_2S. Dabei verbinden sich grundsätzlich ein oder mehrere Metallatome mit einem oder mehreren Schwefelatomen. Folgende Metalle treten dabei am häufigsten auf: Eisen Fe, Kobalt Co, Nickel Ni, Kupfer Cu, Silber Ag, Zink Zn, Quecksilber Hg, Blei Pb. An die Stelle des Schwefels können einige sehr verwandte Elemente treten: Selen Se, Tellur Te, Arsen As, Antimon Sb, Wismut Bi. Die sich so ergebenden chemischen Verbindungen werden jeweils mit einer internationalen chemischen Formel bezeichnet, die sich aus den Symbolen der am Aufbau beteiligten Elemente zusammensetzt.
Beispiel: Chalkopyrit $CuFeS_2$
Aus einer chemischen Formel kann man erkennen: 1. Welche Elemente am Aufbau der betreffenden chemischen Verbindung beteiligt sind. 2. In welchem Verhältnis die Elemente dabei auftreten. Das Mineral Chalkopyrit besteht also aus Kupfer, Eisen und Schwefel im Verhältnis 1 : 1 : 2.
Noch bis 1850 existierte eine Einteilung der Verbindungen dieser Klasse, die auf den deutschen Bergbau des Mittelalters zurückgeht. Man unterschied: *Kiese* mit metallischem Glanz, auffallend heller Farbe (Kupferkies); *Glanze* mit metallischem Glanz, grauer oder schwarzer Farbe (Bleiglanz); *Blenden* und *Gültige* mit halbmetallischem Glanz, die in dünnen Lagen durchsichtig sind (Zinkblende, Rotgültigerz); *Fahle* mit einem fahlen metallischen Glanz und dunkelgrauer bis schwärzlicher Farbe (Fahlerz). Angesichts der heutigen Fülle von Sulfiden ist diese Einteilung sinnlos geworden. Man unterteilt heute wissenschaftlich exakt nach metallreichen und metallarmen Verbindungen.

Kristallographie: Die dieser Klasse angehörenden Verbindungen sind gekennzeichnet durch metallisch-»erzartiges« Aussehen, ein hohes spezifisches Gewicht, größtenteils durch Undurchsichtigkeit und elektrische Leitfähigkeit. Diese Eigenschaften lassen darauf schließen, daß auch hier zwischen den Atomen eine ähnliche Bindung wie bei den Metallen (Metallbindung) vorliegt.

Petrologie: Verbindungen dieser Klasse findet man hauptsächlich in Erzlagerstätten des magmatischen Zyklus und auch in Meteoriten. Sie stellen die wirtschaftlich wichtigsten Erzlagerstätten der Erde dar und liefern so wichtige Erze wie Silberglanz, Kupferglanz, Zinnober, Zinkblende, Bleiglanz und Pyrit. Die sicher größten Platinsulfid-Anreicherungen der Erde sind mit dem Bushveldkomplex/Südafrika verknüpft. Riesige Mengen an Nickel- und Kupfersulfiden befinden sich in den Lagerstätten von Sudbury, Ontario/Kanada. Das Freiberger Ganggebiet enthält Hunderte mit sulfidischen Erzen gefüllte Gänge. Europas reichstes Blei-Zinklager ist Trepča in Südserbien. Die oberflächennahen Partien älterer Lagerstätten sind meist verwittert, d. h. chemisch umgewandelt. Die Sulfide werden zersetzt und reagieren unter Einfluß von Oberflächenwasser und der Atmosphäre zu farbenprächtigen Oxiden und Hydroxiden, Carbonaten, Sulfaten und Phosphaten. Es entsteht der »Eiserne Hut« der Lagerstätte. Die meisten Buntmetalle gehen dabei in Lösung und reichern sich in größeren Tiefen, in der »Zementationszone« an. Tsumeb in Südwestafrika (SWA/Namibia) ist ein typisches Beispiel: Noch in 800 m Tiefe liegen besonders Germanium und Gallium wie auch Kupfer als Sulfide angereichert in Mächtigkeiten von vielen Metern.

Pyrit
Grube Friedrich Wilhelm, Herdorf, Sieg/BRD; 32 × 45 mm

Dyskrasit Ag_3Sb

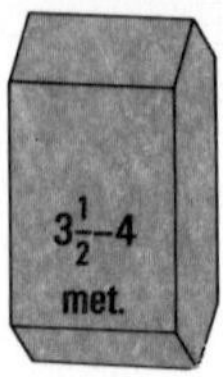

Dyskrasit ist eines der selteneren Silbererze. Die Kristalle sind meist tafelig oder prismatisch ausgebildet, pseudohexagonal und längsgestreift. Im frischen Zustand starker Glanz und metallisch silberweiße Farbe mit braunem Strich. Oberflächlich oft grau bis braun angelaufen. Die Dichte ist mit 9–10 sehr hoch, spaltbar nach zwei Richtungen.

Vorkommen: Dyskrasit kommt neben Arsen- und Antimonerzen auf Silbererzgängen vor. Die Kristalle sind häufig von gediegen Arsen und Safflorit umwachsen oder in Calcit eingebettet. Wichtige Fundorte sind Andreasberg/Harz, Wolfach/Schwarzwald, Markirch/Vogesen und Harmsarvet/Schweden.

Dyskrasit in Safflorit
Andreasberg, Harz/BRD; 17× 24 mm

Bornit *Buntkupferkies* Cu_5FeS_4

Aggregate verzerrter Kristalle treten auf, gewöhnlich aber derber Bruch, muschelig, Farbe am frischen Bruch bronzebraun, läuft sofort bunt an (»taubenhalsig«). Die Dichte beträgt etwa 5.

Vorkommen: selten magmatisch; pegmatitisch-pneumatolytisch und hydrothermal; durch Einwirkung heißer Lösungen auf Chalkopyrit (Siegerland; Berggießhübel in Sachsen; Kupferberg/Schlesien; Norberg/Schweden; Redruth/Cornwall); sedimentär (Mansfeld/BRD); als Fällungsprodukt in der Zementationszone; selten als Kluftmineral (Venedigermassiv, große Kristalle). Im frischen Bruch dem Pyrrhotin und Nickelin, angelaufen dem Covellin oder Chalkopyrit ähnlich.

Bornit
Oberschlema, Sachsen/BRD; 70× 100 mm

Chalkosin *Kupferglanz* Cu_2S

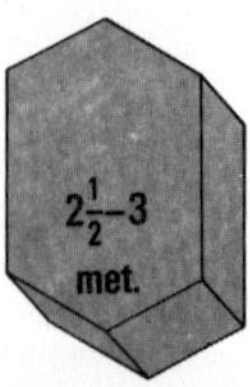

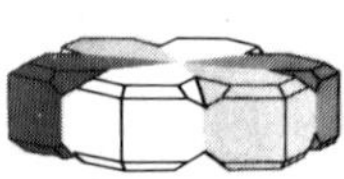

Eigenschaften: Es gibt in der Natur eine Reihe von Mineralien der ungefähren Zusammensetzung Cu_2S, sie werden alle unter »Kupferglanz« zusammengefaßt. Die Ausbildung der Kristalle ist oft pseudohexagonal durch die typische Zwillingsverwachsung mehrerer Kristalle. Dabei entstehen Durchkreuzungsdrillinge und sich beinahe senkrecht durchkreuzende Individuen. Auch derbe, körnige bis dichte Massen kommen vor. Farbe: schwärzlichbleigrau, gewöhnlich matt angelaufen, auch mit blauer und grüner Farbe, Bruch muschelig, spröde, Dichte rund 5,6.

Bildung und Vorkommen: 1. Aus aufsteigenden hydrothermalen Lösungen gebildet in Butte/Montana; Tsumeb, SWA/Namibia; Siegerland. 2. Durch absinkende Lösungen wurde Chalkosin in den Zementationszonen aller Kupfer-Lagerstätten gebildet (Verwitterungsvorgang). Diese Reicherzzonen sind heute meist erschöpft. Bedeutende Vorkommen der Gegenwart: Bingham/Utah; Ray/Miami; Bisbee/Arizona; Kounrad/Sibirien. In Europa: Redruth/Cornwall (hier wurden besonders schöne Kristalle gefunden); Kupferberg/Schlesien; Rammelsberg/Harz; Mansfeld/BRD; Calabora/Sardinien; Montecatini/Italien. Chalkosin ist ein wichtiges Kupfererz.

Ähnliche Mineralien: Digenit, Cu_9S_5, ist blau bis schwarz; Stromeyerit, $(Ag,Cu)_2S$, ist stahlgrau.

Chalkosin
Bristol, Connecticut/USA; 28× 40 mm

Chalkosin
Redruth, Cornwall/England; 18× 25 mm

Argentit *Silberglanz* Ag_2S

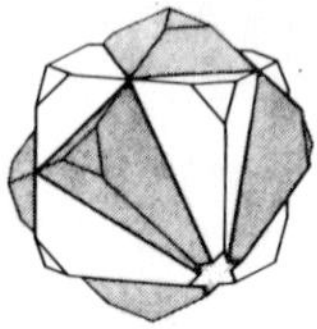

Eigenschaften: Argentit ist die Hochtemperaturform des Ag_2S (Temperatur höher als 179° C), darunter entsteht der Akanthit (monoklin); meist würfelige und oktaedrische Kristalle, Durchdringungszwillinge kommen vor; ebenso zahnige bis haarförmig verzerrte oder gedrehte Kristalle. Farbe schwärzlichgrau, Dichte 7,3, Bruch muschelig, vollkommen schneidbar.

Bildung und Vorkommen: Wichtiges primäres Silbererz seit alter Zeit. Argentit kommt selbständig auf Bleiglanzgängen vor und als entmischte Schüppchen mit dem Bleiglanz verfilzt, gern ist er mit Proustit vergesellschaftet. Auf hydrothermalen Gängen in Freiberg, Schneeberg, Annaberg, Johanngeorgenstadt, Joachimsthal/Erzgebirge; Kongsberg/Norwegen. Der Reichtum des Comstock Lode Erzganges in Nevada beruht auf derbem und pulverig vorkommendem Argentit. Besonders in Mexiko finden sich sehr schöne und große Kristalle (Guanajuato). Große Kristalle sind auch von Přibram/Tschechien bekannt. Die alten Argentit-Lagerstätten sind heute meist abgebaut, da das Silbererz an die Zementationszone gebunden war.

Ähnliche Mineralien: Vom Bleiglanz ist Argentit leicht durch seine geringe Härte zu unterscheiden: Eine Nadel läßt sich mühelos hineinstechen.

Argentit
Freiberg, Sachsen/BRD; 18× 25 mm

Argentit
Chañarcillo/Chile; 43× 60 mm

Maucherit $Ni_{11}As_8$

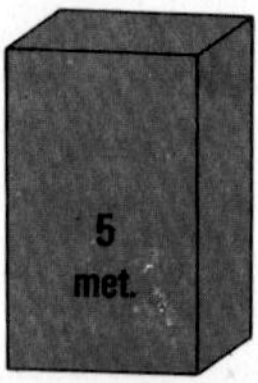

Kristalle sind sehr selten; es kommen jedoch dünne quadratische Täfelchen vor und einfache spitze Dipyramiden. Schöne Kristalle wurden im Harz gefunden.
Meist tritt Maucherit jedoch derb (Anarak/Persien) auf in Paragenese mit Calcit, Nickelin, Cobaltit und Chloantit (Mansfelder Kupferschiefer; Bou Azzer/Marokko). Die Farbe ist rosaweiß, meist rötlichgrau angelaufen. Maucherit entsteht in hydrothermalen Kobalt-Nickel-Arsen-Gängen neben Nickelin, Chloantit und Calcit.

Argentopyrit $AgFe_3S_5$

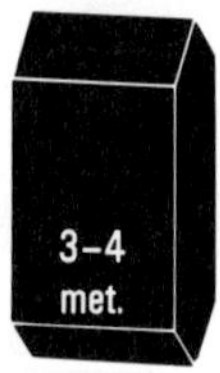

Gehört zur Gruppe der Silberkiese; eine Abgrenzung zum Sternbergit (ähnliche chemische Zusammensetzung) fiel lange schwer, mit röntgenographischen Methoden lassen sich unterschiedliche Kristallgitter bestimmen. Argentopyrit ist selten. Man kennt Kristalle über 2 mm; keine Spaltbarkeit, pyrrhotinähnliche pseudohexagonale tafelige Durchkreuzungsdrillinge; Farbe: stahlgrau bis goldbraun, oft mit metallischen bunten Anlauffarben. In kleinen Mengen ist Argentopyrit auf Silbererzgängen verbreitet (Andreasberg, Schneeberg, Marienberg; Peru; Mexiko). Unterscheidung vom Sternbergit durch dessen perfekte Spaltbarkeit, geringe Härte (1–1,5).

Maucherit
Eisleben, Harz/BRD; 18× 25 mm

Argentopyrit
Andreasberg, Harz/BRD; 3× 4 mm

Sphalerit *Zinkblende* ZnS

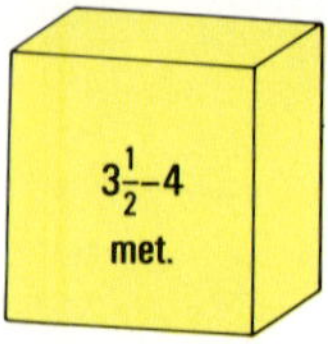

Eigenschaften: Zinkblende kommt in sehr schönen Kristallen vor, die durch Zwillingsbildung, Verzerrungen und gewölbte Flächen charakterisiert sind. Oft sind die durch Zwillingsbildung hervorgerufenen einspringenden Winkel zu beobachten, und durch polysynthetische Viellingsbildungen wirken die Spaltflächen zuweilen wie gestreift. Ebenso findet man Zinkblende derb, in spätigen, grob- bis feinkörnigen, selten strahligen Aggregaten, auch dichte, gesteinsbildende Massen treten auf. Die schalen- und krustenförmigen Varietäten (Schalen-, Leberblende) bestehen meist aus einem Gemenge von Zinkblende und Wurtzit. Die Spaltbarkeit nach dem Oktaeder ist vollkommen, die Dichte des reinen ZnS beträgt 4,06. Die Farben variieren je nach dem Gehalt an weiteren Beimengungen: Reine Zinkblende ist farblos; in der Natur sind jedoch immer Beimengungen von FeS und Spuren von CdS und MnS vorhanden. Geringe Fe-Gehalte färben die Zinkblende gelb (Honigblende) oder braun, rot (Rubinblende). Hohe Fe-Gehalte färben die Blende dunkelgrün bis schwarz (Marmatit). Es können noch andere, z. T. seltene Metalle enthalten sein, deren Gewinnung technisch durchaus interessant ist, wie In, Ga, Tl, Hg, Cu, Sn, Ag (!), Pb, Au (!). Ein typisches Erkennungsmerkmal ist der Geruch nach »faulen Eiern« (Schwefelwasserstoff), der beim Reiben auf der Porzellanscheibe entsteht.

Entstehung und Vorkommen: Zinkblende ist fast immer an Bleiglanz gebunden und kommt in vielen Lagerstättentypen vor: 1. In allen sulfidischen Tiefengesteinen als Spur vorhanden (magmatisch). 2. In der pegmatitisch-pneumatolytischen Zone, z. B. in Zinnerzgängen (Hagendorf). Fe-reiche Blende findet man in Sachsen (Schwarzenberg, St. Christoph), Bayern (Bodenmais); in Trepča (ehem. Jugoslawien) hervorragende Kristalle. 3. Die wichtigsten Vorkommen sind hydrothermale Gänge im Kalk oder Dolomit. Im Binntal die wohl schönsten Kristalle auf zuckerkörnigem Dolomit, bei Santander/Spanien besonders klare Honigblende; Rubinblende aus dem Westerwald (Grube Georg bei Horhausen) ist berühmt. Fast alle Bleizinkerzgänge und hydrothermalen Lagerstätten führen Zinkblende (Oberharz, Ems, Siegen, Köln, Schwarzwald, Aachen, Baden, Westfalen, Oberschlesien, NW-England, Kärnten, N-Spanien). 4. In Sedimenten, die unter Sauerstoffabschluß entstanden, kommt nicht selten Zinkblende neben Pyrit und Baryt vor (Meggen, Rammelsberg).

Bedeutung und Verwendung: Den Namen »Blende« erhielt das Mineral von deutschen Bergleuten in Sachsen und im Harz (Nebengestein, das »blendet und betrügt«, weil es einen hohen Gehalt an Metall erwarten ließ). Obwohl es das wohl verbreitetste und heute wichtigste Zinkmineral ist, blieb es lange als Zinkerz unbekannt. Noch Agricola (16. Jahrh.) hielt das Mineral für ein Bleierz; erst im 18. Jahrh. erkannte es der schwedische Chemiker Brandt als wichtiges Zinkerz, und im 19. Jahrh. entwickelte man die Technologie zur Verhüttung auf Zink. Weltproduktion 1977 5,94 Mio. t. Zink ist Bestandteil von Messing und anderen Legierungen, es wird benötigt zum Verzinken von Eisen, für galvanische Elemente, zur Schädlingsbekämpfung und für medizinische Zwecke.

o.: Zinkblende auf Dolomit
Binntal/Schweiz; 32× 23 mm
u.: Zinkblende mit Bleiglanz und Siderit
Grube Anxbach, Horhausen, Sieg/BRD;
18× 13 mm

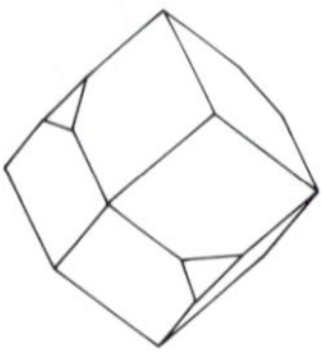
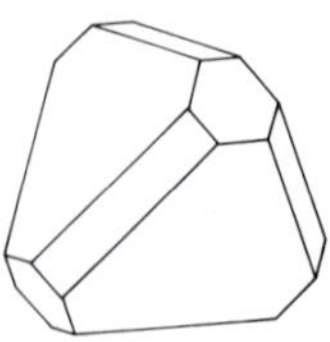
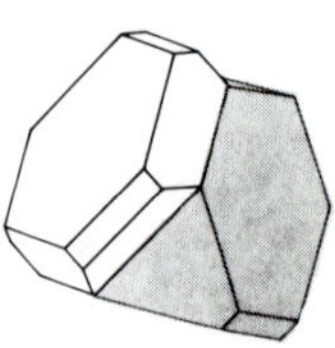
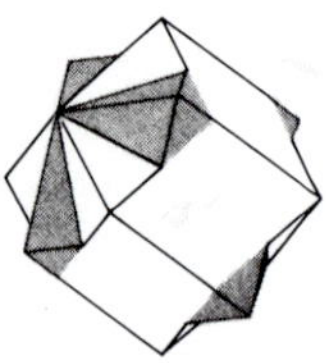

Chalkopyrit *Kupferkies* $CuFeS_2$

Eigenschaften: Die Kristalle sind nur selten einige Zentimeter groß, meist klein, jedoch gut ausgebildet. Einzelne Kristalle wirken oft kugelig, typischer ist jedoch eine keilförmige Ausbildung. Zwillinge kommen häufiger als einzelne Kristalle vor, dabei können sich die Individuen an einer Fläche berühren. Durchwachsen sie sich, so können sie zyklische Fünflinge erzeugen, die fast wie Einkristalle mit geknickten Flächen und Kanten aussehen. Auch extreme Verzerrungen von Einkristallen sind bekannt. In den meisten Fällen jedoch tritt das Mineral als derbes Erz auf, oft zwickelfüllend, auch als Anflug, selten traubig, nierig. Spaltbarkeit: schlecht; Dichte: 4,2–4,3; Farbe: messinggelb nach grünlich, goldgelb, schwarz, auf verschiedenen Flächen ungleich und anlaufend. Oft treten orientierte Verwachsungen mit Zinkblende auf, da beide Mineralien eine ähnliche Kristallstruktur haben. Aus gleichem Grund sind Fahlerzkristalle zuweilen mit einer dünnen Kruste von Kupferkies bedeckt (Clausthal-Zellerfeld/Harz; Cornwall/Großbritannien).

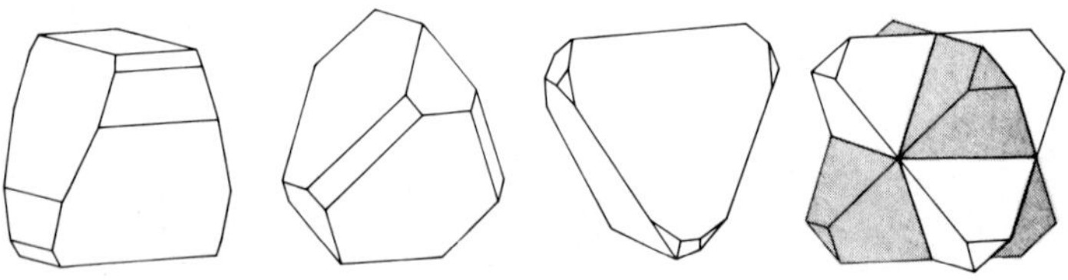

Bildung und Vorkommen: Kupferkies ist als sogenannter Durchläufer auf Lagerstätten verschiedenster Art eines der häufigsten Erzmineralien überhaupt. 1. In fast allen Tiefengesteinen finden sich Spuren von Kupferkies, zusammen mit Magnetkies und Pentlandit, oft sogar in abbauwürdigen Anreicherungen. 2. In Pegmatiten, pneumatolytischen Gängen sowie kontaktmetasomatisch, meist als gleichmäßige Imprägnation. 3. In heißthermal gebildeten Stökken, Schläuchen und Linsen, oft in feinen Verwachsungen mit Pyrit. Stark metamorphisiert findet sich Kupferkies in den Kieslagern von Röros, Lökken, Sulitelma/Norwegen; Falun/Schweden; Agordo/Venetien. 4. In fast allen hydrothermalen Gängen als Begleit- oder auch Hauptmineral. 5. Sedimentär am Rammelsberg/Harz, im Mansfelder Kupferschiefer; bei Ergani Maden am Tigris in Ostanatolien/Türkei. Hier wie in Westfalen, im Erzgebirge, Rio Tinto/Spanien wird Kupferkies bergmännisch gewonnen. 6. In allen möglichen durch Metamorphose umkristallisierten Lagerstätten. Bei der Verwitterung entstehen Brauneisenstein, Ziegelerz, Kupferpecherz, Malachit, Buntkupferkies und andere Mineralien des Eisernen Hutes. Ganz vorzügliche Kristalle lieferten Gänge im Siegerland, in der Gegend von Freiberg/Sachsen und bei Markirch im Elsaß.

Bedeutung und Verwendung: Am Rammelsberg im Harz wird der Abbau von Kupferkies bereits seit dem Jahre 900 zur Zeit Otto I. betrieben, in Falun/Schweden seit 1220. Heute ist es das wichtigste Kupfererz.

Ähnliche Mineralien: Vom Pyrit durch seine geringere Härte zu unterscheiden; Markasit, Magnetkies, Gold; schwarz angelaufen und bei tetraederähnlicher Ausbildung auch mit Fahlerz und Zinkblende zu verwechseln.

o.: Chalkopyrit
Grube Louise, Horhausen, Westerwald BRD;
20× 14 mm
u.: Chalkopyrit
Grube Georg bei Horhausen, Westerwald/BRD;
130× 93 mm

Fahlerz *Tennantit* $(Cu, Fe)_{12}As_4S_{13}$ *Tetraedrit* $(Cu, Fe)_{12}(Sb, As)_4S_{13}$

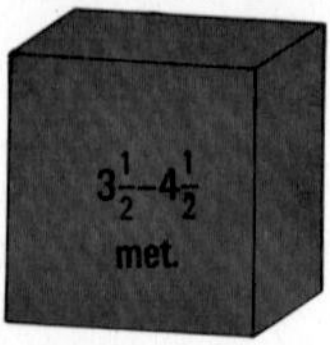

Die Fahlerze bilden eine Gruppe von Mineralien, deren wichtigste Glieder Tennantit und Tetraedrit sind.

Eigenschaften: Durch die unterschiedliche Zusammensetzung der einzelnen Glieder schwanken auch deren Eigenschaften. Man findet oft schön ausgebildete, flächenreiche Kristalle in typischer Tetraederform, woher auch der internationale Name Tetraedrit abgeleitet wurde. Seltener finden sich rhombendodekaedrische und sogar würfelige Kristalle. Durchkreuzungszwillinge mit nasenartigen Vorsprüngen auf der Tetraederfläche sind gewöhnlich (Clausthal-Zellerfeld). In Clausthal und in Cornwall sowie an vielen anderen Fundorten tragen die Kristalle oft einen feinkristallinen Überzug von Chalkopyrit, seltener von Sphalerit (Kapnik/Rumänien). Die Kristalle haben fast keine Spaltbarkeit, der Bruch ist muschlig, spröde. Je nach chemischer Zusammensetzung zeigen die Fahlerze unterschiedliche Farben und Striche. Tetraedrit: stahlgrau mit olivfarbenem Strich, zink- und eisenreiche Fahlerze sind mehr eisenschwarz, quecksilber- und wismutreiche Fahlerze mehr weiß und gelblich, Arsen gibt dem Erz eine grünliche bis bläuliche Färbung. Tennantit ist in feinsten Splittern rot durchscheinend. Auch derb, eingesprengt, körnig oder dicht kommen die Fahlerze vor.

Bildung und Vorkommen: Hauptsächliche Verbreitung in nieder- bis mitteltemperierten hydrothermalen Erzgängen, vergesellschaftet mit Sulfiden, Carbonaten, Schwerspat, Fluorit und Quarz; seltener in hochtemperierten Gängen, kontakt-metasomatisch oder pegmatitisch. Diese untergeordneten Vorkommen der pegmatitisch-pneumatolytischen Phase befinden sich auf Grönland und in einigen Zinnerzgängen, im Kupferschiefer vom Rammelsberg kommt das Erz in Sedimenten vor, häufig ist es in der Zementationszone angereichert. Fahlerze finden sich auf zahlreichen Lagerstätten in der ganzen Welt. Sehr schöne Kristalle kommen aus Tsumeb, SWA/Namibia und Kapnik/Rumänien. Der *Freibergit* (Freiberg/Sachsen) enthält zwischen 18% und 36% Silber, der *Schwazit,* eine quecksilberhaltige Varietät, kommt aus den Erzgängen im dolomitischen Kalk von Schwaz/Tirol; im zuckerkörnigen Dolomit des Binntales/Schweiz finden sich die kleinen *Binnit*-Kristalle. Tetraedrit ist als feinster Staub oft der Silberträger im Bleiglanz.

Bedeutung und Verwendung: Der Begriff »Fahlerz« wurde bereits im Bergbau des Mittelalters für Erzmineralien mit dunkelgrauer (fahler) Farbe verwendet. Die silberhaltigen Varietäten lenkten schon früh die Aufmerksamkeit auf sich und bekamen eigenständige Namen wie »Weißgülden Erz« oder »Graues Silbererz«. Der Tennantit bekam seinen Namen 1821 nach dem englischen Chemiker Smithson Tennant. Die Fahlerze werden in erster Linie als Kupfermineralien genutzt, in ihrer Wichtigkeit stehen sie gleich hinter gediegenem Kupfer; sie werden auch wegen ihres Silber-, Quecksilber- und Antimongehaltes abgebaut.

Verwechselungsmöglichkeiten: Ähnlichkeiten mit anderen Sulfiden bestehen, besonders wenn das Erz als massives Material auftritt. Die nicht vorhandene Spaltbarkeit erlaubt es, andere Möglichkeiten auszuschließen.

u. l.: Fahlerz (Binnit)
Binntal/Schweiz; 15× 21 mm

o.: Fahlerz
Grube Georg bei Horhausen, Westerwald/BRD; 26× 18 mm

u. r.: Fahlerz mit Chalkopyrit überwachsen
Clausthal, Harz/BRD; 12× 17 mm

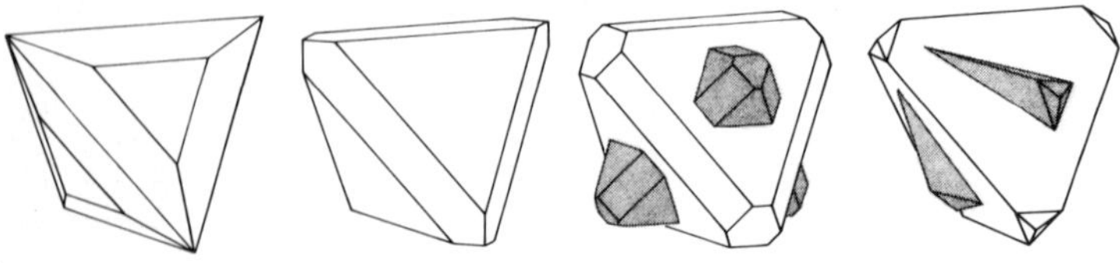

Greenockit CdS

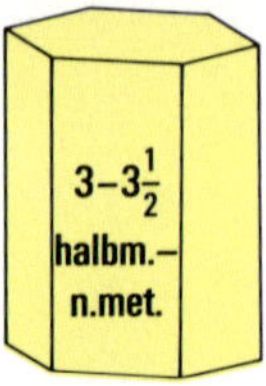

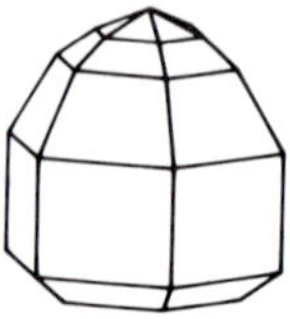

Gewöhnlich nur als gelber erdiger Überzug; Kristalle meist konisch oder tafelig. Als typisches Sekundärmineral Produkt beginnender Verwitterung cadmiumreicher Zinkblende (Lüderich bei Bensberg, Hagendorf/Franken; Bleischarley/Oberschlesien; Tsumeb, SWA/Namibia); größere Kristalle sind von Bishopton/Schottland bekannt. Nach Lord Greenock benannt, der das Mineral zuerst als neu erkannte. Stark zinkhaltiger Greenockit fluoresziert gelb bis orange.
Verwendung: Wood'sche Legierung, Färben, zum Steuern des Ablaufs nuklearer Reaktionen.

Greenockit auf Prehnit
Bishopton/Schottland; 4× 6 mm

Wurtzit ZnS

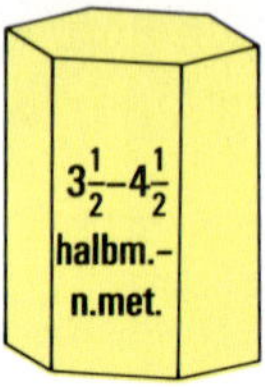

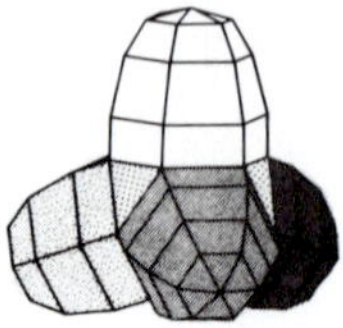

Selten Kristalle, wenn, dann meist undeutlich ausgebildet, Zwillinge, Viellinge; meist derb. Von Zinkblende durch Doppelbrechung und Pleochroismus zu unterscheiden, manchmal jedoch nur röntgenographisch. Entstehung bei 1020° C aus Zinkblende; stets gewisser Gehalt an Eisen und Cadmium. Erythrozinkit ist ein manganhaltiger Wurtzit. Strahlen- und Schalenblenden sind teilweise Wurtzit, teilweise Zinkblende; z. B. Příbram; Stolberg/Aachen; Oberschlesien; Wiesloch/Baden; Kirka/Thrakien.

Wurtzit
Kirka Grube/Griechenland; 3× 4 mm

Cinnabarit *Zinnober* HgS

Eigenschaften: Nur selten findet man Kristalle; diese sind dann meist klein und dicktafelig, ansonsten kommen derbe, körnige, auch erdige Massen und Beläge vor; Durchkreuzungszwillinge zweier Rhomboeder sind häufig, der Bruch ist splitterig, die Spaltbarkeit sehr gut, die Dichte von 8,1 ungewöhnlich groß. Durch organische Substanz verunreinigter Zinnober heißt Lebererz, Stahlerz, Korallenerz.
Bildung und Vorkommen: Zinnober ist eines der ganz wenigen Sulfide, deren Bildung auch heute noch beobachtet werden kann, und zwar aus etwa 80° C warmen Thermen im Bereich von absterbendem Vulkanismus. Viele der wichtigen Quecksilberlagerstätten sind wohl auf ähnliche Weise entstanden. Ciudad Real bei Almaden in Spanien fördert seit dem Altertum und ist die größte Zinnoberlagerstätte der Welt; Idria/früheres Jugoslawien; Mte; Amiata/Italien; Moschellandsberg/Pfalz. Die schönsten Kristalle kamen aus Hunan/China.
Bedeutung und Verwendung: Wichtigstes Erz zur Gewinnung des Quecksilbers. Die berühmten Gruben von Almaden wurden schon 700 v. Chr. von den Griechen ausgebeutet, die von Idria in Krain sind seit 1497 bekannt, die pfälzischen liefern seit 1776. Die größten Produzenten heute: Sowjetunion (2200 t), Spanien (1207 t), Algerien (1049 t), USA (974 t); Weltproduktion 1977: 7111 t.
Verwechselungsmöglichkeit mit Proustit.

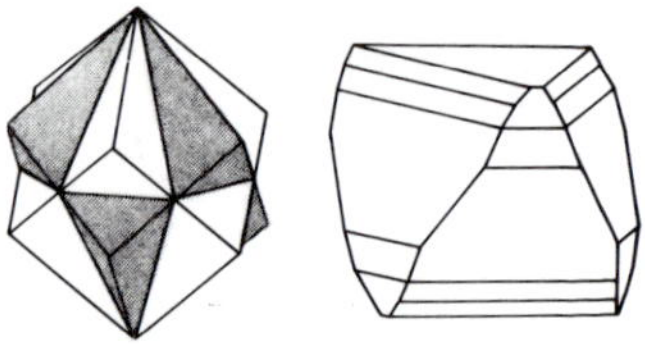

Zinnober
Almaden/Spanien; 14× 10 mm

Bleiglanz *Galenit* PbS

Eigenschaften: Von sehr vielen Fundorten auf der Welt sind große Bleiglanzkristalle, meist aufgewachsen, bekannt, nahezu vollkommene Würfel, Oktaeder, Rhombendodekaeder oder deren Kombinationen werden immer wieder in z. T. beachtlicher Größe gefunden. Typisch sind verschiedene Arten der Verzerrung, die Flächen sind oft gekrümmt und geknickt, die Kanten und Ecken abgerundet, so daß die Kristalle wie angeschmolzen aussehen, manchmal wirken sie löchrig zerfressen oder sind skelettförmig gewachsen. Zwillingsbildungen nach dem Oktaeder. Die Farbe ist bleigrau mit einem Stich ins Rötliche, Kristallflächen und derbe Stücke sind meist matt angelaufen. Mit einer Dichte von etwa 7 ist das Mineral sehr schwer; die sehr gute Spaltbarkeit nach dem Würfel ist ein anderes typisches Merkmal. Dem Bleiglanz kann bis zu 1% Silber beigemengt sein, meist in Form feinster Körnchen der verschiedensten Silbererze, wie Rotgültigerz, Fahlerz, Polybasit; durch diese »Silberträger« wurde der weltweit massenhaft vorkommende Bleiglanz als begehrtes Silbererz abgebaut. Durch innige Verwachsungen mit Zinkblende, Bournonit und Fahlerz sind oft deutliche Gehalte an Zink, Eisen, Kupfer, Antimon und Wismut vorhanden.

Bildung und Vorkommen: Hauptverbreitung hydrothermal, gebunden an Plutone, seltener an Vulkane, auf Gängen in alten Gebirgsrümpfen. Die bekanntesten Lagerstätten liegen in den heute stillgelegten Revieren des Oberharzes (Clausthal-Zellerfeld, Bad Grund) und des Erzgebirges (Freiberg); einige der zahlreichen weiteren Vorkommen liegen im Sauerland (Ramsbeck, flachtafelige Zwillinge), in Oberschlesien (Bleiberg), bei Aachen (Altenberg), im Ruhrgebiet (Christian Levin/Essen), in der Eifel (Bleialf); Tschechien (Přibram); ehem. Jugosl. (Trepča); Südspanien; Kaukasus; Griechenland (Laurion). Metamorph gebildet findet sich Bleiglanz im Rammelsberg bei Goslar und in gewaltigen Ausmaßen in Broken Hill, New South Wales/ Australien.

Bedeutung und Verwendung: Bereits Plinius (77 n. Chr.) gebraucht den Begriff *Galena = Bleierz*; den Namen Bleiglanz erhielt das Mineral von Abraham Gottlob Werner (1749–1817). Bleiglanz ist das weitaus wichtigste und häufigste Bleierz und wird durch seine weltweite Verbreitung gleichzeitig zum wichtigsten Silbererz. Hauptproduktionsländer sind die Sowjetunion (625,0), USA (537,5), Australien (433,7), Kanada (284,1); (1977, Zahlen in 1000 t Blei). Die Weltproduktion an Blei betrug 1977 3,590 Mio. t; die wirtschaftlich gewinnbaren Bleivorräte werden auf über 170 Mio. t geschätzt, wovon sich über zwei Drittel in den westlichen, etwa ein Sechstel in den östlichen Industrieländern, der Rest in Entwicklungsländern befinden. Hauptverbraucher ist die Akkumulatorenindustrie; bei der Herstellung von Bleiplatten, Bleikabeln, Bleirohren, Munition, Farben (Bleiweiß, Mennige), Antiklopfmitteln im Benzin, Bleigläsern (»Kristall«-Glas) wird das Metall Blei gebraucht.

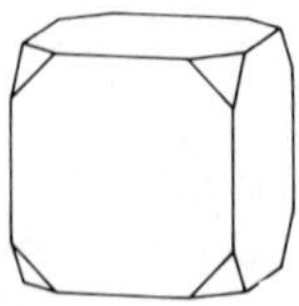
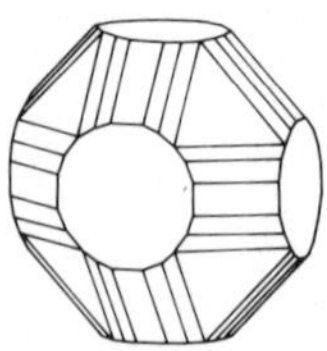
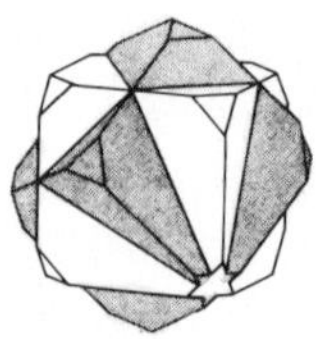
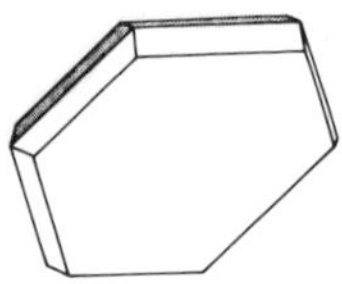

o. l.: Bleiglanz
Ramsbeck, Sauerland/BRD; 32 × 45 mm
o. r.: Bleiglanz
Neudorf, Harz/BRD; 14 × 20 mm
u.: Bleiglanz
Ramsbeck, Sauerland/BRD; 24 × 17 mm

Miargyrit *Silberantimonglanz* $AgSbS_2$

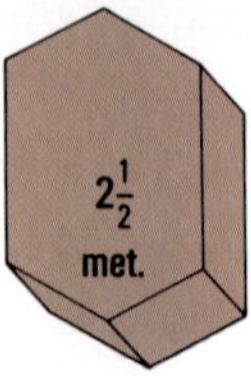

Ein unauffälliges Mineral, dessen Kristalle oft übersehen werden, obwohl solche von über 2 mm bekannt sind. Die Ausbildung ist dicktafelig, verschiedene Kristallflächen weisen Streifungen und Riefungen auf, Zwillingsbildungen sind bekannt, ebenso wie derbe Aggregate. Farbe: stahl- und bleigrau bis schwarz; Spaltbarkeit: undeutlich; undurchsichtig, spröde. Vorkommen auf hydrothermalen Silbererzgängen neben den häufigeren und ähnlichen Rotgültigerzen (Andreasberg/Harz; Bräunsdorf/Freiberg; Příbram/Tschechien; Baia Sprie/Rumänien; Hiendelaencina/Spanien; San Benito County/Kalifornien). Wichtiges Silbererz.

Miargyrit
Andreasberg, Harz/BRD; 5× 7 mm

Nickelin *Rotnickelkies* NiAs

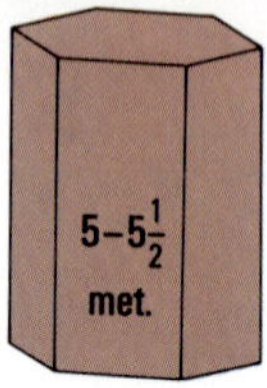

Kristalle sind selten und klein, häufiger derbe Massen, nierige, traubige, staudenförmige Aggregate, baumförmig oder gestreckt. Die kupferrote Farbe ist typisch, an der Luft läuft das Mineral bräunlich bis schwärzlich an. Bruch: muschelig, spröde, Dichte: 7,5. Oft sind derbe Massen von apfelgrüner Nickelblüte überkrustet. Hydrothermale Gänge sind die Hauptfundgebiete, so im Erzgebirge (Schneeberg, Annaberg, Johanngeorgenstadt, Marienberg, Joachimsthal), im badischen Schwarzwald, im Kupferschiefer (Mansfeld, Bieber, Richelsdorf).
Ein nur untergeordnetes Nickelerz.

Nickelin
Mansfeld, Harz/BRD; 28× 40 mm

Pyrrhotin *Magnetkies* $Fe_{1-x}S$

Eigenschaften: Eines der ganz wenigen Mineralien, die magnetisch sind. Kristalle sind nicht häufig und im allgemeinen klein und wenig frisch; sie bilden flache sechsseitige Tafeln in rosettenförmiger Anordnung; gewöhnlich findet man jedoch nur derbe, körnige, manchmal auch schalige Massen. Die schönsten und größten Einzelkristalle wurden in Trepča/ehem. Jugosl. gefunden. In einer Richtung (nach der Basis) sehr deutliche Spaltbarkeit; Dichte: 4,6; bronzegelb bis kupferrot, tombakbraun anlaufend; sehr oft stark angewittert oder durch Pyrit oder Bleiglanz pseudomorphisiert. Wie die Formel $Fe_{1-x}S$ andeutet, meist Fe-Unterschuß bis zur Zusammensetzung $Fe_{11}S_{12}$. Ideales FeS – mit mineralogischem Namen Troilit – gibt es in Meteoriten.
Bildung und Vorkommen: 1. In allen Tiefengesteinen. 2. Nach Entmischung in flüssigem Zustand entstanden große Lagerstätten durch Anreicherung von Pyrrhotin, oft sind größere Mengen des wichtigen und ähnlichen Nickelerzes Pentlandit beigemengt. 3. Als pegmatitisch-pneumatolytische Bildungen, z. B. in Hundholmen/Tysfjord im Ivelandgebiet, in Tunaberg/Mittelschweden. 4. Hydrothermal in den ältesten Gängen von Freiberg und Andreasberg/Sachsen; Kongsberg/Norwegen; auf manchen Siegerländer Gängen. 5. In Kontakthöfen von Tiefen- oder Ergußgesteinen. 6. Metamorph in Bayern (Bodenmais), Norwegen, Schweden. 7. In fast allen Meteoriten. 8. Sedimentär ganz selten.
Bedeutung und Verwendung: Der Name leitet sich vom Griechischen ab und bedeutet feuerfarbig, goldgelb. Wichtig zur Herstellung von Eisenvitriol und Polierrot, als Eisenerz unbedeutend.
Sehr ähnlich ist Pentlandit.

Pyrrhotin
Trepča/ehem. Jugosl.; 120× 85 mm

Millerit *Haarkies* NiS

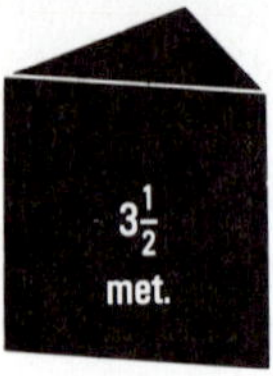

Eigenschaften: Das Mineral kommt meist in prächtigen Büscheln vor. Manche Kristalle erscheinen wie feine, messinggelbe, gedrillte Haare, können aber auch matt und grünlichgrau, bräunlich bis schwärzlich mit seidigem Glanz sein. Spaltbarkeit: vollkommen; Dichte: 5,3.

Bildung und Vorkommen: Millerit tritt selten in größeren Mengen auf, meist wurde er in der Zementationszone als Sekundärmineral aus anderen Nickelerzen gebildet. Daher ist es möglich, ihn in Nickelvorkommen verschiedenster Art zu treffen. Auf Grube Friedrich (Wissen/Sieg) fand man frische, glänzende, 0,5–2 mm dicke und bis 5 cm lange, längsgestreifte Säulen und radialbüschelige Aggregate, Nanzenbach bei Dillenburg, Ramsbeck, Müsen sind weitere bekannte Fundorte. Die Kohlegruben des Ruhrgebietes lieferten hervorragende Kristalle, z. B. Christian Levin/Essen, die schönsten Kristalle der letzten Zeit kommen von Zeche Zollverein, die Zeche Germania/Dortmund lieferte bis 8 cm lange haarförmige Kristalle, deren Spitzen z. T. gespalten waren, in der Umgebung von Wuppertal-Elberfeld wurden in Drusen bis zu 15 mm lange, frische Nadeln, z. T. gebogen und gedrillt, gefunden. Auch im Harz, in Sachsen, Schlesien, Böhmen wurde Millerit gefunden; weiterhin in Wales und Bombiana (Bologna).

Bedeutung und Verwendung: 1789 bekam das Mineral von Werner den Namen Haarkies, weil er die nadeligen Kristalle für haarförmigen Eisenkies hielt. Nach langjährigen Diskussionen erst wurde Millerit als selbständiges Mineral anerkannt. Trotz seines hohen Nickelgehaltes ist er kein wichtiges Nickelerz, da er zu selten vorkommt.

Millerit
Böhmen/ehem. ČSSR; 28 × 20 mm

Covellin *Kupferindig* CuS

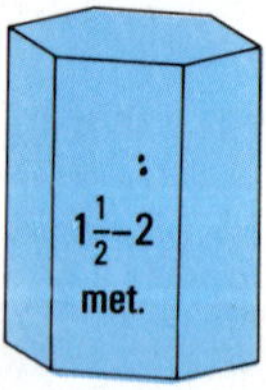

Eigenschaften: Kristalle sind sehr selten, meist derb und feinkörnig, als Rinde, Belag und pulverig; manchmal grobspätige bis handtellergroße Tafeln. Sehr gute große Kristalle kommen aus Sardinien, ebenso gut ausgebildete aus Butte/Montana. Farbe: blauschwarz, gerieben indigoblau oder dunkler; Spaltbarkeit: sehr vollkommen nach der Basis, in dünnen Blättchen biegsam; Dichte: 4,6. Covellin ist ein sehr guter elektrischer Leiter, sein Widerstand ist noch geringer als der von Kupferglanz. Ein erstaunliches optisches Verhalten ist besonders im Anschliff zu beobachten: Durch extrem hohe Dispersion erscheint Covellin in der Luft blau, bei Benetzung mit Wasser violett und mit Öl rot.

Bildung und Vorkommen: Covellin ist gewöhnlich ein Umwandlungsprodukt anderer Kupfererze, besonders von Kupferglanz, Kupferkies, Buntkupfererz, daher ist er fast immer nur als dünne Haut oder Belag anzutreffen. Reichlich findet man ihn im Mansfelder Kupferschiefer; im Schapbachtal; bei Siegen; im Harz; am Vesuv als Seltenheit unter den Sublimationsprodukten des Kraters; auf Vulkano mit kleinen Schwefelkristallen als nierigen und kugeligen dünnen Überzug; Bor in Serbien.

Bedeutung und Verwendung: Die alten Namen »Blaues Kupferglas« und »Kupferindig« erhielt das Mineral allein aufgrund seiner äußeren Erscheinung. Erst Covelli bestimmte 1827 Kristalle vom Vesuv als Kupfersulfid, nach ihm wurde das Mineral später Covellin benannt. Wegen seiner relativen Seltenheit nur unbedeutendes Kupfererz. Das dichte Material wird manchmal für Schmuckzwecke verarbeitet.

Covellin
Sardinien; 45 × 33 mm

Linneit *Kobaltnickelkies* Co_3S_4

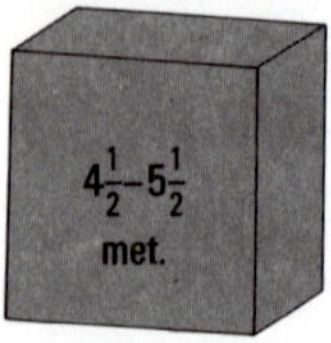

Oktaedrische und würfelförmige, gut ausgebildete Kristalle und Zwillinge sind häufig; die Spaltbarkeit nach der Würfelfläche ist vollkommen, der Bruch uneben; Dichte: 4,8–5,8; Farbe: weiß, manchmal stahlgrau, rot oder braun angelaufen. Derb und eingesprengt in körnigen Aggregaten vorkommend. Der hydrothermale Bildungsbereich ist typisch für den Kobaltnickelkies: Sideritgänge des Siegerlandes (Müsen, Eiserfeld, Grünau); Verdrängungslagerstätten in Schweden, SWA/Namibia; als Ursprungserz der reichen Kobaltverwitterungserze in Shaba/Zaïre; schöne Kristalle kommen von Rhonda Valley in Großbritannien. Wichtiges Kobalterz.

Linneit
Grube Georg bei Horhausen, Westerwald/ BRD; 11× 15 mm

Kermesit *Rotspießglanz* Sb_2S_2O

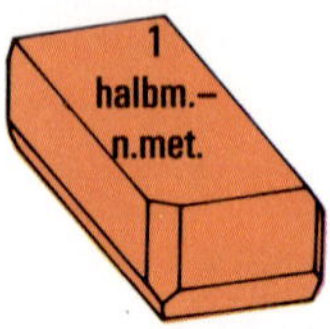

Gruppierungen von Nadeln zu büschelförmigen und flach sternförmigen Aggregaten, schalig; Farbe: kirschrot mit violettem Stich, durchscheinend; Dichte: 4,7; Spaltbarkeit nach einer Richtung vollkommen. Die Kristalle sind sehr biegsam, haken- oder knieförmig, auch schraubenartig; schneidbar. Auf Antimonit aufsitzend, weil dieser sich mit Hilfe des Luftsauerstoffes zu Kermesit umgewandelt hat (Oxidation). Vorkommen: Bräunsdorf/Sachsen; Pezinok/ehemalige ČSSR; Pereta/Toskana, Italien; Djebel Hamimat/Algier (faserige Krusten, lockere Kugeln, nadelige Büschel). Alte Namen sind auch »Pyrostibit«, »Pyrantimonit«, »Antimonblende«, »Spießglanzblende«.

Kermesit
Přibram/Tschechien; 6× 8 mm

Sylvanit *Schrifterz* $AgAuTe_4$

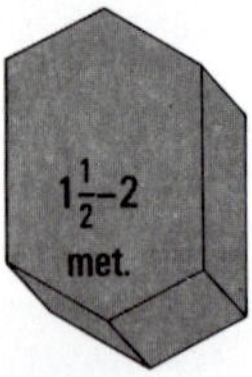

Die Kristalle sind klein bis etwas über 5 mm, Ausbildung unterschiedlich: normalerweise dicktafelig oder kurzprismatisch; Zwillinge sind häufig, oft Durchdringungszwillinge, die baumartige gestrickte, schriftähnliche Gruppen bilden. Spaltbarkeit: vollkommen; Farbe: stahlgrau bis silberweiß und lichtgelb; Dichte: 8,0–8,3. Manchmal durch gediegen Gold pseudomorphisiert. Vorkommen in niedrig- bis hochtemperierten Gängen. Auf Golderzgängen in Rumänien (Nagyág, Offenbánya) typische hieroglyphenförmige Ausbildung.

Sylvanit
Nagyág/Rumänien; 5× 7 mm

Nagyagit *Blättererz* $Pb_5Au(Te, Sb)_4S_{5-8}$

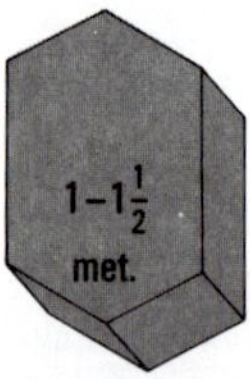

Als dünne, tafelige, gestreifte Kristalle vorkommend, meist massig, körnig oder als blättrige Aggregate; Spaltbarkeit und Verzwilligung nach dem Prisma; biegsam. Farbe: dunkelbleigrau; hohe Dichte: etwa 7,5. Vorkommen in hydrothermalen Gängen, vergesellschaftet mit gediegen Gold, Sulfiden, Telluriden und Carbonaten. Herausragende Stufen wurden in Nagyág/Rumänien gefunden, hier vergesellschaftet mit Rhodochrosit; andere Vorkommen sind Offenbánya/Rumänien; Cripple Creek/USA; Kanada; Japan. Verwittert wie alle Goldtelluride leicht zu dunkelbraunem gediegenem Gold.

Nagyagit
Nagyág/Rumänien; 14× 20 mm

Antimonit *Stibnit, Antimonglanz, Grauspießglanz* Sb_2S_3

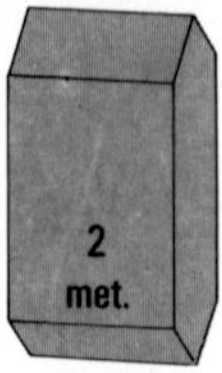

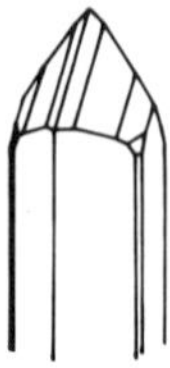

Armdicke Kristalle von Antimonit sollen in Japan zum Bau von Gartenzäunen verwendet worden sein. Die Kristalle sind stets säulenförmig, längsgestreift, z. T. mit spitzeren oder stumpferen Endflächen; je nach Fundort liegen verschiedene Ausbildungen vor. Die flächenreichen Kristalle sind nach der c-Achse langgestreckt, dadurch spießig, nadelig, oft mechanisch verknickt, ähnlich wie es auch beim Gips bekannt ist. Parallel zur c-Achse liegt eine starke Riefung vor; radiale Gruppierungen, verworrene Aggregate nadeliger Kristalle, Strahlenbündel, samtschwarze Kugeln, feiner Haarfilz, am häufigsten jedoch derbe bis dichte Massen. In einer Richtung ist die Spaltbarkeit sehr vollkommen, in zwei weiteren unvollkommen; durch Gleitflächen innerhalb des Kristallgitters sind oft eine grobe Horizontalstreifung und flachwellige Verbiegung zu beobachten, dünne Kristalle lassen sich leicht mit der Hand verbiegen. Benutzt man dazu Kristalle mit möglichst glatten Endflächen, bedecken sich diese dann mit feinen Streifen parallel zur b-Achse des Kristalls, auch wenn die Biegung die Endflächen selbst nicht betroffen hat. Farbe: bleigrau, in feinen Fasern und Büscheln auch matt und schwarz, neben Bleiglanz etwas bläulichgrün; der starke Metallglanz ist oft durch matte schwärzliche und bunte Anlauffarben überdeckt; Dichte: 4,6–4,7.

Bildung und Vorkommen: Entstehung hauptsächlich auf niedrig temperierten hydrothermalen Gängen zusammen mit Realgar, Auripigment, Bleiglanz, Schwerspat, Zinnober, Pyrit, Zinkblende, Calcit und Gold. Fundorte sind z. B. Wolfsberg im Harz, Casparizeche bei Arnsberg in Westfalen, Milesov in Böhmen, Nikitowka im südlichen Rußland, Bräunsdorf im Erzgebirge, Goldkronach im Fichtelgebirge, Schleiz in Thüringen. Wirtschaftlich wichtige Vorkommen finden sich im früheren Jugoslawien, Rumänien, Algerien, Borneo, Südafrika, Bolivien, Mexiko und China. Die größten und längsten Kristalle, die je gefunden wurden, kamen aus Japan (Ichinokawa auf der Insel Shikoku). Kristalle bis zu einer Größe von einem Meter stammen aus Stolica und Lesnica im früheren Jugoslawien. Antimonit verwittert oft zu gelbem Antimonocker, zu Kermesit, seltener zur Antimonblüte (Valentinit), die weiße, diamantglänzende Kristalle bildet. Der Metastibnit ist eine nicht-kristalline (amorphe) Erscheinungsform von Sb_2S_3; die Kieselsinter der Steamboat Springs in Nevada werden durch ihn ziegelrot gefärbt, bei Oruro (Bolivien) wurden nierige, tiefrote, durchscheinende Massen beobachtet.

Bedeutung und Verwendung: Antimonit ist das am längsten bekannte Antimonerz. Plinius (77 n. Chr.) nannte es *stibium,* noch heute wird hiervon das chemische Symbol von Antimon (Sb) abgeleitet. Bei den alten Ägyptern, Griechen und Römern wurde das Mineral zu Salben, Schminke, Wimperntuschen und Augenheilmitteln verarbeitet. Nachdem die Abscheidung des Antimons aus dem Erz gelungen war, bekam es den Namen »Graues Spießglaserz«, zum Unterschied zu dem als »gediegen Spießglanz« bezeichneten Antimon. Das Erz war ein gesuchtes Material der Alchemisten, man benutzte es zum Reinigen des Goldes oder zur Herstellung von »Antimonglas«, das als Abführ- oder Brechmittel diente. *Antimonium* bedeutet im Spätgriechischen *Blüte* oder *Ausblühung.* Heute ist Antimonit das wichtigste Antimonerz. Die Hauptproduzenten waren 1977 Bolivien (15 156 t), Republik Südafrika (12 599 t), Volksrepublik China (11 000 t); die Weltproduktion belief sich auf 69 163 t. Antimon wird verwendet als Legierungsbestandteil, zur Imprägnierung und als Entflammungsschutzmittel bei Textilien, als Füllstrich und Farbzusatz des Kautschuks; Antimonverbindungen bewirken in der Färberei und Keramik die Hitzebeständigkeit der Farben; sie werden ferner für die Herstellung pharmazeutischer Präparate benötigt.

o.: Antimonit
Kisbánya/Rumänien; 60 × 42 mm
u.: Antimonit
Andreasberg, Harz/BRD; 6 × 4 mm

Pyrit *Schwefelkies, Eisenkies* FeS_2

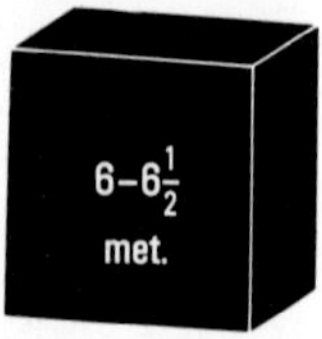

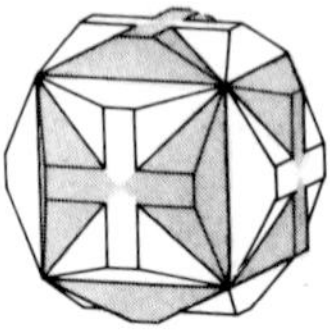

Eigenschaften: Über 60 verschiedene Kristallformen sind bekannt, am häufigsten sind der Würfel und das Pentagondodekaeder (Pyritoeder). Ein typisches Erkennungsmerkmal ist die Streifung der Würfelflächen. Zwillinge zweier einander durchkreuzender Pentagondodekaeder bilden die sogenannten »Zwillinge des Eisernen Kreuzes«. Pyrit kommt oft in großen und ideal ausgebildeten Kristallen vor. Kugelige, traubige und nierige Aggregate sind bekannt, sowie derbe, körnige und radialstrahlige, faserige Massen. Der radialstrahlige »Markasit« in Sammlungen ist fast ausnahmslos Pyrit! Pyrit ist auch als Versteinerungsmaterial von Fossilien zu finden. Farbe: lichtmessingfarben, sogenanntes speisgelb, goldgelb, manchmal bunt angelaufen, mit einer rostfarbenen Verwitterungsrinde von Limonit oberflächlich bedeckt, dieser kann den Pyrit unter Beibehaltung der ursprünglichen Kristallform auch vollständig umwandeln (Pseudomorphose von Limonit nach Pyrit); Bruch: muschelig, spröde; Spaltbarkeit: undeutlich nach dem Würfel; Dichte: 5,0–5,2.

Entstehung und Vorkommen: Von Henckel wurde in seiner *Pyritologica* 1725 das Mineral Pyrit schon als »Hans in allen Gassen« bezeichnet. Es kommt oft in großen Massen in sehr verschiedenen Lagerstätten vor. Örtlich kann es durch Goldgehalt zum wichtigen Golderz werden, so z. B. auf den Goldhorizonten des Witwatersrand-Konglomerats in Transvaal; beigemengter Chalkopyrit macht Pyrit zu einem Kupfererz. Nachgewiesen sind auch Gehalte von Nickel, Kobalt, Zink, Silber, Tellur und Arsen. Pyrit wird gefunden in niedrig- bis hochtemperierten Gängen, in vulkanischen Gesteinen und Pegmatiten, als magmatische Anreicherungen, in kontaktmetamorphen Erzlagerstätten und metamorphen Sedimenten, in Kohleflözen, Schiefern und Tonen, als Neubildung in Thermen. Bereits von den Phöniziern wurden die gewaltigen Vorkommen von Rio Tinto, Provinz Huelva/Südspanien wegen des Kupfer- und Goldgehaltes abgebaut. Weitere wichtige Lagerstätten sind: Provinz Alemtejo/Portugal; Falun/Schweden; Sulitelma/Norwegen; Rammelsberg bei Goslar/Harz, Meggen an der Lenne/Westfalen, Waldsassen/Bayern; Saint-Bel/Frankreich; Ostalpen; venezianische Alpen; Ural. Ganz besonders schöne Kristalle von Rio Marina/Elba, Brosso und Traversella in Piemont/Italien; Kassandra auf Chalkidike/Griechenland; in Jalisco/Mexiko fand man bis 5 cm große gestreifte Würfel; in Colorado/USA ist der goldhaltige Pyrit sehr verbreitet. In der Atmosphäre verwittert Pyrit leicht zu wasserlöslichen Eisensulfaten und zu Limonit; diese bilden dann den »Eisernen Hut« von Sulfidlagerstätten. Aus diesem Grunde müssen in der Bauindustrie verwendete Natursteine grundsätzlich pyritfrei sein, da sie sonst in kurzer Zeit zersetzt werden.

Bedeutung und Verwendung: Gewinnung von Schwefelsäure; als Polierpulver, rote und braune Farben und als Eisenerz. Kleinere, schön gewachsene Pyritkristalle werden heute oft zu Schmuck verarbeitet.

o. l.: Pyrit mit Hämatit
Rio Marina, Elba/Italien; 25 × 35 mm
o. r.: Pyrit mit Anlauffarben
Westfalen/BRD; 9 × 13 mm
u.: Pyrit auf Calcit
Trepča/ehem. Jugoslawien; 31 × 22 mm

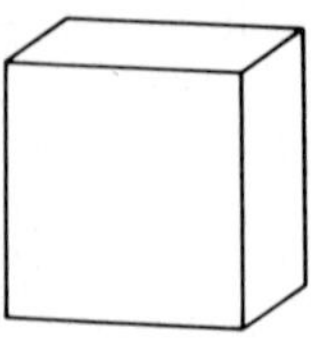
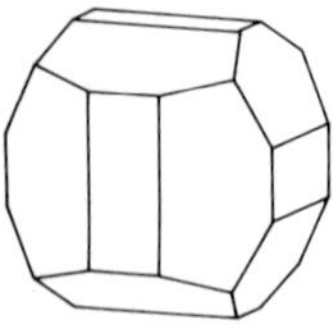
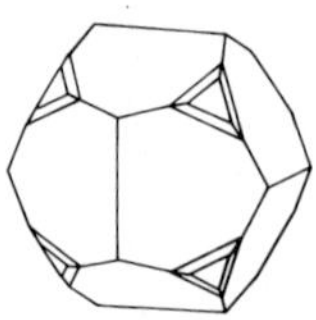
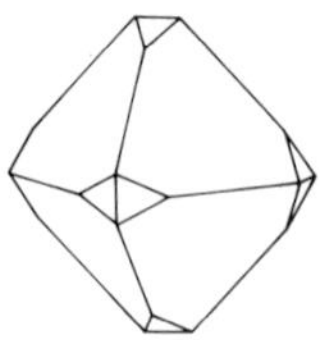

Hauerit MnS_2

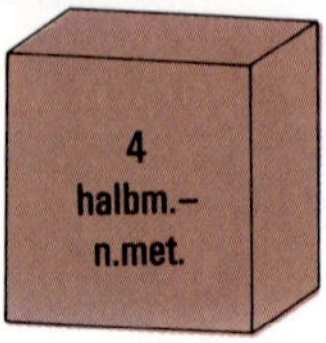

Die Kristalle sind oktaedrisch oder kubooktaedrisch oder bilden körnige bis dichte Massen. Spaltbarkeit: ziemlich vollkommen; Bruch: uneben, muschelig; Dichte: 3,4–3,5; tropft man Salzsäure auf Hauerit, entwickelt sich der nach faulen Eiern riechende Schwefelwasserstoff. Vorkommen: Eingewachsen in Ton und Gips beim Schwefelwerk Kalinka bei Banska Bystrica und Schemnitz/Slowakei (2 cm große einzelne Kristalle oder Gruppen, kugelige, sternförmige Aggregate); in der Schwefelgrube bei Raddusa, Catania/Sizilien fand man bis über 6 cm große Oktaeder.

Hauerit
Raddusa/Sizilien; 25 × 35 mm

Ullmannit NiSbS

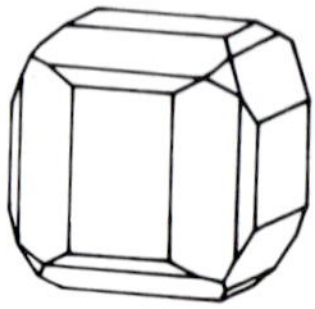

Kristalle sind selten, stets würfelig, zuweilen mit pyritoedrischer Streifung, selten Zwillinge, meist nur körnige Aggregate. Farbe: blei-stahlgrau, gräulichschwarz, bunt anlaufend; Spaltbarkeit: vollkommen; Bruch: uneben, spröde; Dichte: 6,7. Kommt in Gängen vergesellschaftet mit anderen Nickelmineralien vor. Harzgerode; Lobenstein; Siegerland; Waldenstein, Kärnten; besondere Kristalle von Monte Narba bei Sarrabus/Sardinien und Ramsbeck/Sauerland; England; Frankreich. Eine Verwechselung mit Gersdorffit ist leicht möglich.

Ullmannit
Ramsbeck, Sauerland/BRD; 20 × 28 mm

Cobaltit *Kobaltglanz* CoAsS

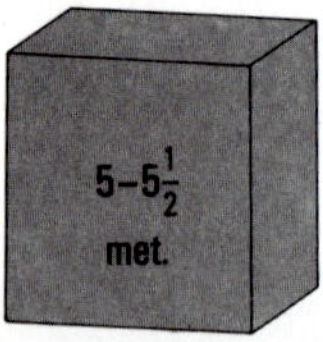

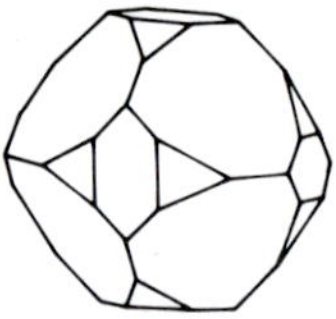

Eigenschaften: Seine äußere Erscheinung gleicht sehr dem Pyrit, jedoch ist die Farbe silberweiß. Auch hier tritt auf der Würfelfläche eine Streifung auf, alle sonstigen Flächen sind glatt und glänzend. Würfel, Oktaeder, Pyritoeder oder Kombinationen werden beobachtet; Zwillingsbildungen selten; bekannt sind blättrige, körnige bis dichte Massen. Spaltbarkeit: vollkommen; Bruch: uneben, muschelig; Dichte: 6–6,4; gewöhnlich rötlichgrau angelaufen und mit einem Anflug von Erythrin bedeckt.

Bildung und Vorkommen: 1. Die größte hydrothermale Kobaltlagerstätte ist der Cobalt-District in Ontario/Kanada. Ähnliche Lagerstätten sind: Annaberg, Schneeberg, Johanngeorgenstadt, Joachimsthal und Marienberg/Erzgebirge; Kongsberg/Norwegen; Daschkessan/Kaukasus. 2. In Gneisen, Glimmerschiefern und Marmoren kontaktpneumatolytische Vorkommen: Tunaberg, Riddarhyttan, Håkansboda/Schweden; hier vergesellschaftet mit Chalkopyrit, Pyrrhotin, Cubanit u. a.

Bedeutung und Verwendung: Der Name »Kobold« findet sich schon bei Basilius (329–379) für verschiedene Erze, die als das Werk böser Erdgeister (Kobolde) angesehen wurden, weil sie trotz Metallglanzes und Schwere zu keinem Metallgewinn zu verwenden waren. Heute ist Cobaltit ein sehr wichtiges Kobalterz, tritt aber selten in größeren Mengen auf. Kobalt wird verwendet für extrem harte Werkzeugstähle, für korrosionsfeste Legierungen (Gasturbinen, Düsenflugzeuge), für blaue Glasurfarben (Smalte); Jahresproduktion des Metalls (1975): 34 000 t.

Cobaltit
Tunaberg/Schweden; 32 × 23 mm

Markasit *Speerkies* FeS_2

Eigenschaften: Große Einkristalle sind selten, meist Gruppen von Kristallen auf- und eingewachsen, gewöhnlich zu vielen Individuen reihenweise miteinander verbunden. Durch die Kombination verschiedener Flächen erscheinen die Kristalle platt beilförmig; größere Kristalle sind aus parallel verwachsenen Individuen aufgebaut und sehen dadurch wie aufgeblättert aus; durch Zwillingsverwachsungen bilden sich tafelige oder speerspitzig ausgebildete, fiederstreifige Aggregate, treten regelmäßige Wiederholungen dieser Zwillingsbildungen auf, so spricht man vom »Speerkies« oder »Kammkies« wegen des hahnenkammartigen Aussehens. Auch grobstrahlige bis feinfaserige Aggregate (Strahlkies) und völlig dichte (Leberkies), vergesellschaftet mit Pyrit, werden gefunden. Oft bildet der Markasit Konkretionen, die nuß- bis kopfgroß werden können. Farbe: speisgelb ins Graue oder Grünliche, leicht anlaufend; Dichte: 4,8–4,9; Spaltbarkeit: unvollkommen; Bruch: uneben, spröde. Beim Anschlagen macht sich Schwefelgeruch bemerkbar und Funken sprühen. Häufig ist eine bräunliche Verwitterungsrinde zu beobachten.

Obwohl er die gleiche chemische Zusammensetzung hat wie der Pyrit, sind die physikalischen Eigenschaften des Markasit wesentlich anders: Er ist bei normalen Temperaturen instabil und wandelt sich oberhalb 400° C in Pyrit um. Markasitstufen in Sammlungen haben die unangenehme Eigenschaft, sich bereits nach kurzer Zeit zu Limonit und Schwefelsäure zu zersetzen und somit gleichermaßen sich selbst, die Aufbewahrungskästen und sogar die Sammlungsschränke zu zerstören.

Bildung und Vorkommen: Markasit ist meist bei niedrigen Temperaturen aus sauren, wässerigen Lösungen entstanden, also fast stets nahe der Erdoberfläche, nur selten eindeutig aus aufsteigenden Lösungen. Man findet ihn wesentlich seltener als Pyrit. 1. Häufig, z.T. sogar in abbauwürdigen Mengen, in tieftemperierten hydrothermalen Verdrängungslagerstätten in Kalken und Dolomiten, wie in Aachen, Oberschlesien, Wiesloch, Bad Grund, Freiberg. Als Konkretionen oder – besonders schön – als radialstrahlige flache Linsen in ehemals schlammigen Sedimenten; wie Tonen, Mergeln und Braunkohlen unter Luftabschluß entstanden; Most in Böhmen; Pariser Becken; Pössnitz-Tal in der Steiermark, hier wurden bis 7 cm große Speerkiese gefunden. 3. In allen Magnetkiesvorkommen als Zwischenbildung bei deren beginnender Verwitterung; typische Lagerstätten für diesen meist feinkörnigen, seltener gröberen Markasit finden sich in Bolivien.

Außergewöhnlich schöne Markasit-Stufen stammen aus den Gruben Friedrich der Große bei Herne und Christian Levin bei Essen/NRW.

Bedeutung und Verwendung: Der Mineralname ist arabischen Ursprungs, die Alchemisten des Mittelalters verwendeten den Ausdruck *marcasitae* für den Pyrit und für Schwefelverbindungen im allgemeinen. Aufgrund der typischen Kristallausbildung konnten die alten Mineralogen und Bergleute bereits den »Speerkies« und »Kammkies« (Markasit) vom Pyrit unterscheiden. Andere alte Namen sind: »Wasserkies«, »Strahlkies«, »Zellkies«, »Graueisenkies«. Im Frankreich des 18. und 19. Jahrhunderts wurde facettierter Pyrit als preiswerter Schmuck unter dem Namen Markasit angeboten. Wegen seiner Instabilität in der Atmosphäre ist Markasit ein noch gefährlicherer Gemengteil als Pyrit in Natursteinen für Bauzwecke.

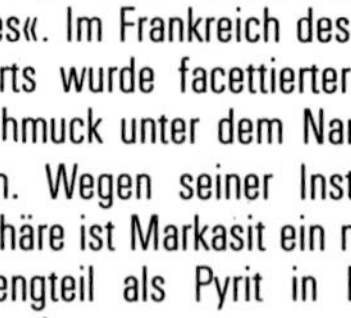

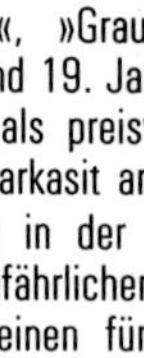

o.: Markasit
Lägerdorf, Schleswig-Holstein/BRD; 45× 32 mm
u.: Markasit
Grube Christian Levin, Essen/BRD; 115× 80 mm

Arsenopyrit *Arsenkies, Mispickel* FeAsS

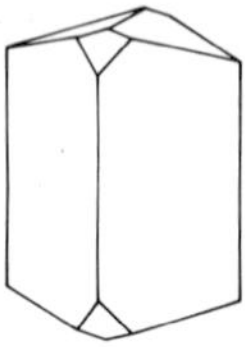
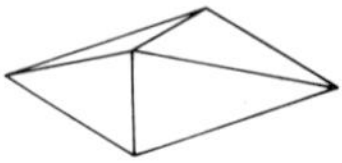
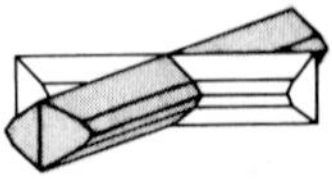

Eigenschaften: Die Kristalle sind meist kurzprismatisch, nach der c- oder b-Achse leicht gestreckt; grobe Flächenstreifung ist ein wichtiges Kennzeichen. Zwillinge und Drillinge häufig, dabei sind die Individuen unter einem Winkel von ca. 60° miteinander verwachsen. Oft grobstrahlig, feinfaserig, nierig oder körnig, z. T. in orientierter Verwachsung mit Pyrit. Farbe: silber- oder zinnweiß bis stahlgrau; Spaltbarkeit: deutlich in einer Richtung; Bruch: uneben, spröde; Dichte: 5,9–6,2. Beim Anschlagen entstehen Funken und Arsengeruch.
Bildung und Vorkommen: Als Durchläufer kommt er als wichtigstes Arsenmineral in vielen verschiedenen Lagerstättentypen vor. Meist in mittel- bis hochtemperierten Gängen, in kontaktmetasomatischen Lagerstätten und metamorphen Gesteinen, selten in Pegmatiten. So auf den Zinnerzgängen des Erzgebirges, in Cornwall, auf zahlreichen Goldquarzgängen und Silbererzgängen.
Verwendung: Gewinnung von Schädlingsbekämpfungsmitteln, zum Härten von Schrot und Blei, für medizinische Zwecke. Jahresproduktion an Arsenoxid (1975) um 50 000 t.
Ähnliche Mineralien: Löllingit, Skutterudit, Chloanthit, Pyrit, Markasit, Pyrrhotin.

Arsenopyrit
Trepča/ehem. Jugoslawien 24 × 17 mm

Safflorit $CoAs_2$

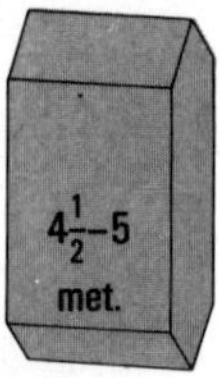

Typisch sind sehr kleine, sternförmige Kristalle und Drillingsgruppen; häufiger derbe, radialfaserige Aggregate. Farbe: zinnweiß bis stahlgrau, schnell dunkelgrau anlaufend; Dichte: 6,9–7,3; Spaltbarkeit: wenig deutlich. Die chemische Zusammensetzung schwankt, Kobalt kann durch Eisen und Nickel im Kristallgitter ersetzt werden. Safflorit ist viel häufiger als oft angenommen wird; ein großer Teil des »Speiskobalts« der Sammlungen ist Safflorit. Vorkommen hauptsächlich in Gängen zusammen mit Nickelin, Skutterudit und anderen Kobalt-Nickel-Mineralien sowie gediegen Silber: Schneeberg; Joachimsthal; Wittichen; Mackenheim/Odenwald.

Safflorit
Mackenheim, Odenwald/BRD; 10 × 14 mm

Molybdänit *Molybdänglanz* MoS_2

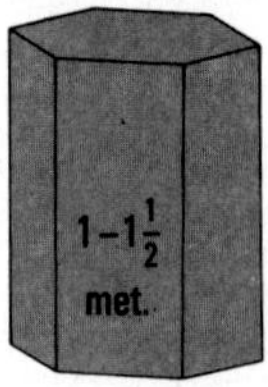

Kristalle selten und meist schlecht ausgebildet, sechsseitige Tafeln, selten Säulen, Prismen stets stark gestreift, schuppige und feinkörnige Aggregate. Verreibt man den Strich, so verfärbt er sich lauchgrün, ein wichtiger Unterschied zum Graphit. Farbe: bleigrau nach violettgrau; Dichte: 4,5–4,8; Spaltbarkeit: sehr vollkommen nach der Basis; fühlt sich fettig an und färbt grau ab; dünne Plättchen sind oft enorm verbogen. Schöne Kristalle aus dem Erzgebirge, von Norwegen, Schweden, Finnland, Cornwall, Nordwestspanien. 80% des gesamten Weltbedarfs lieferte die Climax-Mine/Colorado.
Verwendung: Hitzebeständiges Schmiermittel, zur Legierung von Stahl.

Molybdänit
Bamdakslid, Telemark/Norwegen; 40 × 57 mm

Proustit *Lichtes Rotgültigerz* Ag_3AsS_3

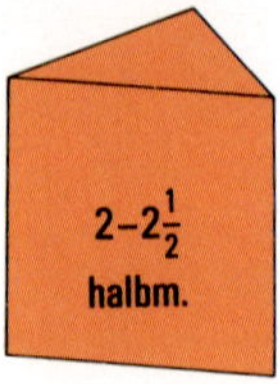

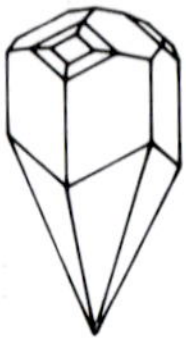

Eigenschaften: Das Mineral ist in vielen Eigenschaften mit Pyrargyrit zu vergleichen. Kristalle sind jedoch häufiger skalenoedrisch, weniger flächenreich, Ausbildung und Zwillingsbildung wie beim Pyrargyrit. Auch derb, eingesprengt, als Anflug und dendritisch ist es bekannt. Im reflektierenden Licht schwarz oder grauschwarz, im durchfallenden nahezu zinnoberrot. Unter Lichteinwirkung läuft Proustit matt schwarz an und wird unscheinbar; Stufen dürfen daher nicht über längere Zeit dem Licht ausgesetzt werden. Spaltbarkeit: deutlich in einer Richtung; Bruch muschelig, etwas spröde; Dichte: 5,57.

Bildung und Vorkommen: Hauptsächlich zusammen mit Pyrargyrit; in niedrig temperierten hydrothermalen Gängen, meist vergesellschaftet mit anderen Sulfiden, Silber, Bleiglanz, Pyrit, Calcit, Dolomit und Quarz. Von Grube Himmelsfürst, Freiberg/Sachsen Kristalle bis 10 cm; Sainte-Marie-aux-Mines/Elsaß; Oberschlema bei Schneeberg; Joachimsthal/Erzgebirge; Wittichen im Schwarzwald. Pseudomorphisiert durch Silberglanz und Silber.

Bedeutung und Verwendung: Die Herkunft des Namens »Rotgültigerz« ist nicht ganz eindeutig: »Rot-Gold-Erz« könnte die Wurzel gewesen sein, weil man Gold in diesem Mineral vermutete. Nachdem der Chemismus aufgeklärt worden war, erhielt es den Namen *Arsensilberblende.*

Lokal wichtiges Silbererz.

l.: Proustit mit Argentit
Chañarcillo/Chile; 19 × 27 mm
r.: Proustit
Niederschlema, Sachsen/BRD; 13 × 18 mm

Pyrargyrit *Dunkles Rotgültigerz* $AgSbS_3$

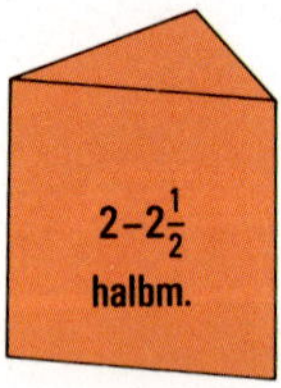

Eigenschaften: Die Kristalle sind meist sehr regelmäßig und flächenreich ausgebildet; man kennt über 80 verschiedene Formen; säulig, prismatisch, stets aufgewachsen. Typisch ist die verschiedenartige Ausbildung der Endflächen: das eine Ende wirkt spitzer, das andere stumpf. Zwillingsbildungen häufig, dabei sind die Individuen entweder parallel verwachsen oder sie durchkreuzen sich. Es kommen Pseudomorphosen nach Argentit vor. Spaltbarkeit: deutlich; Dichte: 5,85; Farbe: im auffallenden Licht dunkelrot bis grauschwarz, im durchfallenden rotdurchscheinend (rote Innenreflexe).

Bildung und Vorkommen: Die Rocky Mountains Nordamerikas und die Kordillerenkette Südamerikas bilden besonders silberreiche Provinzen mit den seit Jahrhunderten führenden »Silberländern« Montana, Nevada, Mexiko, Peru, Bolivien. Pyrargyrit entstand hier in mittel- bis niedrigtemperierten hydrothermalen Gängen, vergesellschaftet mit anderen Silbermineralien, gediegen Silber, Bleiglanz, Pyrit, Dolomit und Quarz. Die wohl schönsten Kristalle kamen von Andreasberg/Harz, dort manchmal in Hohlräumen von Quarz, z. T. zusammen mit Miargyrit. Viellinge hier typisch.

Bedeutung und Verwendung: Nach langjährigen chemischen Untersuchungen gelang es Proust 1804 zu zeigen, daß es ein reines Arsen- und ein reines Antimonrotgültigerz gibt. Nach ihm wurde das Arsenrotgültigerz Proustit genannt. Trotzdem faßte noch Mohs beide Varietäten unter Rubinblende zusammen; eine spätere Bezeichnung ist Antimonsilberblende. Pyrargyrit gehört zu den edlen Silbererzen.

Pyrargyrit
Grube Samson, Harz/BRD; 26 × 18 mm

Polybasit (Ag, Cu)$_{16}$Sb$_2$S$_{11}$

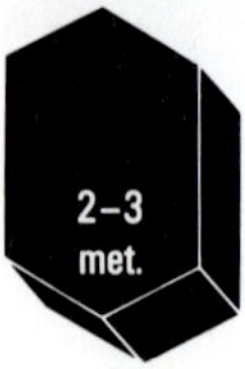

Kristalle sind hexagonal und dünntafelig mit einer charakteristischen Dreiecksstreifung, auch derbe Massen. Farbe: eisenschwarz; Spaltbarkeit: vollkommen nach der Basis; Bruch: uneben; Dichte: 6,0–6,2. Große Kristalle bis zu einem Durchmesser von 5 Zentimetern kommen noch heute aus Guanajuato und Arizpe/Mexiko; allgemein kommt das Mineral in niedrig- bis mitteltemperierten Silbergängen vor, vergesellschaft mit gediegen Silber, Argentit, Bleiglanz und anderen Silber- und Bleimineralien. In kleinen Mengen weit verbreitet. Leicht zu verwechseln mit Stephanit, der gleichfalls zu den edlen Silbererzen gehört.

Polybasit
Grube Himmelsfürst, Freiberg, Sachsen/BRD; 8× 11 mm

Pyrostilpnit *Feuerblende* Ag$_2$SbS$_3$

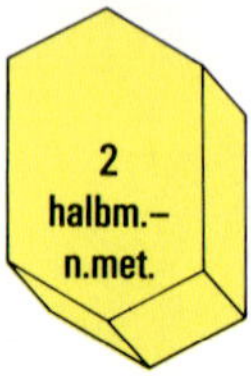

Kleine dünntafelige Kristalle sind bekannt, oft nach der b-Achse gestreckt; Zwillinge parallel zur Basis häufig; das Mineral kommt gewöhnlich büschelig oder in Rosetten vor. Farbe: hyazinthrot bis rotbraun, viel heller als Pyrargyrit; Dichte: 5,9; Spaltbarkeit: in einer Richtung vollkommen. Seltenes Begleitmineral des Pyrargyrit. St. Andreasberg, Wolfach, Freiberg; Přibram/ČSSR; Baia Sprie/Rumänien. Im allgemeinen auf niedrig temperierten hydrothermalen Ganglagerstätten. Der Name stammt aus dem Griechischen und bedeutet »Feuer-glänzend«. Auf alten Sammlungsetiketten erscheint auch die Bezeichnung »Pyrochrotit«.

Pyrostilpnit
Přibam/Tschechien; 14 × 20 mm

Skutterudit *Speiskobalt, Smaltin* CoAs$_3$

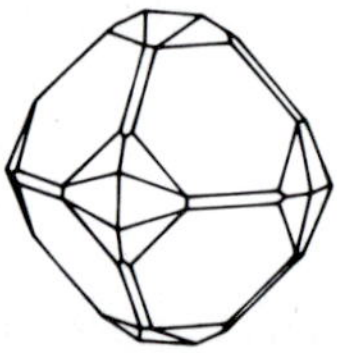

Eigenschaften: Die Kristalle bilden, ähnlich wie Bleiglanz, Würfel mit Oktaeder und Rhombendodekaeder, andere Formen sind selten; auch körnige Aggregate werden gefunden; Sechslinge sind bekannt. Farbe: zinnweiß ins Bleigraue gehend, manchmal bunt angelaufen; Bruch: muschelig, uneben; Dichte: 6,8; Spaltbarkeit: deutlich in zwei Richtungen, in einer weiteren sehr schlecht. Unbegrenzte Mischbarkeit zu Chloanthit (Nickelskutterudit, NiAs$_3$). Dieser bildet bei der Verwitterung grüne Nickelblüte (Annabergit), während sich Skutterudit in rote Kobaltblüte (Erythrin) umwandelt.

Bildung und Vorkommen: Findet sich in mittel- bis hochtemperierten hydrothermalen Gängen, meist vergesellschaftet mit anderen Kobalt- und Nickelmineralien, Arsenopyrit, gediegen Silber, Wismut und Silbersulfiden. Skutterudit ist eng an das Vorkommen von Safflorit gebunden, auch Cobaltit oft vorhanden. Ähnlich wie diese beiden findet es sich auch in der riesigen Kobaltlagerstätte des Cobalt-District in Ontario/Kanada; auf hydrothermalen Gängen im Erzgebirge, im Schwarzwald (Wittichen), bei Darmstadt (Nieder-Ramstadt); im Erzdistrikt von Přibram/Tschechien; in Uranerzen am Great Bear Lake. Der Fundort von Skutterud/Norwegen ist namengebend für dieses Mineral gewesen. Wichtigstes Kobalterz.

Ähnliches Mineral: Bleiglanz, von dem er jedoch durch die deutlich schlechtere Spaltbarkeit gut zu unterscheiden ist.

Skutterudit
Andreasberg, Harz/BRD; 11 × 8 mm

Seligmannit $PbCuAsS_3$

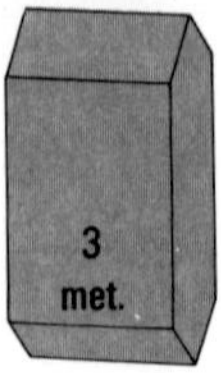

Isotyp mit Bournonit, sehr kleine, flächenreiche, pseudotetragonale Kristalle, oft gestreift, Zwillinge parallel der c-Achse; keine Spaltbarkeit; Dichte: 5,5; Farbe: bleigrau. Zu Ehren von G. Seligmann wurde dieses Mineral benannt, das zuerst im Dolomit des Binntals im Wallis/Schweiz gefunden wurde. Es ist die dem Bournonit entsprechende Arsenverbindung. Weitere Fundpunkte: Bingham/Utah; Wiesloch/Baden; Cerro de Pasco/Peru; Kalgoorlie/Westaustralien; Recsk/Ungarn. Irrtümlicherweise wird Bournonit von Chalkidike bei Saloniki/Griechenland als Seligmannit bezeichnet.

Seligmannit
Madem Laccos, Stratoniki/Griechenland; 7× 10 mm

Freieslebenit $PbAgSbS_3$

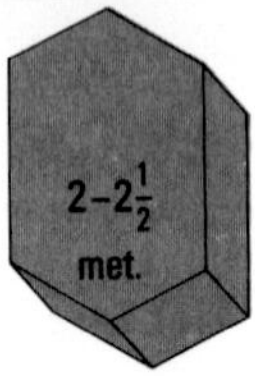

Kristalle sind prismatisch, vertikal gestreift und flächenreich; Zwillinge sind häufig; auch derb vorkommend. Spaltbarkeit: unvollkommen; Bruch: muschelig; Dichte: 6,2; Farbe: stahlgrau bis silberweiß oder auch schwärzlichbleigrau. Kommt in gutausgebildeten Kristallen vergesellschaftet mit Pyrargyrit, Argentit, Bleiglanz und Siderit vor. Häufiger in Hiendelaencina/Spanien; seltener in Freiberg, Bräunsdorf/Sachsen; Příbram/Tschechien. Zum erstenmal erwähnt bereits 1505, von Freiesleben als »Schilfglaserz« beschrieben, später als »Basitomglanz« und »Donacargyrit« bezeichnet, und schließlich von Haidinger als Freieslebenit.

Freieslebenit
Příbram/Tschechien; 18× 25 mm

Stephanit *Sprödglaserz* Ag_5SbS_2

Eigenschaften: Kristalle sind kurzsäulig, manchmal tafelig nach der Basis, prismatisch, oft rosetten- oder treppenartig gruppiert, pseudohexagonal und sehr formenreich. Häufig Zwillingsbildung und Verwachsung nach der Basis, am gewöhnlichsten pseudohexagonale Drillinge wie beim Aragonit. Spaltbarkeit: undeutlich; Bruch: muschelig, spröde; Dichte: 6,2–6,3; Farbe: eisenschwarz, durch Anlaufen matt schwarz.

Bildung und Vorkommen: Auf Silberlagerstätten, vergesellschaftet mit gediegen Silber, anderen Silbermineralien, Tetraedrit und Sulfiden. In Comstock Lode/Nevada wichtiges Silbererz, in sehr großen Mengen, aber nur derb. In Mexiko ausgezeichnete Kristalle in Zacatecas und Guanajuato; von Andreasberg/Harz viele Zwillingsbildungen; Freiberg/Sachsen; Sarabus/Sardinien; Peru.

Bedeutung und Verwendung: Von Agricola (1546) wird Stephanit zum »Gediegen Schwarz Erz« gezählt; bei den ungarischen Bergleuten »Röschgewächs«, im Gegensatz zum »Weichgewächs« (Argentit); auf den sächsischen Gruben »Spröd-Glaserz«. Zu Ehren des Erzherzogs Stephan von Österreich, der eine der berühmtesten Mineraliensammlungen überhaupt besessen hat, bekam das Mineral seinen Namen. Nur selten ein wichtiges Silbererz.

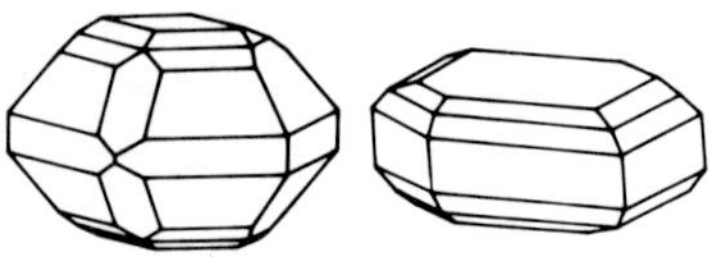

Stephanit
Grube Himmelsfürst, Freiberg, Sachsen/BRD; 40× 28 mm

Andorit $PbAgSb_3S_6$

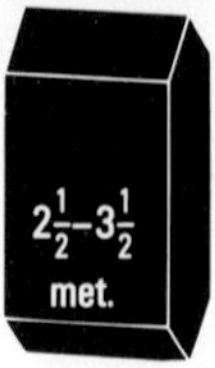

Kristalle kurzsäulig nach der Vertikalen, mehr oder weniger tafelig, die Prismenzone ist vertikal gestreift; sehr flächenreich. Keine Spaltbarkeit; Bruch: muschelig, spröde; Dichte: 5,4; Farbe: dunkelstahlgrau bis schwarz. Vorkommen in pneumatolytisch gebildeten Gängen, wie in Oruro, Potosi/Bolivien; Baia Sprie/Rumänien (5–10 mm lange, 1–2 mm dicke Kristalle); Thompson Mine, Darwin District/Kalifornien; Kanada. In Zinklagerstätten als Silberträger verbreitet.

Andorit
Felsöbánya/Rumänien; 8 × 11 mm

Plagionit $Pb_5Sb_8S_{17}$

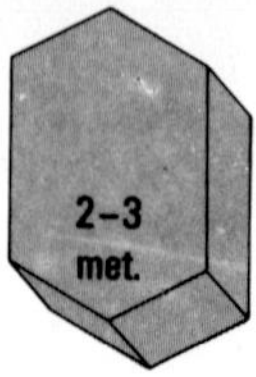

Plagionit gehört zu den selteneren Blei-Antimon-Sulfiden. Die kleinen, dicktafeligen und flächenreichen Kristalle sind monoklin und zeigen eine typische Flächenstreifung. Derbe, körnige und traubige Aggregate sind gewöhnlich. Der Bruch ist uneben; Spaltbarkeit vorhanden; Dichte: 5,4–5,6; der Strich ist grauschwarz und die Kristalle selbst sind eisenschwarz. Vorkommen bei Wolfsberg/Harz und Goldkronach/Fichtelgebirge. Ähnlich ist Heteromorphit.

Plagionit
Grube Pfannenberger Einigkeit, Siegerland/BRD; 11 × 16 mm

Bournonit *Rädelerz* $PbCuSbS_3$

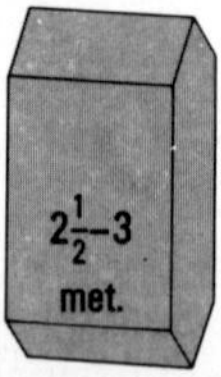

Eigenschaften: Die Kristalle sind pseudotetragonal, gewöhnlich kurzsäulig, dicktafelig nach der Basis, randlich meißelartig begrenzt, typisch sind dicke randgekerbte Platten, die sich wiederholende Zwillinge darstellen und an Zahnräder erinnern, daher der Name »Rädelerz«. Sehr viele Formen sind bekannt, Zwillingslamellen und Schraubendrehung der Kristalle um die Vertikalachse. Auch derbe, körnige bis ganz dichte Aggregate. Spaltbarkeit: undeutlich; Bruch: muschelig; Dichte: 5,7–5,9; Farbe: stahl- bis bleigrau und eisenschwarz.

Bildung und Vorkommen: Hauptsächlich in mitteltemperierten hydrothermalen Gängen, vergesellschaftet mit Bleiglanz, Zinkblende, Stibnit, Chalkopyrit, Tetraedrit, Siderit und Quarz. In Kristallen oder in größeren Massen neben Blei- und Antimonerzen mikroskopisch sehr verbreitet. Aus dem Gangrevier um Horhausen/Westerwald wurden ganze Platten mit hervorragenden Kristallen ans Tageslicht gefördert; von Clausthal, Neudorf, Wolfsberg/Harz sind prachtvolle Kristalle bekannt; Bräunsdorf/Sachsen; Baia Sprie/Rumänien; Přibram/Tschechien, hier früher oft mit Stephanit verwechselt; Hüttenberg/Kärnten; Cornwall/England; Spanien; Frankreich; Mexiko; Bolivien; Chile; Peru.

Bedeutung und Verwendung: Zuerst wurde das Mineral von Endellion in Cornwall beschrieben und nach diesem Fundort »Endellione« benannt. Später bekam es zu Ehren des französischen Kristallographen Graf J. L. Bournon seinen Namen. Bournonit ist ein wichtiges Blei- und Kupfererz und wird auch zur Antimongewinnung herangezogen.

Bournonit
Přibram/Tschechien; 38 × 27 mm

Semseyit $Pb_9Sb_8S_{21}$

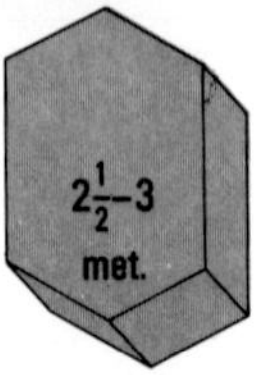

Kristalle, klein, dicktafelig, flächenreich, gestreift, in fächerförmigen Aggregaten, oft gedreht. Spaltbarkeit: deutlich in einer Richtung; Dichte: 6,1; Farbe: eisenschwarz. Kommt zusammen mit Pyrit vor in Oruro/Bolivien; mit Stibnit bei Glendinning/Schottland; Wolfsberg/Harz; schöne Kristalle stammen von Kisbánya, Baia Sprie, Rodna/Rumänien; Peru; Bolivien.

Semseyit
Herja/Rumänien; 18× 25 mm

Jordanit $Pb_4As_2S_7$

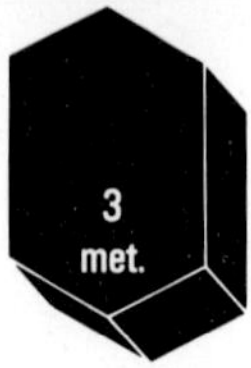

Sehr flächenreiche Kristalle, meist dick- bis dünntafelig, mit ausgeprägt pseudohexagonalem Erscheinungsbild. Die Kanten sind oft leicht gerundet, die Flächen durch Zwillingslamellierung parallel der c-Achse gestreift. Häufiger sind derbe, kugelige, traubige Massen, oft wechsellagernd mit Schalenblende, möglicherweise ein auskristallisiertes Gel. Spaltbarkeit: vollkommen in einer Richtung; Dichte: 6,4; Farbe: dunkelbleigrau, gelegentlich bunt angelaufen. Erste Beschreibungen vom Binntal, Wallis/Schweiz, wo er zusammen mit Lengenbachit und anderen Sulfiden im Dolomit vorkommt; Beuthen/Polen; Nagyág/Rumänien; Aomori/Japan.

Jordanit mit Zinkblende
Binntal/Schweiz; 9× 13 mm

Boulangerit $Pb_5Sb_4S_{11}$

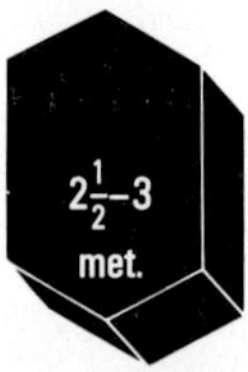

Eigenschaften: Schöne Kristalle sind sehr selten, meist feinkörnig bis feinfaserig, derb und in dichten Massen; Kristalle sind zuweilen tafelig, vertikalsäulig, dabei stark vertikal gestreift, stengelig und filzig (Federerz-ähnlich), Faserringe sind bekannt. Spaltbarkeit: gut in einer Richtung; Dichte: 5,8–6,2; Farbe: matt bleigrau, in feinfaserigen Aggregaten oft matt seidenartig schimmernd, oft mit gelben Oxidationsflecken bedeckt.

Bildung und Vorkommen: In niedrig- bis mitteltemperierten hydrothermalen Gängen, vergesellschaftet mit Jamesonit und Bleisulfaten, Sulfiden, Carbonaten und Quarz. Auf den meisten Bleierzlagerstätten anzutreffen, wenn auch oft nur in geringen Mengen; jedenfalls ist er häufiger, als früher angenommen wurde. Der haarförmige »Plumosit« von Trepča/ehem. Jugosl. ist Boulangerit. Verfilzte Massen von Antimonit, Boulangerit u. a. werden manchmal als »Federerz« und »Zundererz« bezeichnet, oft handelt es sich bei diesen Erzaggregaten jedoch auch um Jamesonit. Das älteste bekannte Vorkommen ist Molières/Frankreich; hier wurden reichlich kristalline Massen mit faserigem Bruch gefunden. Altenberg/Sachsen lieferte feine Nadeln, die stellenweise verfilzte Aggregate oder feste Knoten bildeten. In größeren Mengen auch aus anderen Gebieten: Die Gruben Louise, Georg, Silberwiese bei Horhausen/Westerwald; Wolfsberg/Harz und besonders Ramsbeck/Sauerland; Přibram/Tschechien; Nasafjeld, Sala, Boliden/Schweden; Nagolny Kriash im Donezbecken, Nertschinsk im Ural.

Bedeutung und Verwendung: Wirtschaftlich ist es nur örtlich als Blei und Antimonerz wichtig, wie z. B. früher bei Molières.

Boulangerit
Ramsbeck, Sauerland/BRD; 32× 23 mm

Realgar AsS

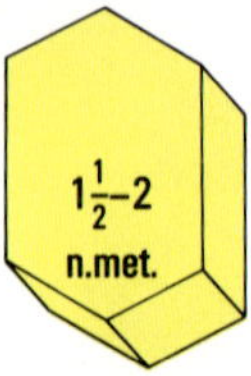

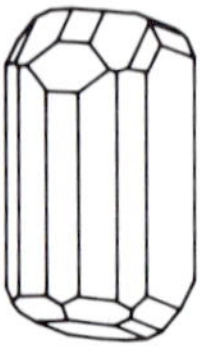

Eigenschaften: Gute Kristalle sind klein und selten, einzeln aufgewachsen und auf Drusen; häufig prismatisch entwickelt und auf den Prismenflächen längsgestreift; Kontaktzwillinge; meist derb, feinkörnig, als zinnoberroter Belag. Spaltbarkeit: kaum erkennbar; Dichte: 3,5–3,6; Farbe: orangerot (»Morgenrot«). Im Tageslicht wird es chemisch umgewandelt in gelbes, erdiges Auripigment und giftiges Arsenik (Arsenoxid).

Bildung und Vorkommen: Hauptsächlich in niedrigtemperierten hydrothermalen Gängen, vergesellschaftet mit Auripigment und Antimonit; seltener als Sublimationsprodukt von Vulkanen (Solfatare) und heißen Quellen. Besonders schöne, große Kristalle aus dem Binntal/Schweiz; am Vesuv/Italien, besonders nach der Eruption von 1822; Phlegräische Felder, Vulcano, Ätna/Italien; Yellowstone National Park, Wyoming/USA; Kapnik, Baia Sprie/Rumänien; Tajowa bei Banska Bistrica/Slowakei; Allchar/Makedonien; Křešovo, Bosnien; Getchell Mine, Humbold County/Nevada; Türkei; Persien; in Chile, Bolivien und Peru als häufiger Begleiter der arsenhaltigen Silbererze; Mexiko; mit Ulexit bei Boron/Kalifornien. Auch als Verwitterungsprodukt von Arsenerzen.

Bedeutung und Verwendung: Wahrscheinlich stammt Realgar vom arabischen *Rahj al Ghār,* »Staub der Grube«. Im Altertum Verwendung als Heilmittel und Farbstoff. Heute zur Herstellung von Arseniger Säure, von Feuerwerkskörpern (leuchtend weißes Feuer) und Farbe benutzt.

Realgar auf Quarz
Banat/Rumänien; 50 × 35 mm

Auripigment As_2S_3

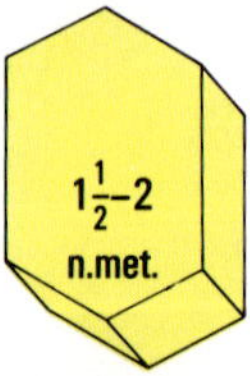

Eigenschaften: Kristalle sind selten, meist klein, oft linsenförmig, oval; grobspätig, breitstengelig, radial, nierig, mehlige Überzüge. Typisch sind blättrige Aggregate, Spaltblättchen sind biegsam. Spaltbarkeit: in einer Richtung vollkommen (glimmerartig); Dichte: 3,48; Farbe: zitronengelb.

Bildung und Vorkommen: Entstehung meist durch Zersetzung von Realgar oder anderer Arsenmineralien. In niedrigtemperierten hydrothermalen Gängen und an heißen Quellen neben Realgar und Antimonit. Nester, körnige, schalige Aggregate, knollige Kristallgruppen, von Tajova/Ungarn; in Allchar/Makedonien massenhaft große, aber undeutliche Kristalle; Julamerk, Kurdistan/Türkei; schöne nadelige Kristalle u. a. von der Elbrus-Grube im Kuban-Tal/Kaukasus. Auch zufälliges Hüttenprodukt.

Bedeutung und Verwendung: Ein Gemenge »aus Arsenik- und Auripigment vermischt« nennt Libavius in seiner Alchymia (1595) »Räuchgäl«. Später unterschied man das »Rote Rauschgelb« (Realgar) und das »Gelbe Rauschgelb« (Auripigment). Andere alte Namen sind: »Gelbe Arsenblende«, »Operment«. Erst von Proust 1801 wurde festgestellt, daß es sich bei Realgar und Auripigment nicht um Sauerstoffverbindungen handelt. Verwendung als Arsenerz, zum Entfernen des Haarbesatzes von Fellen in Gerbereien, künstlich hergestellt als Farbe (Königsgelb).

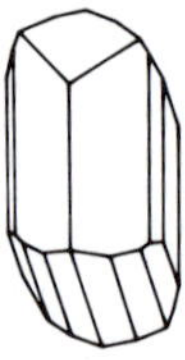

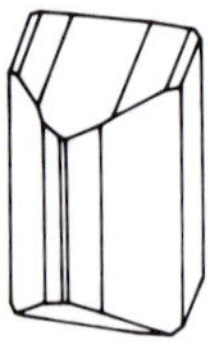

Auripigment mit Realgar
Binntal/Schweiz; 14 × 10 mm

III. Klasse: Halogenide

Kristallgitter von Kochsalz NaCl

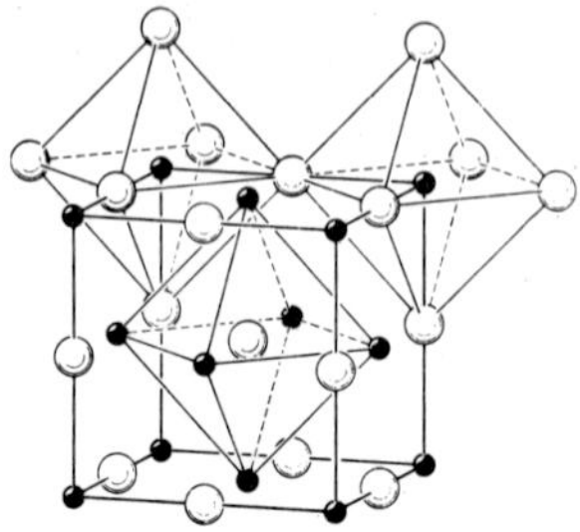

Chemie: Halogenide sind Verbindungen der Elemente Fluor F, Chlor Cl, Brom Br, Jod J. Diese Elementgruppe bezeichnet man als *Halogene* = Salzbildner. Mit vielen Elementen bilden die Halogene Verbindungen sehr ähnlicher Eigenschaften: Salziger oder bitterer Geschmack, meist gute Wasserlöslichkeit, die wäßrige Lösung leitet den elektrischen Strom sehr gut, relativ hoher Schmelzpunkt, kein metallisches Aussehen, vollkommene Spaltbarkeit. Hieraus lassen sich Rückschlüsse auf die Bindung der Atome innerhalb des Gitters ziehen: Sie sind sehr fest miteinander verbunden, es müssen positiv und negativ geladene Teilchen vorhanden sein, die Anzahl der unterschiedlich geladenen Teilchen muß jeweils gleich sein, denn der Kristall ist nach außen hin neutral. Als Beispiel soll Steinsalz mit der chemischen Formel NaCl dienen. Das Natriumatom ist positiv geladen, das Chloratom negativ. Da sich positive und negative Ladungen anziehen, entsteht ein vollständig geordnetes dreidimensionales Gebilde, bei dem jeweils positive und negative Atome miteinander abwechseln, ein sogenanntes Kristallgitter. Jedes Natriumatom ist beim Steinsalz von sechs Chloratomen in Form eines Oktaeders umgeben und jedes Chloratom seinerseits von sechs Natriumatomen, gleichfalls in Form eines Oktaeders. Gibt man einen solchen Kristall nun in Wasser, zwängen sich die Wasserteilchen zwischen die geladenen Atome des Salzes, trennen sie voneinander, zerstören das Gitter und lösen so den Kristall auf. Schickt man durch diese Lösung nun elektrischen Strom, wandern die geladenen Atome zu den entsprechenden Polen, der Stromkreislauf wird geschlossen, es fließt Strom.

Kristallographie: In dem beschriebenen Steinsalz-Strukturtyp kristallisieren rund 200 chemische Verbindungen, sie alle haben die gleiche Symmetrie und die gleiche Form der Spaltbarkeit, jedoch unterschiedliche Härte, Schmelz- und Siedepunkte. Im Natriumjodid NaJ beträgt der Abstand zwischen den zwei Atomen 3,23 Å, die Härte ist mit 2–2,5 dadurch relativ niedrig, ebenso der Schmelzpunkt von 662° C. Im Natriumfluorid (NaF) sind die Atome nur 2,31 Å voneinander entfernt, die Verbindung hat damit die größere Härte von 3–3,5 und den höheren Schmelzpunkt von 992° C. Die von Natur aus meist farblosen Halogenide sind oft durch Spurenelemente oder durch die Einwirkung natürlicher radioaktiver Strahlung, die das Kristallgitter zerstört, intensiv gefärbt.

Petrologie: Halogenide finden sich in gelöster Form im Meerwasser. Im Laufe der Erdgeschichte wurden häufig ganze Meeresbuchten abgeschnitten (Lagunen), ihr Wasser dampfte ein. Dabei blieben riesige Salzlager, u. a. aus Halogeniden, zurück. Dieser Vorgang läßt sich ganz einfach nachvollziehen, indem man ein flaches Gefäß mit einer gesättigten Kochsalzlösung eine Weile stehen läßt, nach Verdunsten des Wassers bleiben schön geformte Kochsalzwürfel zurück. Einige Halogenide (Fluorit, Kryolith) sind hydrothermal sowie pegmatitisch entstanden.

Fluorit auf Orthoklas
Grube Pilgramshain, Striegau/Polen;
57 × 80 mm

Steinsalz *Halit* NaCl

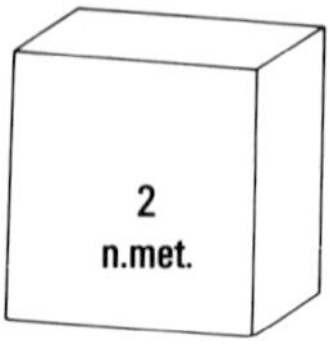

Eigenschaften: Große Kristalle, aufgewachsen auf Drusen und Klüften, selten eingewachsen in Ton, Anhydrit und Kainit; riesige Würfel von über 1 m^3 aus dem oberen Allertal und von Detroit/USA. Es kommen fast nur Würfel vor, die öfter verzerrt sind und gerundete Flächen haben; selten Oktaeder- und Rhombendodekaeder; skelettförmige Ausbildungen. Auch derb in körnigen und faserigen Aggregaten, haarförmige Ausblühungen und Stalaktite. Pseudomorphosen von Gips und Ton nach Steinsalz sind zu finden. Spaltbarkeit: vollkommen nach dem Würfel; Bruch: muschelig, etwas spröde; Dichte: 2,1–2,2; Farbe: rein ist es farblos, durch Verunreinigungen rot, gelb (Eisenoxide), grau (Bitumen, Ton), das blaue bis violette Steinsalz mit oft ungleichmäßiger Farbverteilung war im Erdinneren einer radioaktiven Strahlung ausgesetzt. Einige Körnchen Steinsalz färben die nichtleuchtende Gasbrennerflamme gelb. Leicht löslich in Wasser, die gesättigte Sole enthält 35,9% NaCl, in 1 l Meerwasser sind im Durchschnitt 27 Gramm NaCl gelöst.

Bildung und Vorkommen: Im Perm, vor 275 bis 225 Millionen Jahren, fand im heutigen NW-Deutschland die Eindunstung eines Meeres statt. Dabei setzten sich zunächst die weniger gut löslichen Salze am Boden ab, zuletzt die am besten löslichen: Kalk, Gips, Anhydrit, Steinsalz, Kalisalz. Das Tote Meer ist ein »lebendes Beispiel« für ein eindampfendes Salzgewässer. Nachdem mächtige Schichten neuer Sedimente auf den Salzen abgelagert worden waren, fing das spezifisch leichte Salz an, im Gestein aufzusteigen und bildete die sog. Diapire oder Salzdome. Ähnlich gebildete Lagerstätten sind im Ebro-Becken/Texas; W-Kanada; Solikamsk/früh. Sowjetunion; Salzkammergut, Hall, Hallstein, Ischl/Österreich; Friedrichshall, Heilbronn, usw./Württemberg; Galizien, Siebenbürgen/Karpaten; Cardona/Spanien; Südpersien. Durch Ausblühung des Bodens in Steppen und Wüsten und am Rande von Salzseen entsteht das sogenannte »Steppen- und Wüstensalz«. Als Sublimationsprodukt an Vulkanen häufig beobachtet: Vesuv, Ätna/Italien. Ganz besonders bemerkenswerte Kristalle stammen u. a. aus dem nord- und mitteldeutschen Bereich. Hier wurden violette bis blaue Kristalle mit über 50 cm Kantenlänge gefunden, in der ehemaligen Grube Vienenburg kamen sehr große Oktaeder vor, in den Kohlezechen des Ruhrgebiets findet man Steinsalzwürfel, ebenso bei Salzgitter.

Historisches: Als Genußmittel uralt bekannt und von fast allen Völkern für Sitte, Treue und Gastlichkeit gebraucht, als Symbol des »Unentbehrlichen« schlechthin. Matthäus 5,13: ». . . ihr seid das Salz der Erde.« Es war wohl das erste Mineral, das bergmännisch abgebaut wurde, so bereits während der Bronzezeit in den leicht zugänglichen Salzlagern von Hallstadt im Salzburger Land. Strabon, ein griechischer Geograph um die Zeitenwende, berichtet von Salzlagerstätten, Dioskorides von Salzgewinnung aus dem Meerwasser. Von der griechischen Bezeichnung für Salz *hals* leitet sich die Silbe hall in vielen alten Ortsnamen und der internationale Name Halit ab. Das deutsche Wort Salz ist verwandt mit dem lateinischen *sal.* Die ersten Salzstädte waren Lüneburg (956), Reichenhall (1163), Hallein (1177). Durch die zahlreichen Solquellen Deutschlands entwickelte sich frühzeitig Salzhandel.

Verwendung: Kochsalz ist ein wichtiger und unentbehrlicher Zusatz zu Nahrungsmitteln, mehr als die Hälfte findet in der chemischen Industrie Verwendung zur Herstellung von Soda, Ätznatron, Salzsäure usw. Die Jahresweltproduktion betrug 1976 173,9 Mio t. Die größten Produzenten sind USA, VR China, Sowjetunion, Bundesrepublik Deutschland.

o. l.: Steinsalz radioaktiv verfärbt
Heringen a. d. Werra/BRD; 80× 113 mm
o. r.: Steinsalz
Schacht Konrad, Salzgitter/BRD; 28×40 mm
u.: Steinsalz
Kaliwerk, Neuhof-Ellers, Fulda/BRD;
78× 55 mm

Sylvin KCl

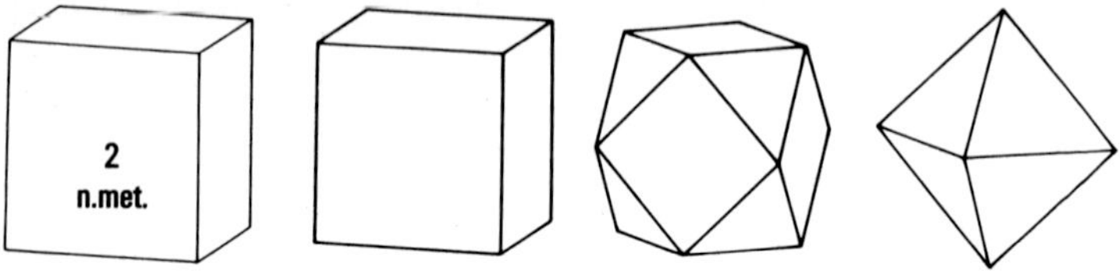

Eigenschaften: Typische Kristallformen sind Würfel und Oktaeder in Form der »Kubooktaeder«. Durchwachsungszwillinge nach dem Rhomboeder sind häufig; Kristalle sitzen oft auf Drusen auf; auch körnige, spätige, selten stenglige Aggregate sind bekannt. Spaltbarkeit: vollkommen nach dem Würfel; Dichte: 1,99; Farbe: chemisch rein ist es farblos, kann durch Spuren von Verunreinigungen gefärbt sein (rötlich, gelblich, selten blau); unangenehmer bittersalziger Geschmack. Da es dem Steinsalz zum Verwechseln ähnlich sieht, ist die rotviolette Färbung der nichtleuchtenden Gasflamme ein eindeutiges Erkennungsmerkmal. Kristalle müssen vor Luftfeuchtigkeit geschützt werden, da sie durch die Wasseraufnahme aus der Luft zerfließen. Diese unangenehme Eigenschaft erhalten sie durch die häufige Beimengung von Magnesiumchlorid.

Bildung und Vorkommen: Entstand in größeren Massen bei der Eindunstung von Meeren (siehe Steinsalz), ist jedoch viel seltener und nicht in allen Salzlagerstätten vorhanden. Nur untergeordnet, als Sublimationsprodukt von Vulkanen (Ätna, Vesuv/Italien), als Bodenausblühungen und am Rande von Steppenseen. In riesigen Mengen ist es auf den Kalisalzlagerstätten Norddeutschlands vorhanden und wird hier bergmännisch gewonnen. Das Flöz Staßfurt z. B. hat eine Flächenausdehnung von 80 bis 100 000 km², bei einer Durchschnittsmächtigkeit von 20 Metern; man erhält 1600 bis 2000 km³, das entspricht 3000 Milliarden t Kalisalz. Im Ebro-Becken/Texas, in Westkanada und an mehreren Stellen der Sowjetunion sind ähnliche Vorkommen entdeckt worden. Unter ungewöhnlichen Umständen entstanden die Salze im Elsaß und Südbaden sowie in Bengali/Libyen; eine sich gerade bildende Sylvinlagerstätte ist das Tote Meer. Andere Fundpunkte: Oberrheintal; Kalusz in Galizien/Spanien; Solikamsk/früh. UdSSR; Mayo-Gruben/Indien; bei einer Erdölbohrung ist 1943 eine reiche Lagerstätte in Saskatchewan/Kanada entdeckt worden.

Bedeutung und Verwendung: Beudant schlug 1832 den Namen Sylvin (nach dem Arzt F. Sylvius de la Boe, 1614–1672) für das Salzsaure Kali vor, das bis dahin nur in geringer Menge im Steinsalz Halleins und Berchtesgadens nachgewiesen worden war. Kurzfristig wurden auch die Namen »Leopoldit« und »Schätzellit« benutzt. Sylvin ist ein bedeutender Bestandteil der Abraumsalze, die meist die oberste Schicht von Steinsalzlagern bilden und »abgeraumt« werden mußten, ehe das begehrte Steinsalz erreicht wurde. Heute ist es ein unentbehrlicher Rohstoff für die in der Landwirtschaft benötigten Kalidünger. Mit den Überschüssen werden unnötigerweise Seen und Flüsse belastet. Weltjahresproduktion 1975: 25 Mio t Kaliumoxid.

Sylvin
Wathlingen bei Celle/BRD; 14 × 20 mm

Kryolith Na_3AlF_3

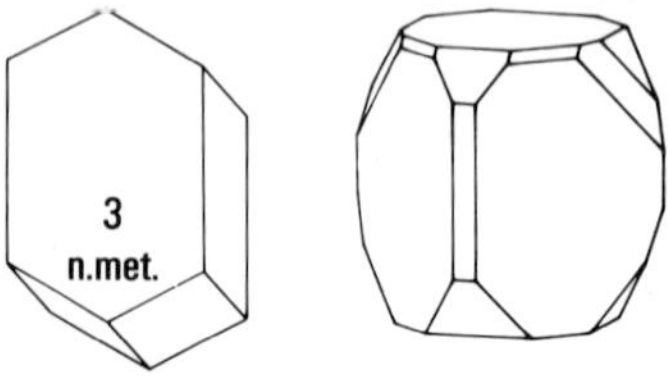

Eigenschaften: Kristalle gewöhnlich würfelförmig, obwohl das Mineral monoklin ist, sehr selten flächenreich. Manchmal etwas geknickt oder typischerweise eingelagerte Zwillingslamellen. Derbe Aggregate, an deren Oberfläche die Kristalle flach parkettartig hervorragen, umschließen häufig Quarz, Siderit, Pyrit, Bleiglanz, Chalkopyrit, Columbit, Kassiterit. Meist körnige, grobspätige Aggregate. Farbe: wasserhell bzw. schneeweiß, eventuell durch organische Stoffe gefärbt; Spaltbarkeit: würfelig; Dichte: 2,95. Der monokline, trübe Kryolith geht oberhalb etwa 560° C in eine kubische Erscheinungsform über, was äußerlich durch das Verschwinden der Trübung zu erkennen ist. Hierdurch wird das Mineral zu einem »Geologischen Thermometer«. In einer Streichholzflamme klären sich die trüben Massen. Taucht man einzelne Splitter in Wasser, so werden sie unsichtbar, da ihre Lichtbrechung sehr ähnlich der des Wassers ist.

Bildung und Vorkommen: Typisch pegmatitisches Mineral, unter hydrothermaler Einwirkung auch gelegentlich als glasklare Einkristalle in Klüften des derben Materials. In großen Mengen und als einzig abbaubare Lagerstätte in einem Zinnerz führenden Pegmatit von Ivigtut am Arsukfjord/Westgrönland gefunden. Ebenso wurde Kryolith gefunden in Miask/Ural und in Colorado/USA.

Bedeutung und Verwendung: Zur Schmelzpunkterniedrigung für die Herstellung von Aluminium in der Schmelzflußelektrolyse; heute ausschließlich synthetisch aus Flußspat hergestellt.

Kryolith
Ivigtut/Grönland; 120 × 85 mm

Matlockit PbFCl

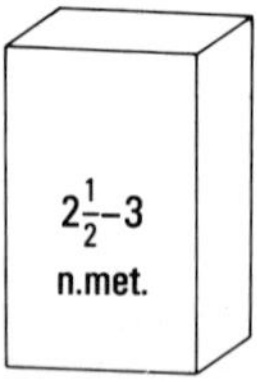

Kristalle tafelig nach der Basis, meist zusammengehäufte Aggregate dünner Kristalle. Farbe: gelblich, auch farblos; Spaltbarkeit: vollkommen nach der Basis; Dichte: 7,2. In Derbyshire auf einer alten Grube bei Cromford nahe Matlock wurde Matlockit im zersetzten Bleiglanz, stellenweise zusammen mit Phosgenit, gefunden. In Laurion/Griechenland wurde er auf antiken Bleischlacken neben anderen Neubildungen, die durch die etwa 2000jährige Einwirkung von Meerwasser entstanden waren, entdeckt.

Pachnolith $NaCaAlF_6 \cdot H_2O$

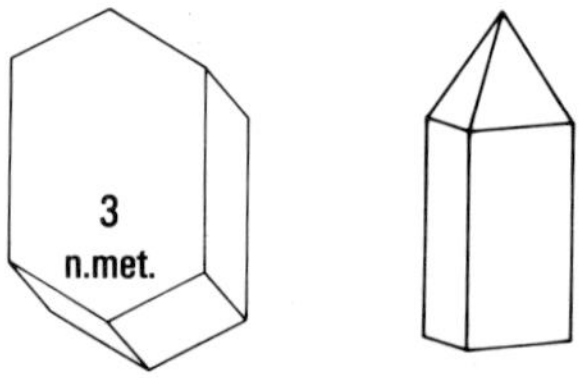

Gleiche chemische Zusammensetzung wie Thomsenolith, Kristallstruktur, äußere Erscheinung und Vorkommen sind ähnlich. Kristalle dünn prismatisch, gestreckt nach der c-Achse, Zwillinge von rhombischem Aussehen, sich überwachsende Individuen; grob- bis feinkörnig, achatartige, farblose Überzüge, dichte stalaktitische Massen. Vorkommen als Zersetzungsprodukt von Kryolith in Ivigtut/Grönland und in Drusenräumen einiger Granite.

Matlockit
Matlock, Derbyshire/England; 28 × 40 mm

Pachnolith
Ivigtut/Grönland; 15 × 21 mm

Fluorit *Flußspat* CaF_2

Eigenschaften: Kristalle sind oft ideal ausgebildet, am häufigsten als Würfel allein oder in Kombination mit Oktaeder oder Dodekaeder. Die Würfelflächen sind manchmal parkettiert; zuweilen treten auch komplizierte und sehr flächenreiche schöne Kristalle auf. In grobkristallinen bis völlig dichten, chalcedonartigen und manchmal achatartig gebänderten Aggregaten, selten stengelig und erdig. Spaltbarkeit: vollkommen nach dem Oktaeder, manchmal sind aus diesem Grunde die Würfelecken abgebrochen; Dichte: 3,1–3,2; Farbe: selten klar und farblos, meist gefärbt (weiß bis grau oder braun, wein- bis honiggelb, lauch-, smaragdgrün, himmelblau, grünlichblau, violettblau bis violett, seltener rot, rosen- bis karminrot), nicht selten sind verschiedene Farben an einem Kristall zu finden, wobei Kern und Hülle oder verschiedene Ecken unterschiedliche Färbung aufweisen können. »Einige Farben verschießen mit der Zeit, besonders in der Wärme«, sagt Breithaupt 1816. Die Farben werden durch Kri-

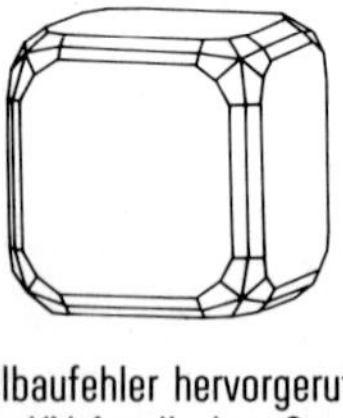
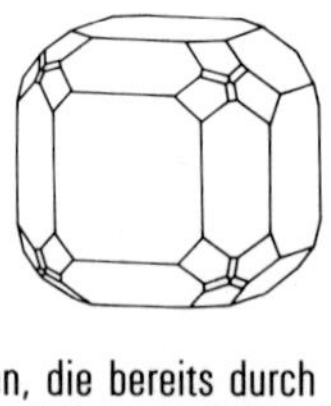

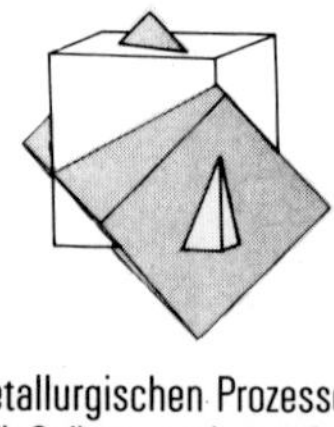

stallbaufehler hervorgerufen, die bereits durch den UV-Anteil des Sonnenlichtes ausheilen, damit verliert dann der Kristall seine Farbe. Fluoreszenz unter kurz- und langwelligem UV-Licht. Die Fluorite aus Cumberland zeigen ein Farbspiel von Amethystfarben oder Blau im auffallenden Licht und Rosa oder Grün im durchfallenden Licht. Am gesuchtesten sind die rosafarbenen Fluoritoktaeder aus den Alpen von Göschenen und Chamonix. Schlägt man den tiefvioletten Fluorit von Wölsendorf an, ist der Geruch nach elementarem Fluor wahrnehmbar, weshalb diese Stücke auch als »Stinkspat« bezeichnet werden, die Spuren von radioaktiven Elementen im Kristallgitter zerstören dies mit der Zeit und setzen so Fluor frei.

Bildung und Vorkommen: Hauptsächlich in Gängen, Klüften und Drusen oder kontaktmetasomatisch. Gänge sind im Harz, im Schwarzwald, in der Oberpfalz und in Thüringen, im französischen Zentralplateau, in Amderma im Nordural. Typisch für Zinnerzvergesellschaftungen mit Fluor- und Bor-haltigen Mineralien wie Turmalin, Topas und Apatit. Aus Altenberg/Sachsen ausgezeichnete Kristalle, dunkelblau bis schwarz, grün, weiß, z. T. mit regelmäßig verteilten blauen Flecken. Von Markirch/Elsaß kommen u. a. bis 10 cm große Spaltstücke riesiger Kristalle; 10–15 cm große Würfel von Schapbach/Baden; die Gänge bei Wölsendorf/Oberpfalz wurden bereits gegen Ende des 18. Jahrhunderts abgebaut. Großbritannien hat wichtige Lagerstätten in Derbyshire und Durham; wirtschaftlich besonders bedeutend sind Vorkommen in Illinois, Kentucky/USA; in San Luis Potosi (Las Cuervas Mine)/Mexiko.

Bedeutung und Verwendung: Schon früh wurde das Mineral als Zuschlag (Flußmittel) zum Ausschmelzen der Metalle aus ihren Erzen verwendet. Noch heute benutzt man es für den gleichen Zweck bei metallurgischen Prozessen, zur Erzeugung von Flußsäure und synthetischem Kryolith, bei der Emaille- und Glasfabrikation, zur Herabsetzung der Garbrandtemperaturen bei Zement, reinste farblose Kristalle werden zu Prismen und Linsen für die optische Industrie verschliffen. Jahresproduktion 1975: 4,4 Mio t.

o.: Fluorit
Weardale/England; 48 × 34 mm
u.: Fluorit
Ehrenfriedersdorf, Erzgebirge/BRD;
30 × 21 mm

IV. Klasse: Oxide und Hydroxide

Chemie: Nachdem in den Jahren 1774 bis 1777 Carl Wilhelm Scheele und Joseph Priestley das Element Sauerstoff O entdeckten, stellte Antoine-Laurent Lavoisier etwa 1783 fest: Verbrennung ist die Verbindung eines Stoffs mit Sauerstoff. Bei dieser Oxidation (franz. *oxygène* = Sauerstoff) entstehen Oxide. Oxide sind also Verbindungen des Sauerstoffs mit anderen Elementen. Eine Oxidation kann langsam oder rasch erfolgen. Langsam sind z. B. das Rosten des Eisens, der Abbau der Nahrungsmittel im Organismus; rasche, unter Flammenerscheinung verlaufende Oxidationen werden heiße Verbrennungen genannt. Die Luft enthält etwa 21% reinen Sauerstoff. Unsere Erdkruste besteht zu etwa 63% aus Sauerstoff, der hier jedoch in Form von chemischen Verbindungen vorliegt. So bildet er z. B. zusammen mit dem Element Silizium Si den überall verbreiteten Quarz SiO_2. In den Hydroxiden können die Sauerstoffatome ganz oder teilweise durch eine Hydroxidgruppe OH ersetzt werden. Viele Elemente haben eine besondere Vorliebe, sich mit Sauerstoff zu verbinden: Silizium Si, Magnesium Mg, Aluminium Al, Natrium Na, Calcium Ca, Kalium K, Eisen Fe. Auf diese Weise entstehen eine Reihe wirtschaftlich wichtiger Erze, wie Bauxit, Magnetit, Hämatit, Uranpecherz, Ilmenit, Chromit, Korund.

Kristallographie: Die Verbindungen dieser Klasse haben kaum charakteristische gemeinsame Merkmale, nur bei den Oxiden von Eisen, Mangan und Chrom überwiegen dunkle bis schwarze Farben und ein metallischer bis halbmetallischer Glanz. Der Schmelzpunkt aller Verbindungen ist jedoch relativ hoch, deshalb muß man auch hier auf ein sehr festes Kristallgitter schließen. Es liegen wieder verschieden geladene Atome abwechselnd nebeneinander vor. Dabei ist das Sauerstoffatom relativ groß gegenüber den kleineren Metallatomen. Man stellt sich nun vor, daß die Sauerstoffatome eine dichte Kugelpackung bilden, in deren Hohlräumen (Zwickeln) sich die kleinen Metallatome befinden. Es hängt von der tatsächlichen Größe dieser positiv geladenen Metallatome ab, ob sie von vier, sechs, acht oder zwölf negativen Sauerstoffatomen umgeben werden.

Petrologie: Oxide reichern sich naturgemäß dort an, wo Elemente oder Verbindungen mit dem Luftsauerstoff in Berührung kommen. Alle möglichen Mineralien verwittern letztendlich zu Oxiden und Hydroxiden. Sind Gesteine z. B. genügend lange einem tropischen Klima ausgesetzt, werden die Silikate zunächst zu Tonmineralien umgewandelt und später diese weiter zu Oxiden und Hydroxiden, wie Gibbsit, Boehmit, Diaspor, zersetzt. Daraus entstehen im Bereich der Metamorphose andere Oxide wie Korund und Spinell. Durch Verwitterung manganreicher, lateritischer Böden entstehen z. B. Manganoxide (Lindener Mark bei Gießen). Gebunden an ozeanischen Vulkanismus entstehen Mineralien wie Pyrolusit, Braunit, Hausmannit und Bixbyit. Bei der Pneumatolyse von Gesteinen werden z. B. die Feldspäte angegriffen, Kaliumoxid und Siliziumoxid in einer Lösung abgeführt, es entstehen die wirtschaftlich wichtigen Zinnstein-»Greisen« mit Topas, Wolframit und Fluorit. Sedimente enthalten Eisen oft in Form von Hydroxiden, bei einer beginnenden Metamorphose entsteht daraus Eisenoxid. Ein natürliches Oxid ist auch unser Wasser, Wasserstoffoxid H_2O, das vier Fünftel der Erdoberfläche bedeckt.

Quarz auf Marmor
Carrara/Italien; 27 × 38 mm

Cuprit *Rotkupfererz* Cu_2O

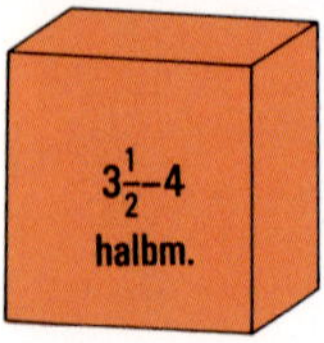

Eigenschaften: Kristalle meist Würfel, Rhombendodekaeder, Oktaeder oder auch Kombinationen dieser Flächenformen. Nadel- bis haarförmige, körnige oder blättrige Aggregate, ebenso gestreckt erscheinende Formen und erdige Massen. Häufig von grünem Malachit überkrustet, derbes Material oft mit anderen Erzen dicht vermengt. Farbe: rotbraun bis metallischgrau, Kristalle auch blutrot; Spaltbarkeit: deutlich nach dem Oktaeder; Dichte: 6,15.

Bildung und Vorkommen: Als Oxidationsprodukt von reichen Kupfererzen bildet sich Cuprit an der Grenze zwischen Zementations- und Oxidationszone. Oft Verwitterungsprodukt von Kupferkies (vermengt mit Limonit, Tenorit); häufige Begleiter: gediegen Kupfer, Azurit, Malachit. Lagerstätten weltweit verbreitet, jedoch nur lokal ein wichtiges Kupfererz. Schöne Kristalle aus Bisbee in Arizona/USA; Tsumeb, SWA/Namibia; Chessy bei Lyon/Frankreich; Onganja, SWA/Namibia lieferte 1974 u. a. einen 2100 Gramm schweren Kristall mit einem Durchmesser von 15 cm.

Bedeutung und Verwendung: »Rotkupfererz« ist typisch für die mittelalterliche deutsche Bergmannssprache. Noch ältere Bezeichnungen sind »Rotkupferglas« oder »Kupfer-Lebererz«; der haarförmige Cuprit heißt »Kupferblüte« oder »Chalkotrichit«.

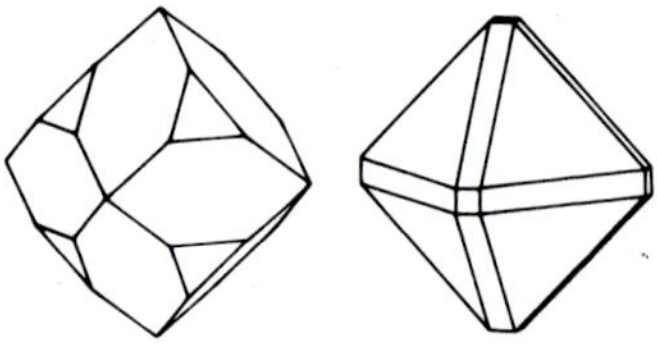

l.: Cuprit
Chessy bei Lyon/Frankreich; 50 × 70 mm
r.: Cuprit (Chalkotrichit)
Rheinbreitbach/BRD; 4 × 6 mm

Spinell $MgAl_2O_4$

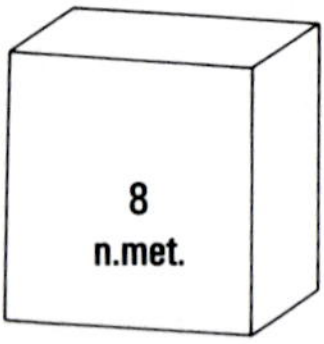

Eigenschaften: Kristalle meist klein und scharf ausgebildet, größere sehen oft gerundet oder wie geflossen aus. Meist Oktaeder, selten Würfel oder Dodekaeder, häufig treten Zwillinge nach dem sog. Spinellgesetz auf, dabei sind die Individuen mit der Oktaederfläche verwachsen. Einzeln eingewachsen, als Geröll oder als körnige Massen. Spaltbarkeit: vollkommen nach dem Oktaeder; Dichte: 3,5; Farbe: farblos und alle anderen Farben, sehr oft rot. Die einzelnen Farbvarietäten entstehen durch Verunreinigung mit Metalloxiden.

Bildung und Vorkommen: Typisches Kontaktmineral, besonders in körnigen Kalken und Dolomiten, kristallinen Schiefern, Gneis, Serpentinen; in vulkanischen Gesteinen und Flußsanden (Seifen). Hauptvorkommen sind das Gebiet von Mogok/Birma; Ratnapura/Ceylon; Routivare/Schweden; Monzoni, Vesuv/Italien; Albanien; Schwarzwald, Odenwald, Vogesen, Niederhessen. Die beiden größten geschliffenen Spinelle wiegen je 104 Gramm.

Bedeutung und Verwendung: Erst vor 150 Jahren erkannte man den Spinell als selbständiges Mineral. Schon lange vorher jedoch wurden die oft klaren Kristalle gern als Edelsteine verwendet und dabei mit dem Rubin verwechselt. Durch seinen hohen Schmelzpunkt (2135 °C) eignet sich Spinell zur Herstellung von Tiegeln und hochfeuerfester Keramik. Synthetisch als Edelstein.

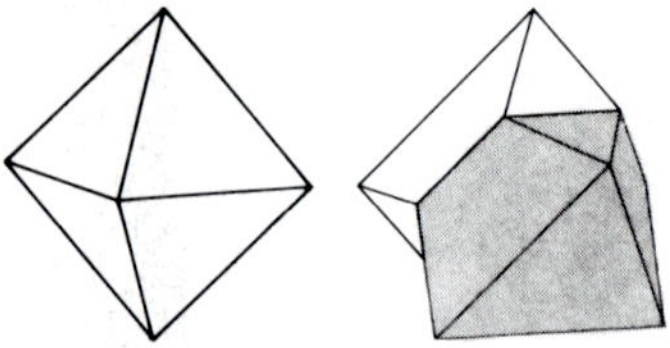

Spinell
Val Malenco/Italien; 8 × 6 mm

Magnetit *Magneteisen* $FeFe_2O_4$

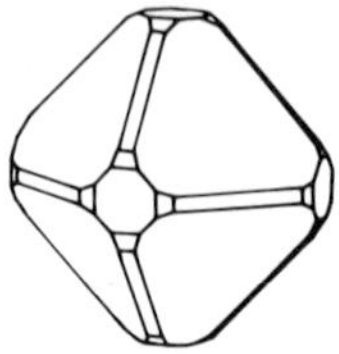

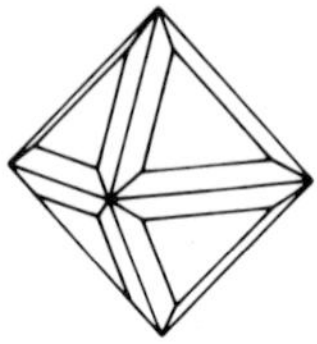

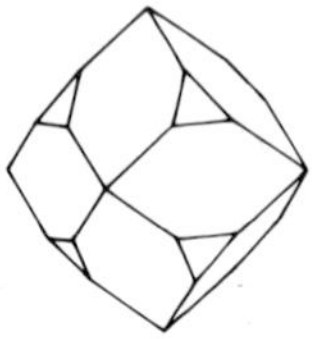

Eigenschaften: Kristalle in der Regel Oktaeder, seltener Rhombendodekaeder. Häufig verzerrt, kleine Kristalle oft skelettartig ausgebildet; typische Spinellzwillinge nach dem Oktaeder, lamellare Druckzwillinge; dichte Massen und körnige Aggregate oft in großen Mengen als Erz. Spaltbarkeit: vollkommen nach dem Oktaeder; Dichte: 5,2; Farbe: eisenschwarz. Kristalle werden von einem Magneten wie weiches Eisen angezogen, derbe Massen wirken selbst als Magnet. Bei Rotglut (etwa 580° C) verschwindet der Magnetismus, tritt nach dem Abkühlen aber wieder auf.

Bildung und Vorkommen: In feinster Verteilung Bestandteil fast aller magmatischer Gesteine, wie z. B. auch des Ozeanbodens. Aus den ozeanischen Rücken tritt ständig flüssiges Gestein aus; die enthaltenen Magnetitkristalle orientieren sich dabei entsprechend dem Erdmagnetfeld. Magnetometrische Messungen haben ergeben, daß sich zu beiden Seiten der Rücken regelmäßige Streifen von Gestein mit jeweils entgegengesetzt magnetisiertem Magnetit befinden, ein Beleg für Alfred Wegeners Kontinental-Verschiebungs-Theorie. Bildung von Magnetit fast immer unter Einfluß höherer Temperaturen. 1. Magmatisch. Früh auskristallisierter Gemengteil gibt dem Gestein die dunkle Farbe (Gabbro, Diabas, Basalt). Zusammen mit Titanit, Ilmenit und Olivin kann sich Magnetit bereits innerhalb der Magmenkammer konzentrieren, was zu großen Lagerstätten führt. Routivare, Smålands Taberg/Schweden; Otanmäki/Finnland. Unter Mitwirkung von leicht flüchtigen Bestandteilen entstand die größte Eisenanreicherung der Erde, die Magnetitlagerstätte des Kiruna-Gebietes/Schweden. Hier lagern in einem Erzkörper von über 15 km Länge und 1000 m Dicke Vorräte von 1,5 Milliarden t Erz. Luossavaara, Svappavaara, Gellivaara/Nordschweden; Grängesberg/Mittelschweden. 2. Kontaktpneumatolytisch: Einwirkung von magmatischen Gasen auf Carbonatgesteine, vergesellschaftet mit Sulfiden, Silikaten (»Skarnmineralien«). Berggießhübel/Sachsen, Schwarze Crux bei Schmiedefeld/Thüringen; im Banater Gebirge/Rumänien. 3. Regionalmetamorph: Aus wohl ehemals sedimentärem Magnetit, Sydvaranger/Norwegen, mittelschwedischer Eisendistrikt. 4. Kontaktmetamorph: Im Siegerland aus Siderit durch Basaltkontakt. 5. Selten, aber sehr schöne Kristalle auf Gängen und alpinen Klüften: mit Anatas im Binntal. 6. Sehr selten sedimentär: Lothringer Minette, Bodenwöhr. Verwittert langsam zu Limonit, seltener zu Hämatit.

Bedeutung und Verwendung: Der Stein *magnetis* war schon den alten Griechen bekannt. Plinius unterschied mehrere Arten des Magnets, z. B. einen »männlichen« und einen »weiblichen«, von denen nur der männliche die Kraft besaß, Eisen anzuziehen. Die Bezeichnung »Magnet«, der mittelalterliche Mineralname »Magneteisenstein« und der 1845 eingeführte Name »Magnetit« sind abgeleitet von dem alten Wort. Wichtigstes und am meisten verbreitetes Eisenerz. Welterzeugung von Roheisen und Eisenlegierungen 1978: 504 Mio. t.

Verwechselungsmöglichkeiten: Alle ähnlichen Mineralien unterscheiden sich durch ihren geringeren oder nicht vorhandenen Magnetismus.

o.: Magnetit
Binntal/Schweiz; 45 × 32 mm
u.: Magnetit
Nordmarken/Schweden; 47 × 33 mm

Chromit *Chromeisenstein* $FeCr_2O_4$

Eigenschaften: Kristalle sind selten, gewöhnlich eingesprengt in Körnern oder in derben Klumpen und Nestern. Ansammlungen von Kügelchen bilden den »Kugelchromit«; Verwachsungen mit Silikaten oder anderen helleren Mineralien geben dem Gestein ein leopardenfellartiges Aussehen (»Leopardenerz«). Spaltbarkeit: keine; ebener Bruch; Dichte: 4,5–4,8; Farbe: pechschwarz, feinste Splitter tiefbraun.

Bildung und Vorkommen: Bildet sich in der ersten Kristallisationsphase, die Kristalle sinken ab und bilden meist zusammen mit Olivin dunkle Tiefengesteine (Peridotit). Die bedeutendsten Chromitlager der Erde liegen in Südrhodesien (Selukwe), altbekannt sind die Vorkommen in Norwegen und auf Neuseeland; große Lagerstätten in der Türkei; Südserbien; Grochau/Schlesien; Kraubath/Steiermark; Orsova, Banatgebirge/Rumänien. Auf Platinseifen am Ural, charakteristisches Mineral im Altai-Gebirge; in Meteoriten sind sehr flächenreiche Kristalle entdeckt worden. Bei der Verwitterung entstehen grünlich gefärbte Schichtsilikate.

Bedeutung und Verwendung: Einziges Chromerz von Bedeutung. Vor allem als Legierungsmetall für Cr-Ni-Stähle (hart, zäh, rost- und säurebeständig) und Gußeisensorten, zu feuerfesten Produkten für metallurgische Zwecke, zur Verchromung, in der Gerberei, Textil- und Lackindustrie. Jahresproduktion 1975: 8,75 Mio. t Chromerz.

Verwechselungsmöglichkeiten: Magnetit ist magnetisch und verwittert nicht zu grünlichen Silikaten; dünnste Splitter von Franklinit sind tiefrot.

Chromit (Leopardenerz)
Troodos/Cypern; 80 × 57 mm

Hausmannit Mn_3O_4

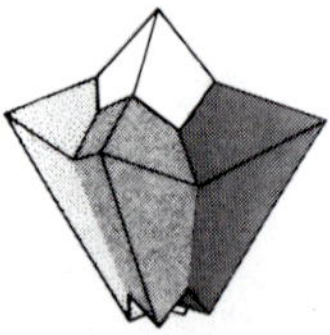

Kristalle sind ein- und aufgewachsen, spinellähnlich, stets pyramidal; typisch sind zyklisch miteinander verwachsene Fünflinge, häufig lamellar. Derb, spätig, körnig in Pseudomorphosen. Spaltbarkeit: vollkommen (typisches Merkmal); Dichte: 4,7–4,8; Farbe: eisenschwarz. Zu finden zusammen mit anderen Manganerzen in Ilfeld/Harz; Elgersburg, Öhrenstock/Thüringer Wald; Långban/Schweden; Nishnij Tagilsk/Ural, GUS. Name nach dem Mineralogen J. F. L. Hausmann (1782–1859). Verwechslung mit Magnetit, Braunit möglich.

Hausmannit
Öhrenstock, Thüringen/BRD; 8 × 11 mm

Valentinit *Antimonblüte* Sb_2O_3

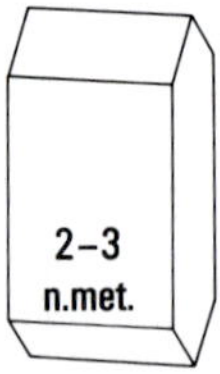

Kristalle meist prismatisch, auch tafelig, flächenreich, einzeln aufgewachsen oder zu strahligen Büscheln vereinigt; auch derb, in stengeligen, faserigen, körnigen Aggregaten, Pseudomorphosen nach Antimonit, Kermesit sind häufig. Spaltbarkeit: vollkommen, zerbrechlich; Dichte: 5,6–5,8; Farbe: farblos, weiß, asch- bis gelblichgrau, gelbbraun, rötlich. Entsteht sekundär bei der Umwandlung u. a. von Antimonit. Wolfsberg im Harz, Horhausen, Grube Neue Hoffnung Gottes, Bräunsdorf; Příbram/Slowakei; Allemont in Dauphiné/Frankreich; Italien. Bedeutende Funde in Cetine di Cortomano bei Siena/Italien.

Valentinit
Pezinok/Slowakei; 10 × 14 mm

Hämatit *Eisenglanz, Roteisenerz* Fe_2O_3

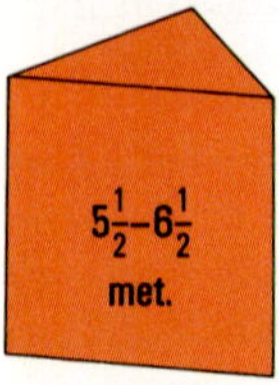

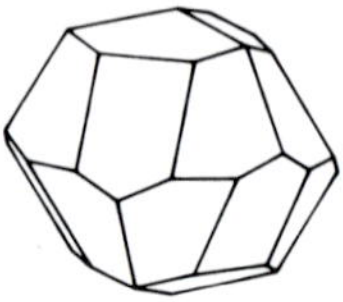

Eigenschaften: Je nach Bildungstemperatur großer Formenreichtum. Bei hohen Temperaturen: dipyramidal, würfelähnlich, rhomboedrisch; etwas niedrigere Temperaturen: dicklinsenförmig bis rund; niedrige Temperaturen: dünne Tafeln, strahlig-faserige Massen (roter Glaskopf). Die alpinen »Eisenrosen« werden von rosettenförmig gruppierten Täfelchen gebildet, derbe Massen sind körnig, schuppig (Eisenglimmer) oder bilden dichte, nichtmetallisch aussehende Aggregate (Roteisenerz, Roteisenstein) sowie erdige Massen (Eisenrahm). Auf den Basisflächen der Kristalle finden sich z. T. orientiert aufgewachsene rote, stengelige Rutile; manchmal Durchkreuzungszwillinge. Spaltbarkeit: keine; Dichte: 5,2–5,3; Farbe: bläulich, stahlgrau bis eisenschwarz, bunt angelaufen, derbe Aggregate rot.

Bildung und Vorkommen: Weit verbreitet als reiches Eisenerz, hauptsächlich in dicken Lagern sedimentären Ursprungs; hydrothermal und pneumatolytisch in Gängen, metasomatisch in Kalken. Auch sekundär aus anderen Eisenmineralien hervorgegangen. Schöne Kristalle stammen aus alpinen Klüften (Cavradi im Tavetsch/Schweiz); von der Insel Elba (Rio Marina), hier zusammen mit Pyrit; als Fumarolenprodukt in Laven in oft sehr schönen Kristallen (Eifel, Auvergne, Vesuv, Elba).

Bedeutung und Verwendung: Seit prähistorischer Zeit bis heute als Farbstoff verwendet, nach Limonit das wichtigste Eisenerz.

l.: Hämatit (Glaskopf)
Cumberland/England; 40 × 57 mm
r.: Hämatit mit Rutil
Cavradi, Tavetsch/Schweiz; 17 × 24 mm

Korund Al_2O_3

Eigenschaften: Kristalle sind säulig oder pyramidal, oft tonnenförmig gewölbt und horizontal stark gerieft, auch flachtafelig. Als eingewachsene oder lose Kristalle von zuweilen beträchtlicher Größe, sonst in derben, spätigen und körnigen Aggregaten. Spaltbarkeit: keine; Dichte: 3,9–4,1; Farbe: farblos (Leukosaphir) oder durch Spuren von Fremdatomen gefärbt, tiefblau durch Eisen und Titan (Saphir), tiefrot durch Chrom (Rubin), durch Fehlstellen im Kristallgitter orangegelb (Padparadscha), auch violett, grün, oft fleckig oder zonar, orientierte Entmischungen von Rutilnadeln rufen Asterismus hervor.

Bildung und Vorkommen: Entstehung vorwiegend in metamorphen Gesteinen, selten pegmatitisch-pneumatolytisch, oft in Seifenlagerstätten. Kristalle von Edelsteinqualität kommen besonders aus Birma, Siam und Ceylon (Kalkstein, Edelsteinseifen). In Deutschland kommen kleine, aber undurchsichtige Kristalle vor; Eifel, Hessen, Schlesien, Böhmen.

Bedeutung und Verwendung: Als Edelstein (Rubin von lat. *rubeus*, rot; Saphir von griechisch blau). Für die Aluminiumgewinnung kommt ausschließlich der im Bauxit enthaltene Korund in Betracht, wohl mehr als 20 Mio t werden jährlich daraus gewonnen. Verwendung als Schleifmittel, für feuerfeste Materialien, Schmelzzement.

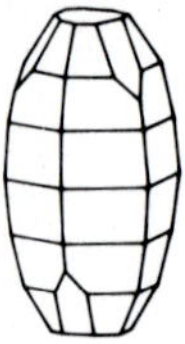

Korund
Biella/Italien; 64 × 45 mm

Pseudobrookit Fe_2TiO_5

Meist kleine, rechteckige, dem Brookit ähnliche Täfelchen, gestreckt und vertikal gestreift, auch lang prismatisch. Spaltbarkeit: deutlich in einer Richtung; Dichte: etwa 4,4; Farbe: schwarz bis dunkelbraun, rot durchscheinend. Vorkommen als pneumatolytisches Zersetzungsprodukt des Ilmenits, in Hohlräumen und auf vulkanischen Gesteinen. Große Kristalle aus Apatitpegmatiten (Murcia/Spanien) sind in Hämatit und Rutil zerfallen; zusammen mit kleinen Topaskristallen und Hämatittäfelchen als gute Kristalle im Rhyolith von Thomas Mountains/Utah, USA; Siebenbürgen; Katzenbuckel; in den Laven der Eifel.

Pseudobrookit
Ettringen, Eifel/BRD; 3× 4 mm

Perowskit $CaTiO_3$

Kristalle meist würfelig und wie beim Pyrit gestreift. Polysynthetische lamellare Verzwilligung, manchmal parallel verwachsene Aggregate (Eifel). Ein- oder aufgewachsen in Chloritschiefern (Pfitsch in Tirol, Zermatt); in manchen magmatischen Magnetitgesteinen (Vuorijärvi/ Finnland), hier reichlich bis zur Abbauwürdigkeit; kontaktmetasomatisch im Rayon Slatoust/Ural, GUS; im Serpentin des Val Malenco, Emarere und in den vulkanischen Auswürflingen am Monte Somma (Vesuv)/Italien. Name nach dem russischen Mineralogen von Perowski. Nur die Varietäten mit hohem Gehalt an Niob, Cer oder Seltenen Erden werden wirtschaftlich genutzt.

Perowskit
Üdersdorf, Eifel/BRD; 5× 7 mm

Ilmenit *Titaneisenerz* $FeTiO_3$

Eigenschaften: Kristalle sind denen des Hämatit außerordentlich ähnlich. Teils rhomboedrisch, teils tafelig, Ergänzungs- und polysynthetische Zwillinge. Viele tafelige Kristalle (z. B. rosettenartig angeordnete Eisenrosen) bestehen aus »titanhaltigem« Hämatit. Auch körnige, derbe bis dichte Aggregate, als kleine Gerölle und Sand. Keine Spaltbarkeit, an den Zwillingslamellen jedoch oft teilbar; Dichte: 4,5–5,0; Farbe: schwarz mit violettbraunem Stich.

Bildung und Vorkommen: Magmatisch gebildet zusammen mit Magnetit. In fast reinen Massen von Ekersund, Rödsand/Norwegen; neben Magnetit bei Routivare/Schweden; reichlich in pegmatitischen Gesteinen bei Miask/GUS; Kragerö/Norwegen (bis zu 13 cm Durchmesser, 6–7 kg Gewicht); Aschaffenburg/Spessart; als freistehende Kristalle aufgewachsen auf Klüften am St. Gotthard; bei Bourg d'Oisans; schöne Kristalle im Val Dévero/Novara, Italien. Große Bedeutung haben Brandungssande von Ilmenit wie bei Iserwiese/Böhmen; Travancore/Indien; Natal/ Südafrika.

Bedeutung und Verwendung: Rohstoff für das in etwa 1 Mio t erzeugte »Titanweiß«, die wertvollste Weißfarbe; legiert in dem für die Raumfahrt wichtigen Titanstahl; Füllmaterial in Papier- und Linolinindustrie, Emaille- und keramische Industrie.

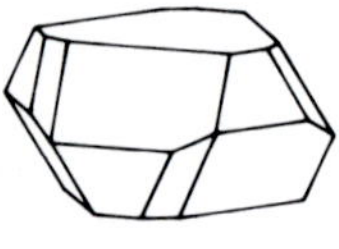

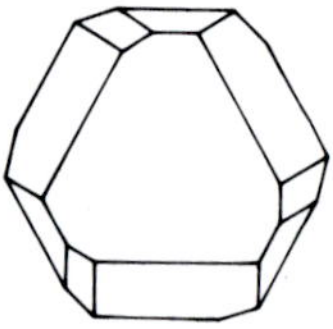

Ilmenit
Traversella/Italien; 35× 25 mm

Quarz SiO_2

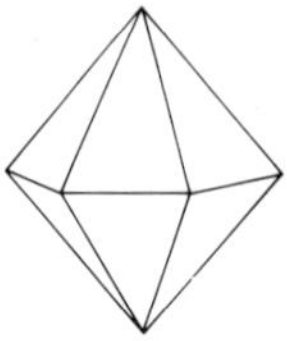
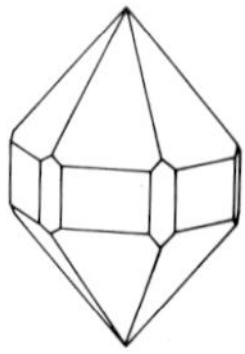
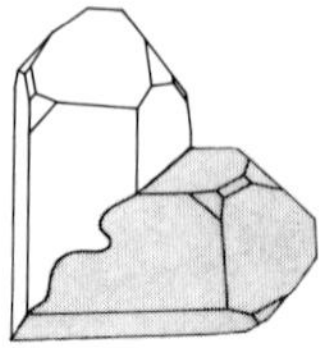

Eigenschaften: Die Kristalle sind je nach Vergesellschaftung und Entstehung sehr verschieden: Der *Gemeine Quarz* erscheint oft hexagonal, aufgewachsene Kristalle des *Bergkristalls* sind viel flächenreicher, Tracht und Habitus wechseln, fast stets horizontal gestreift. Quarze können in zwei spiegelsymmetrischen Strukturen kristallisieren, was zur Ausbildung von Rechts- und Linksquarzen führt. Auch grob- oder feinkörnige bis dichte Aggregate sowie als Sand. Spaltbarkeit: nur selten deutlich; Dichte: 2,65; Farbe: farblos, wenn rein, doch kommen die verschiedensten Färbungen vor: weiß, grau, gelb, rot, blau, grün, braun, schwarz. Der Grund für die verschiedenen Färbungen sind Spurenelemente, die während des Wachstums in das Kristallgitter eingebaut worden sind. Verwachsungen sind typisch und häufig. Meist entstehen Ergänzungszwillinge mit unregelmäßiger Zwillingsnaht und inniger Verwachsung ohne einspringende Winkel, sie erscheinen dann wie einfache Kristalle mit höherer Symmetrie. Quarz kann als »geologisches Thermometer« verwendet werden, er wandelt sich bei 573° C in die *Hoch-Quarz* Modifikation um, die hexagonal kristallisiert bei 870° C in *Tridymit,* bei 1470° C in *Cristobalit.* Sinkt die Temperatur, so klappt das Kristallgitter in das des trigonalen *Tief-Quarzes* um, die äußere Form jedoch bleibt erhalten, auf diese Weise können heute Tiefquarze mit hexagonaler Hochquarzmorphologie gefunden werden.

Bildung: Gemengteil in Eruptiv- und Sedimentgesteinen sowie in kristallinen Schiefern. Wichtiger Bestandteil von Gängen und Mineralvorkommen verschiedenster Herkunft, durch seine Härte und Schwerlöslichkeit in Sanden und Geröllen angereichert. Bildet Pseudomorphosen nach vielen Mineralien, ist als Versteinerungsmittel zu finden. Auf Lagerstätten sowohl magmatisch als auch ein Produkt pegmatitisch-pneumatolytischer wie hydrothermaler Phase. Massiver Quarz tritt, durch Verwitterung des umgebenden Gesteins freigelegt, im Gelände als »Härtling« hervor, wie z. B. der »Bayerische Pfahl«, eine hydrothermale Spaltenfüllung, die sich auf einer Länge von 150 km durch den Bayerischen Wald zieht.

Varietäten und ihre Vorkommen: Je nach Wachstumsbedingungen entstehen grobkristalline Gefüge (deutlich erkennbare Einzelkristalle) oder feinkristalline (dichte Aggregate, die aus mikroskopisch feinen Fasern oder Körnchen aufgebaut sind, *kryptokristallin).* 1. In seiner reinsten Form als wasserklarer und farbloser *Bergkristall.* Die Griechen nannten ihn *krystallos = das Eis,* noch im 17. Jahrhundert war man der festen Überzeugung, daß es sich um versteinertes Eis handeln müßte. Die Bezeichnung »Kristall« galt jahrtausendelang nur für den Bergkristall. Berühmt sind die großen Kristalle vom Tiefengletscher am Furkapaß, riesige (größer als 40 t) stammen von vielen Vorkommen in Brasilien. Als wichtiges gesteinsbildendes Mineral in vielen magmatischen, metamorphen und sedimentären Gesteinen; auf Klüften und in Drusenräumen in kristallinen Schiefern; in riesigen Massen in Pegmatiten. Alpen: Aare- und Gotthardmassiv, Pfitsch/Ti-

o.: Quarz
Steinbruch Medenbach, Westerwald/BRD; 32× 24 mm
u. l.: Quarz
Schemnitz/Slowakei; 53× 75 mm
u. r.: Zepteramethyst
Pålshangen bei Eidsvoll/Norwegen; 14 × 20 mm

rol, Bourg d'Oisans/Dauphiné; Striegau/ Schlesien; Baveno/Italien; Elba; Ural; berühmt sind die kleinen wasserklaren Kristalle aus dem Marmor von Carrara/Italien und die sog. Herkimer Diamanten aus New York/USA. 2. Durch radioaktive Bestrahlung entsteht rauchbrauner bis braunschwarzer *Rauchquarz* bzw. *Morion*. Bei Temperaturen von 300–400° C kann er entfärbt werden, durch Röntgenstrahlen erhält er seine ursprüngliche Farbe wieder zurück. Vorkommen wie beim Bergkristall. Besonders große Kristalle bis über 130 kg Gewicht stammen vom Tiefengletscher am Furkapaß/Schweiz, über 3 t schwere Kristalle aus Minas Gerais/Brasilien. 3. Durch natürliche Bestrahlung eisenhaltiger Quarze entsteht der *Amethyst*. Kristalle sind oft in dichten Drusen aufgewachsen oder bilden kugelige Aggregate mit Kernen aus Chalcedon. Freistehende Kristalle kommen selten vor, meist sind nur die Spitzen der Kristalle hell- bis dunkelviolett gefärbt (Spitzenamethyst), oft ist die Färbung fleckig. Durch »Brennen« bei Temperaturen zwischen 470 und 750° C entstehen hellgelbe, rotbraune, grüne oder farblose Varietäten. Bereits bei Tageslicht können einige Amethyste ausbleichen, durch Röntgenbestrahlung läßt sich die Farbe wiederherstellen. Vorkommen in Mandeln von basischen Ergußgesteinen, auf Klüften und in Seifen. Bereits durch die Römer wurde der Melaphyr-Mandelstein des Nahe-Gebiets im Hunsrück auf Amethyst und Achat abgebaut, diese Vorkommen sind jedoch seit 200 Jahren erschöpft, ebenso wie Müglitztal/Sachsen und Auvergne/Frankreich. Der Name kommt vom griechischen *amethystos = nicht betrunken*. Durch Jahrtausende hindurch glaubte man, der Stein sei ein Glücksbringer, verleihe seinem Träger Standfestigkeit, schütze vor Zauberei und Heimweh sowie vor Trunkenheit. So gilt der Stein noch heute als Symbol der Enthaltsamkeit, er zählt zu den Insignien der katholischen Kirche und wird, in Ringen gefaßt, von Bischöfen und Kardinälen getragen. Noch vor wenigen Jahrhunderten lag der Wert des Edelsteins bei dem von Saphir, Smaragd, Rubin und Diamant, bis die riesigen Vorkommen in Brasilien entdeckt wurden und sein Preis dadurch erheblich fiel. 4. Der naturgelbe Quarz heißt *Citrin*. Die meisten auf dem Markt befindlichen Citrine sind durch »Brennen« von Amethyst oder Rauchquarz entstanden. Bei 470° C wird brasilianischer Amethyst hellgelb, bei 550–560° C dunkelbraun bis rotbraun. Alle gebrannten Citrine zeigen einen Stich ins Rötliche, der natürliche Citrin dagegen ist meist blaßgelb. Heute vorwiegend aus Brasilien und Madagaskar, früher kamen die schönsten Steine aus Córdoba und Salamanca/Spanien. Die natürliche Färbung wird durch Spuren von Eisen hervorgerufen. Im Handel werden Citrine oftmals unzulässigerweise als Topase bezeichnet (Bahia-, Gold-, Madeira-, Palmeira-, Rio-Grande-Topas). Durch Brennen von gelben und violetten Quarzen der Montezuma-Mine, Minas Gerais/ Brasilien bei 500° C entsteht ein lauchgrüner Quarz (niemals natürlich), der *Prasolith*. 5. Erst seit wenigen Jahren sind Kristalle von *Rosenquarz* bekannt (Aracuai; Minas Gerais). Sonst kommt er als derbe Massen, grob kristallin, nur selten klar durchsichtig, vorwiegend stark rissig vor. 6. *Eisenkiesel* wird durch Eisenoxide rot, braun oder gelb gefärbt. 7. *Milchquarz* wird durch zahlreiche Einschlüsse milchig getrübt. 8. Durch eingelagerte Rutil- oder Hornblendenädelchen bekommt der ebenfalls getrübte *Blauquarz* seine Farbe. Vorkommen in Salzburg/Österreich, in Skandinavien. 9. Als um 1700 italienische Alchemisten Kupferspäne ins Glas warfen, erhielten sie eine Glassorte, die dem ähnlich aussehenden *Aventurinquarz* seinen Namen gab *(a ventura = durch* Zufall). Durch eingelagerte Glimmerplättchen, Fuchsit oder Eisenglanzplättchen erhalten die grünen, roten oder braunen Steine einen metallischen Schiller. 10. *Falkenauge* und *Tigerauge* sind verquarzter Krokydolith. Bei der Umwandlung (Pseudomorphose) wurde die feinfaserige Struktur des Asbestminerals beibehalten, Lichtbrechung führt zum Katzenaugeneffekt. Bedeu-

o. l.: Quarz
Bösingfeld, Extertal/BRD; 17 × 24 mm
o. r.: Quarz (Eisenkiesel auf Hämatit)
Cumberland/England; 80 × 112 mm
u.: Quarz (Fensterquarz)
Porretta/Italien; 100 × 70 mm

tendste Lagerstätten in Südafrika; Westaustralien; Birma; Indien; Kalifornien/USA; Treseburg im Harz. 11. *Prasem* ist durch massenhaft eingeschlossenen Aktinolith lauchgrün. Erzgebirge; Finnland; Salzburger Alpen/Österreich; Schottland. 12. *Chalcedon* ist eine völlig dichte und dem Auge homogen erscheinende Varietät. Er besteht aus mikroskopisch kleinen Fasern und Körnchen, hat glaskopfartige Oberfläche, ist oft verschieden gefärbt. Die Bildung ist stets bei niedriger Temperatur (bei etwa 120° C) in der Nähe der Erdoberfläche erfolgt.

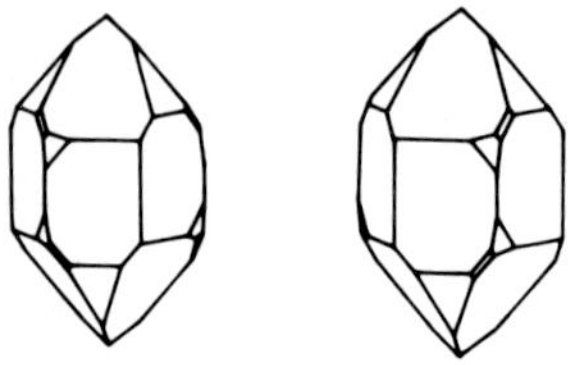

Der gebänderte *Achat* ist wohl die bekannteste Quarzvarietät. Sein Name stammt von dem Fluß Achates auf Sizilien. Die Farben der verschiedenen Lagen sind überwiegend grau und weiß (Brasilien, Mexiko), auch schwarz, braun, gelb oder rot (Idar-Oberstein). Künstliche Farbveredelungen des z. T. porösen Materials waren schon Plinius bekannt. Der künstlich schwarz gefärbte Achat wird als *Onyx* bezeichnet. Farbvarietäten sind roter *Karneol* (durch Eisenoxid), brauner *Sarder* (durch Limonit), grüner *Chrysopras* (durch Nickelsilikat). Als Lieblingsstein Friedrichs des Großen einst wertvollster in Deutschland gefundener Edelstein. Der feinkristalline *Jaspis* wird durch Eisen und Mangan oder auch durch andere anorganische und organische Substanzen mannigfaltig gefärbt: *Heliotrop* (dunkelgrün mit roten Punkten). *Moosachat* (farblos mit moosähnlichen Einlagerungen von grüner Hornblende). *Feuerstein* oder *Flint* ist ein Jaspis, der innig mit Opal durchsetzt ist.

Bedeutung und Verwendung: Quarz ist nach den Feldspäten das häufigste Mineral der Erdkruste. Der Name stammt aus dem alten böhmischen Bergbau des 14. Jahrhunderts, *Querz* bezeichnete nichterzführendes, taubes Material. Klare, unverzwillingte Bergkristalle dienen in der Hochfrequenztechnik als Schwingquarze und sind aus der Elektronik nicht mehr wegzudenken. Der technische Bedarf wird jedoch heute nahezu ausschließlich aus künstlichen Quarzen gedeckt. Quarzsande sind Ausgangsstoff zur Gewinnung eines der wichtigsten Elemente moderner Technologie, des Siliziums (Solartechnik). Geräte aus Quarzglas sind gegen plötzliche und starke Temperaturänderungen unempfindlich, die gute Durchlässigkeit für ultraviolette Strahlen führt zur Verwendung bei Glühbirnen. Sämtliche Farb- und Formvarietäten sind immer schon begehrte Schmucksteine gewesen.

Im Facettenschliff, als Cabochon, als Kugeln für Ketten, hauchdünn zu Schalen und anderen Gefäßen verarbeitet, als Gemmen und Siegelringe, als innenarchitektonischer Dekorstein oder als Verkleidung von Außenwänden. Als heilender und hilfreicher Talisman schon seit Jahrtausenden bekannt, sind heute den einzelnen Tierkreisen bestimmte Quarzvarietäten zugeordnet, auch die meisten »Monatssteine« sind Quarze. Da der Verwendungskreis so ungeheuer groß ist, kann die Produktion auch nicht annähernd festgestellt werden.

o. l.: Achat
Idar-Oberstein/BRD; 100 × 140 mm
o. r.: Chalcedon
Naila bei Hof, Bayern/BRD; 40 × 57 mm
u.: Chalcedon auf Quarz
Khangrube, SWA/Namibia; 90 × 64 mm

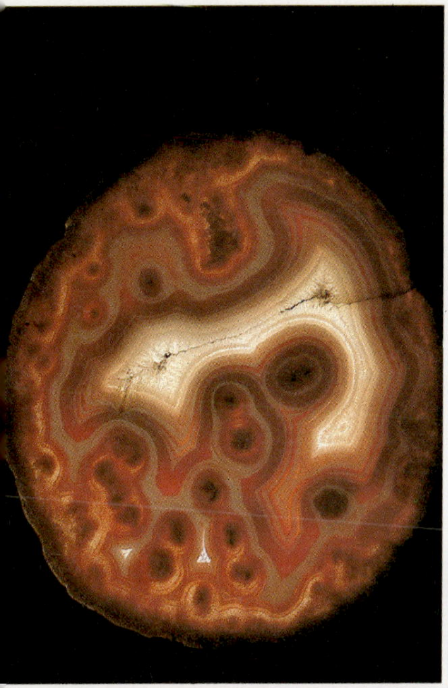

Tridymit SiO_2

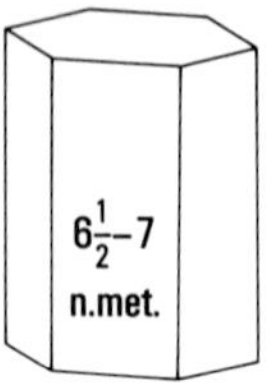

Eigenschaften: Diese SiO_2-Modifikation hat ihren Namen erhalten von den besonders häufig auftretenden Drillingen; auch Zwillinge und Viellinge kommen vor. Die kleinen Kristalle sind dünntafelig und erscheinen hexagonal, sie bilden fächerförmige und kugelige Gruppen, mikroskopische Kristalle bauen dachziegelartige Aggregate auf. Kristalle aus der Eifel gleichen manchmal Schneekristallen. Spaltbarkeit: selten sichtbar; Dichte: 2,27; Farbe: farblos, milchig trüb. Ähnlich dem Quarz wandelt sich der Tridymit bei hohen Temperaturen in eine hexagonale Modifikation um.

Bildung und Vorkommen: Hauptsächlich in Drusenhohlräumen und in der Grundmasse von jungen vulkanischen Gesteinen, vergesellschaftet mit Sanidin, Quarz, Cristobalit, Fayalit, Hämatit, Augit, Hornblende. Wurde auch oft in Steinmeteoriten entdeckt. Immer vorhanden, jedoch meist nur mikroskopisch, in den Trachyten und Andesiten des Drachenfelses und Perlenhardts/Siebengebirge; Mont Dore/Frankreich; Euganeen/Italien; Aranyer Berg/Ungarn. Als Entglasungsprodukt natürlich (Mexiko) und künstlich (entsprechende Zone der Silikatsteine von Martinöfen), sowie in schlecht gekühltem Glas zu finden.

Bedeutung und Verwendung: G. vom Rath erhielt im Juli 1867 durch Burkart in Bonn von Castillo eingesandte Stücke »trachytischen Porphyrs vom Berge St. Cristóbal bei Pachuca in Mexico«, an denen Rath hexagonale Tafeln fand, »eine neue Kristallform der Kieselsäure«. Der sehr seltene Tridymit ist für Wissenschaftler und Sammler gleichermaßen interessant.

Tridymit
Colli Euganei/Italien; 12 × 8 mm

Opal $SiO_2 + nH_2O$

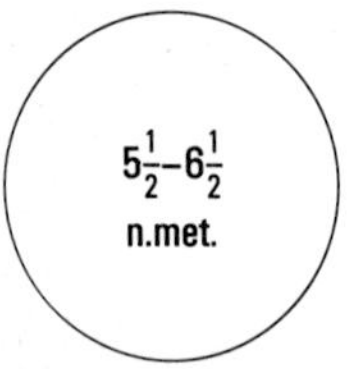

Eigenschaften: Typische Gelformen: nierig, traubig, krusten- und lagenartig. Derb, eingesprengt, auf Sprüngen und in Drusenhohlräumen, als Pseudomorphosen und als Versteinerungsmittel. Dichte: 2,1–2,2; Farbe: farblos, milchig weiß, gelblich, orangerot, grün. Elektronenmikroskopisch sichtbare Cristobalitkügelchen sind in einer dichten Packung angeordnet, in den Kügelchen und Zwickeln befindet sich Wasser. Durch Lichtbrechung an den Oberflächen der Kügelchen entsteht das Opalisieren in allen Regenbogenfarben.

Bildung und Vorkommen: Bildet sich bei der Zersetzung von Silikaten und jungvulkanischen Gesteinen, von Serpentin, beim Absatz heißer Quellen (Kieselsinter), Konkretionen aus kieselhaltigen Sedimenten (Feuersteine). Varietäten: 1. *Edelopal:* Klassisch ist das vulkanische Vorkommen bei Dubnik/ehemalige ČSSR; Faröer; Mexiko; Tintenbar/Australien. Sedimentär sind die wichtigsten Lagerstätten in Australien: Lightning Ridge (Schwarzer Opal), Wight Cliffs (Abbau seit ca. 1890), Coober Pedy (opalisierte Limonitknollen, Boulder-Opal), Andamooka. 2. *Feueropal:* Feuerrot, bernsteinfarben, hyazinthrot, durchscheinend, mit und ohne Opalisieren; hauptsächlich aus Mexiko (Magdalena, Queretaro). 3. *Gemeiner Opal:* Meist undurchsichtig, ohne Farbenspiel, weit verbreitet. *Hydrophan (Milchopal)*, durch Wasserverlust trüb gewordener Edelopal, Hubertusburg. *Hyalith* (Glasopal), auf Mandelräumen und als krustenartiger Überzug vulkanischer Gesteine, Kaiserstuhl. *Prasopal* (durch Nickel grün gefärbt), Frankenstein/Schlesien. *Holzopal,* durch Opalsubstanz versteinertes Holz. *Moosopal,* von Dendriten durchsetzt.

Hyalith (Glasopal)
Fichtelgebirge/BRD; 35 × 25 mm

Rutil TiO_2

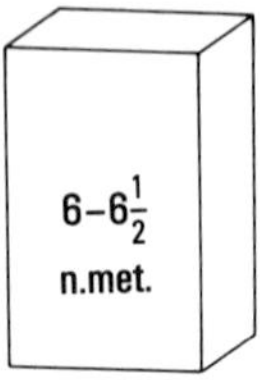

Kristalle meist gestreckt, aber auch dicksäulig bis zu feinsten Nadeln; vertikal gestreifte, gerundete und verzerrte Formen; alpine Kristalle erscheinen durch Vertikalstreifung parallelfaserig. Besonders typisch knieförmige Zwillinge, polysynthetische Drillinge und Viellinge, zyklische Drillinge und Viellinge; auf diese Weise können herz- und ringfömige Gebilde entstehen. Derbe Massen, Körner und als lange Nadeln (garbenförmig, parallel) eingewachsen im Bergkristall, Blau- und Rosenquarz. Spaltbarkeit: vollkommen; Dichte: 4,2–4,3; Farbe: blutrot, braunrot, fuchsrot, selten gelblich und gelbbraun, eisenschwarz. Eingewachsen in Pegmatiten: Große Kristalle von Kragerö/Norwegen; Ilmengebirge/ehem. UdSSR; Modriach/Steiermark. In hydrothermalen Gängen und Drusen: Pfitsch/Tirol; Binntal, Campolungo/Schweiz. Gemengteil sedimentärer und metamorpher Gesteine. In Seifen: Neben Gold bei Olahpian/Siebenbürgen. Wichtiges Titanerz.

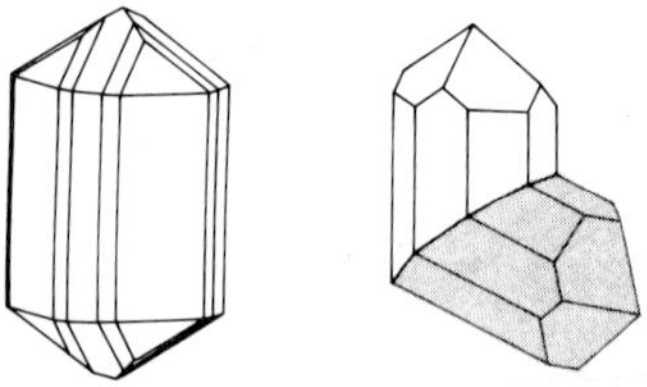

Rutil
Tauern/Österreich; 15 × 21 mm

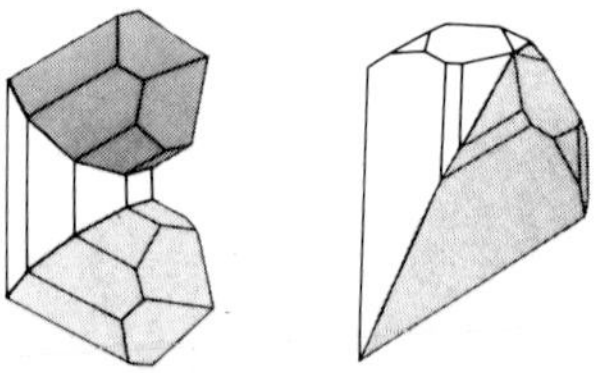

Rutil
Binntal/Schweiz; 8 × 11 mm

Kassiterit *Zinnstein* SnO_2

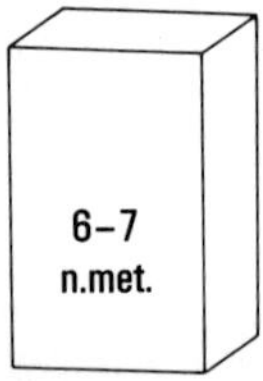

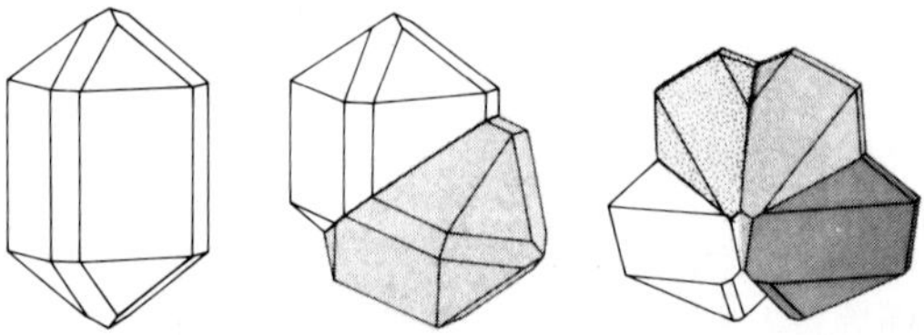

Eigenschaften: Kristalle meist gedrungen, kurzsäulig, fast immer verzwillingt. Seltener langnadelig (Nadelzinn); feinfaserige, konzentrische, schalige, glaskopfartige Massen (Holzzinn); knieförmige Zwillinge (Visiergraupen); sehr häufig lose als abgerollte Körner und als Sand (Seifenzinn). Spaltbarkeit: unvollkommen; Dichte: 6,8–7,1; Farbe: kolophoniumbraun, seltener in unreinen Farben gelb, grau, hyazinthrot, ausnahmsweise auch farblos.

Bildung und Vorkommen: Die Bildung von Zinnmineralien ist fast ausschließlich an die granitische Spätkristallisation gebunden (pneumatolytisch). Die vor Jahrhunderten in Sachsen, vor Jahrtausenden in Cornwall aufgefundenen Vorkommen (Dachregionen von Graniten) sind typisch. In diesen pneumatolytisch veränderten Graniten (Greisen) kommt Kassiterit neben Wolframit, Scheelit, Arsenkies vor. Sächsisch-böhmisches Erzgebirge, Altenberg, Zinnwald, Schlaggenwald, Graupen; Fichtelgebirge; Cornwall; Bretagne; der Welt größte Zinnkonzentration ist in Yünnan/China (liefert mehr als die Hälfte der Weltzinnproduktion).

l.: Zinnstein
Altenberg, Sachsen/BRD; 31 × 44 mm
r.: Zinnstein auf Zinnwaldit
Schlaggenwald, Sachsen/BRD; 20 × 28 mm

Pyrolusit MnO_2

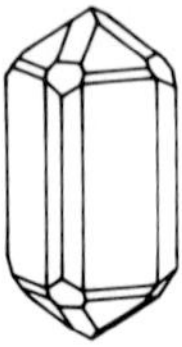

Eigenschaften: Selten in idiomorphen Kristallen *(Polyanit),* meist als Pseudomorphose hauptsächlich nach Manganit oder in strahlig-kristallinen Massen, z. T. fest, z. T. erdig locker, die stark an den Fingern abfärben (Braunstein). Spaltbarkeit: in zwei Richtungen; Dichte: etwa 5; die Härte ist kaum bestimmbar, da das Material bei Ritzversuchen immer wieder zerbrökkelt; Farbe: silbergrau bis schwarz.

Bildung und Vorkommen: Braunsteine der Natur sind Mangan-Sauerstoff-Verbindungen, die sich chemisch sehr ähneln, jedoch sehr verschiedenes Aussehen und auch recht verschiedene Eigenschaften haben. Sie bildeten sich in der Verwitterungszone (Eiserner Hut) aus manganhaltigen Mineralien wie Rhodonit, Rhodochrosit, Siderit, Dolomit usw., so in den Siegerländer Gängen, bei Elgersburg/Thüringen; Gremmelsbach bei Triberg; Ilmenau. Typisch sedimentär sind die z. Zt. größten bekannten Mangan-Erzlagerstätten Nicopol/Dnjepr und Tschiaturi-Kutais/Ukraine. Manchmal durch Auslaugung und Oxydation angereichert: Lindener Mark bei Gießen, Waldalgesheim bei Bingerbrück.

Bedeutung und Verwendung: Name vom griechischen *pyr = Feuer, loysis = waschen.* Mit Manganomelan ist Pyrolusit das weitaus wichtigste Manganerz. Verwendung zur Darstellung von Chlor, in der Glasfabrikation und als Stahlveredler.

l.: Pyrolusit
Grube Roßbach, Westerwald/BRD;
25× 35 mm
r.: Pyrolusit
Grube Eisenkaute, Westerwald/BRD;
20× 28 mm

Anatas TiO_2

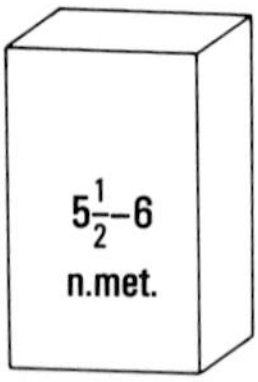

Eigenschaften: Fast nur in Kristallen bekannt, klein, zerstreut aufsitzend. Die Kristallformen sind meist spitz-dipyramidal, aber auch rundlich oder flach-dipyramidal, häufig in oktaederähnlichen, blauen bis tiefroten tetragonalen Dipyramiden. Spaltbarkeit: vollkommen in zwei Richtungen; Dichte: 3,8–3,9; Farbe: blauschwarz, honiggelb, braun, hyazinthrot, selten farblos.

Bildung und Vorkommen: Hydrothermal gebildetes, alpines Kluftmineral neben Bergkristall und Adular: Tavetsch, St. Gotthard; leuchtend gelbe Kristalle vom Binntal/Schweiz; Bourg d'Oisans/Frankreich; neue Funde von tiefblauem Anatas auf Quarz stammen von Hardangervidda/Südnorwegen. Lose in Seifen und Goldsanden, Atljansk/Ural. Mikroskopisch klein in vielen Gesteinen.

Bedeutung und Verwendung: Name vom griechischen *anatasis = Ausdehnung.* Zum erstenmal erwähnt 1738; 1802 bestätigte Vauquelin, daß die chemischen Eigenschaften mit denen des Rutils übereinstimmen. Hat als Mineral keine Bedeutung für die Titangewinnung.

l.: Anatas
Graubünden/Schweiz; 13× 19 mm
r.: Anatas
Binntal/Schweiz; 3× 4 mm

Columbit *Niobit, Tantalit*

$(Fe,Mn)(Nb,Ta)_2O_6$

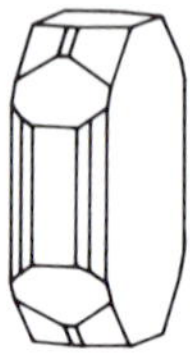

Zwischen den niob- und tantalreichen Endgliedern Niobit und Tantalit der lückenlosen Mischkristallreihe recht verschiedene Formenentwicklung; die Nb-reichen Glieder sind tafelig oder prismatisch, Ta-reiche säulig, stark gestreift. Spaltbarkeit: Nb-reich wesentlich deutlicher; Zwillinge verbreitet. Hauptvorkommen Granitpegmatite mit viel Albit und Lithium-Mineralien. Hagendorf/Bayern; Varuträsk/Schweden; Ulefoss/Norwegen; Kaatiala/Finnland; Miask/Ural.

Columbit
Hagendorf, Oberpfalz/BRD; 9× 13 mm

Wolframit

$(Fe,Mn)WO_4$

Meist in großen, dicktafeligen oder prismatischen Kristallen, auch nadelig und strahlig mit starker Vertikalstreifung; derb in schalig-blättrigen Aggregaten; Pseudomorphosen nach Scheelit. Spaltbarkeit: vollkommen; Dichte: 7,14–7,54; Farbe: dunkelbraun bis schwarz, braunrot. Mischkristall aus den Endgliedern **Ferberit** ($FeWO_4$) und **Hübnerit** ($MnWO_4$). Gebunden an Pegmatite und pneumatolytische Lagerstätten. Zinnwald/Erzgebirge; Tirpersdorf, Pechtelsgrün/Vogtland; Caceres, Coruña/Spanien; große Kristalle von Panasqueira/Portugal und Rumänien; Neudorf/Harz. Wichtigstes Wolframerz. Ähnlich: Columbit.

Wolframit
Rumänien; 53× 75 mm

Brookit TiO_2

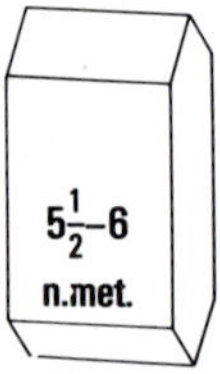

Eigenschaften: Kristalle kommen einzeln aufgewachsen oder lose vor, sie sind vertikal gestreift, tafelig; scheinbar hexagonale Dipyramiden heißen *Arkansit*. In alpinen Klüften treten tafelige, braune, durchscheinende Kristalle auf mit schwarzen Streifen in bestimmten Richtungen, die durch eingelagerte, undurchsichtige Substanzen hervorgerufen werden. Pseudomorphosen nach Titanit sind bekannt. Spaltbarkeit: undeutlich; Dichte: 4,1; Farbe: gelblichbraun bis rotbraun, auch fast schwarz (Arkansit).

Bildung und Vorkommen: Kommt hauptsächlich in hydrothermalen Gängen und als akzessorisches Mineral in Gneis, Schiefer und in vulkanischen Gesteinen vor. Oft ist Brookit sekundär gebildet und vergesellschaftet mit Titanit, Chlorit usw. Tremadoc/Wales; Bourg d'Oisans/Frankreich; Amsteg/Schweiz; Prägraten/Tirol; Miask/GUS. In Magnet Cove/Arkansas sind metallglänzende, eisenschwarze Kristalle zu finden. Die Vorkommen von Brookit und Anatas sind gleich, zuweilen sind beide miteinander verwachsen.

Bedeutung und Verwendung: Lévy bestimmte 1825 lose Kristalle vom Snowdon in Wales als rhombisch und benannte das Mineral zu Ehren des englischen Kristallographen H. J. Brooke. Brookit wird nicht als Titanerz abgebaut.

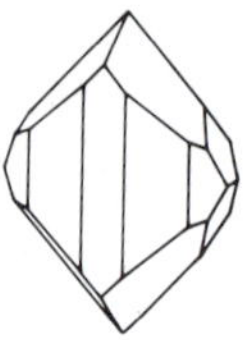

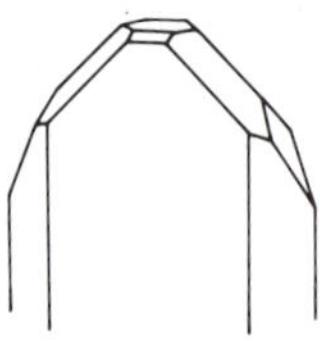

Brookit
Snowdon, Wales/England; 24× 17 mm

Brucit $Mg(OH)_2$

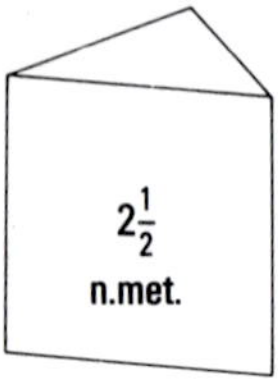

Große, nach der Basis tafelige Kristalle mit rhomboedrischer Randbegrenzung, auch spitz pyramidal, fast nadelig; gewöhnlich nur derbe, blättrige bis schalige und schuppige, gipsähnliche Massen; selten feinfaserige asbestähnliche Aggregate (Nemalith). Spaltbarkeit: sehr vollkommen; Dichte: 2,4; Farbe: farblos, grünlich, bläulich; etwas biegsam. In kontaktmetamorphen Dolomiten (Predazzo/Norditalien), und Kalksteinen sowie Serpentin (Pitkäranta am Lagodasee/ehem. UdSSR). Bis 50 cm große Fasern von Asbestos/Quebec, Kanada; rosettenartige Kristallaggregate zusammen mit Calcit auf Kämmererit stammen von Kop Dagları/Türkei. Ähnlich sind Talk und Gips.

Brucit auf Kämmererit
Kop Dagları/Türkei; 4× 6 mm

Diaspor AlO(OH)

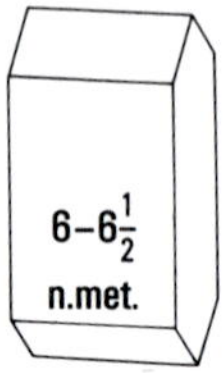

Kristalle sind durch gekrümmte, feingestreifte oder gerauhte Flächen begrenzt. Meist blättrige und stengelige Aggregate. Spaltbarkeit: sehr vollkommen; Dichte: 3,3–3,5; Farbe: farblos oder verschieden gefärbt. Meist nur Kristalle bis 3 mm; neuerdings aus dem Menderes-Massiv/Türkei jedoch über 10 cm große, braune Kristalle von Edelsteinqualität. Metamorph in kristallinen Schiefern, in der Kontaktmetamorphose, als Umwandlungsprodukt von Korund, mikroskopischer Gemengteil im Bauxit. Campolungo/Tessin; am Grainer/Tirol; Naxos; violette Kristalle von Langesundfjord; auf Klüften von Jordansmühl/Schlesien; Kossoibrod/Ural.

Diaspor
Menderes-Massiv/Türkei; 40× 57 mm

Uraninit *Uranpecherz, Pechblende* UO_2

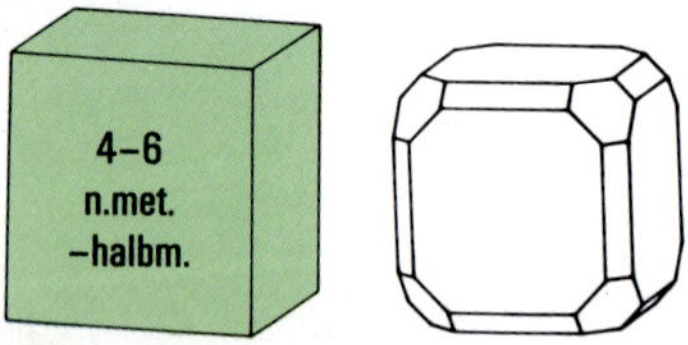

Eigenschaften: Würfelige und oktaedrische Kristalle, vorwiegend aber derb mit nierigen Formen (Uranpech), auch pulvrige Massen (Uranschwärze). Pseudomorphosen nach Holz, Knochen, Bakterien (!). Spaltbarkeit: oft nicht mehr sichtbar; Dichte: 10,6, mit steigendem geologischen Alter sinkend; Farbe: schwarz bis grünlichschwarz. Stark radioaktiv und dadurch das eigene Kristallgitter zerstörend.

Bildung und Vorkommen: Selten in großen Mengen. 1. Pegmatite: Nicht abbauwürdig, stets reich an Thorium und Cer. Saetesdalen, Moss/Norwegen; Stackebo, Öregrund/Schweden. 2. Kontaktmetasomatisch: Selten, aber wichtig. Mary Kathleen Mine/Queensland, Australien; Bancroft/Ontario, Kanada. 3. Hydrothermale Gänge: Johanngeorgenstadt, Joachimsthal, Annaberg, Schneeberg, Aue/Erzgebirge; Wölsendorf/Bayern, Wittichen/Baden; Cornwall; Italien; Schlesien. 4. Aus zirkulierendem Grundwasser: Adamello-Gebiet; Pamparato/Seealpen; Mürtschenstock/Schweiz. 5. In alten Konglomeraten: Elliot Lake/Ontario, Kanada ist die größte Urangrube überhaupt. Wird in der Oxydationszone leicht zersetzt, es entstehen verschiedene Sekundärmineralien mit meist intensiv gelber, oranger, grüner Farbe.

Bedeutung und Verwendung: Rohmaterial zur Gewinnung von Uran, Radium, der künstlichen Transurane und ihrer Spaltungsprodukte für Reaktorprozesse und Kernwaffen. 1960 Weltproduktion an U_3O_8 maximal 50 000 t. Reserven Anfang 1977: USA 643 000 t, BR Deutschland 1500 t.

Uraninit
Evje/Norwegen; 32× 22 mm

Goethit *Nadeleisenerz* α-FeO(OH)

Eigenschaften: Kristalle sind nadel- oder haarförmig und stark längsgestreift. In strahligen und faserigen Aggregaten, derb, dicht, pulvrig. Pseudomorphosen nach den verschiedensten Eisenmineralien. Spaltbarkeit: vollkommen; Dichte: 4,3 (sehr schwankend); Farbe: schwarzbraun bis lichtgelb. Röntgenographische Untersuchungen zeigen die Existenz von zwei kristallinen Eisenhydroxiden: *Goethit, Lepidokrokit.* Beide werden unter dem Namen Limonit, Brauneisenerz, Brauner Glaskopf zusammengefaßt.

Bildung und Vorkommen: Typisches Produkt der Verwitterungszone. Fast alle Eisenmineralien gehen, nachdem sie von Wässern und unter Einfluß von Humussäuren verändert worden sind, in Limonit oder Brauneisenerz über. Im allgemeinen vergesellschaftet mit Hämatit, Manganoxiden, Calcit, Tonen usw.

Varietäten: *Nadeleisenerz,* schöne Kristalle von Lostwithiel/Cornwall; Hirschberg an der Saale; Braunau/Böhmen. *Samtblende,* kastanienbraune bis ockergelbe Kugeln mit samtartig matter Oberfläche, Siegerland. *Raseneisenerz* ist der eigentliche Limonit (vom griechischen *leimon* = *Rasen*). Brauneisenoolithe mit konzentrischem Schalenbau werden als *Minette* in Lothringen/Luxemburg abgebaut, ähnlich sind die Salzgittererze und die des Harzvorlandes sowie die Brauneisensteine der Krim/ehem. UdSSR. Schöne, nadelige Kristalle sind aus Geoden von Freisen/Saarland bekannt.

Bedeutung und Verwendung: Äußerst wichtiges Eisenerz! Die Rasenerze und See-Erze werden auch als Filtermasse in Gasfilteranlagen verwendet.

l.: Goethit
Grube Roßbach, Westerwald/BRD; 64 × 90 mm
r.: Goethit
Freisen, Saar/BRD; 6 × 9 mm

Lepidokrokit *Rubinglimmer* γ-FeO(OH)

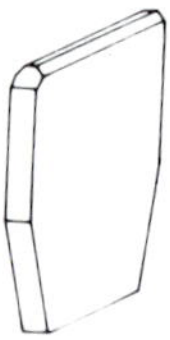

Eigenschaften: Die meisten chemischen und physikalischen Eigenschaften gleichen denen des Goethits, auch die Vorkommen sind gleich, jedoch sind Lepidokrokit und seine Varietäten viel seltener. Die Kristalle sind dünn, abgeflacht und länglich. Als einzelne Kristalle auf Matrix oder in Drusen, Täfelchen manchmal in Rosetten angeordnet; auch pulvrig oder glaskopfartig. Spaltbarkeit: vollkommen in einer Richtung; Dichte: 4,0; Farbe: dunkelrot bis rotbraun, Splitter sind rubinrot bis gelbrot und durchsichtig.

Bildung und Vorkommen: Schöne Kristalle, die manchmal auf traubigem und stalaktitischem Limonit aufgewachsen sind, stammen von Eiserfeld/Siegerland (Grube Ameise). Manche Limonite enthalten neben dem häufigeren Goethit auch Lepidokrokit, besonders wenn sie aus Pyrit durch Verwitterung entstanden sind. Lepidokrokit ist im allgemeinen, wie der Goethit, ein sekundäres Mineral und kommt immer vergesellschaftet mit ihm vor.

Bedeutung und Verwendung: Der Name wird vom griechischen *lepis* = *Schuppe* und *chrochis* = *Flocke* für die schuppigen, faserigen, traubigen oder nierenförmigen Aggregate abgeleitet. 1806 wurden die Eisenhydroxide zu Ehren Goethes »Goethit« genannt. Erst seit jüngerer Zeit ist bekannt, daß es sich dabei um zwei Mineralien mit unterschiedlicher Kristallstruktur handelt. Verwendung von Lepidokrokit ähnlich wie Goethit.

Lepidokrokit
Grube Hollerter Zug bei Siegen/BRD; 4 × 3 mm

Groutit α-MnO(OH)

Eigenschaften: Groutit, ein Glied der Diaspor-Goethit-Gruppe, ist isotyp mit Diaspor. Außergewöhnliche Kristalle sind bekannt, sie sind tafelig, parallel der b- und c-Achse gestreift. In Hohlräumen von Geröllen auskristallisiert, werden die glänzenden Kristalle im Durchschnitt 2–3 mm groß, 6 mm sind eine Ausnahme (Bülten-Adenstedt). Dünne, spitz zulaufende und an den Rändern angefressen wirkende Kristalle sind z.T. in kurznadeligen Manganit umgewandelt worden. Die Kristalle treten meist in dichten Gruppen auf. Spaltbarkeit: vollkommen in einer Richtung; Dichte: 4,14; Farbe: schwarz.

Bildung und Vorkommen: Groutit ist meist mit Calcit vergesellschaftet; interessante Pseudomorphosen nach Calcit fand man in Bülten. Hier wurden ursprünglich wasserklare Calcitkristalle bis 3 cm Größe ganz mit Groutit ausgefüllt, sie erscheinen dadurch schwarz. Weitere europäische Fundstellen sind: Bleiberg/Österreich (nur mikroskopisch festgestellt); Hammerseisenbach/Schwarzwald (kleinkörnige Aggregate). Schöne Kristalle wurden gefunden in den Gruben Sagamore, Mangan No. 2 und Mahnomen in Minnesota/USA. Kleine Kristalle auf Calcit sind von Talcville/New York, USA bekannt.

Bedeutung und Verwendung: Die erste Arbeit über Groutit wurde 1947 von Gruner veröffentlicht, er benannte das neue Mineral nach dem an der Universität von Minnesota beschäftigten holländischen Mineralogen F. F. Grout. Das Mineral aus der Grube Bülten-Adenstedt bei Peine ist ein begehrtes Sammelobjekt.

Groutit
Schacht Emilie, Bülten/BRD; 14 × 10 mm

Manganit γ-MnO(OH)

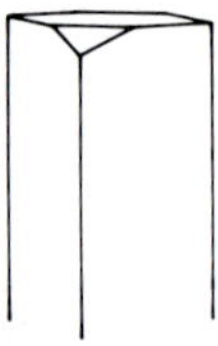

Eigenschaften: Kristalle gewöhnlich langsäulig bis nadelig und in der vertikalen Richtung stark gestreift, flächenarm. Flächenreiche Kristalle sind in der Regel kurzsäulig und in knie- oder kreuzförmigen Zwillingen miteinander verwachsen. Durch beginnende Verwitterung ist die Kopffläche oft stark löcherig. Strahlige, stengelige, oft radial oder wirr angeordnete Bündel, selten körnig. Pseudomorphosen nach Calcit sind charakteristisch. Spaltbarkeit: vollkommen; Dichte: 4,3–4,4; Farbe: braunschwarz, angewittert wird die Farbe stahlgrau, der Strich schwarz.

Bildung und Vorkommen: Selten als frisches Mineral, viel öfter teilweise oder ganz in Pyrolusit umgewandelt. Kommt hauptsächlich in niedrigtemperierten hydrothermalen Gängen vor, als Auslaugungsprodukt oder Flachmeersediment. Die weltweit schönsten Kristalle stammen von Ilfeld/Oberharz (bis zu 10 cm). In Porphyren und Melaphyren bei Elgersburg, Öhrenstock/Thüringer Wald; Botallack-Mine/Cornwall; Brideville/Neuschottland.

Bedeutung und Verwendung: Wichtiges Manganerz. Mangan wird zur Stahllegierung, zur Entschwefelung im Eisenhüttenprozeß, als Sauerstoffträger in vielen metallurgischen und chemisch-technischen Prozessen, für Entfärbung von Glas, für Trockenelemente, und zur Herstellung von Mangansalzen benutzt.

Manganit auf Baryt
Ilfeld, Harz/BRD; 125 × 90 mm

V. Klasse: Nitrate, Carbonate, Borate

Chemie: In dieser Klasse sind die Salze von drei Säuren zusammengefaßt:

Salpetersäure $H[NO_3]$
Kohlensäure $H_2[CO_3]$
Borsäure $H_3[BO_3]$

Diese Säuren bestehen jeweils aus Wasserstoff H und einer Gruppe, die sich aus drei Sauerstoffatomen und einem weiteren Element zusammensetzt, man nennt diese Gruppe »Komplex«. Nach einer Konvention werden in der Mineralogie diese Komplexe in eckige Klammern gesetzt. Kommen mehrere Komplexe im gleichen Mineral vor, werden sie innerhalb der eckigen Klammer durch senkrechte Striche voneinander abgegrenzt. Treten nun an die Stelle des Säurewasserstoffs ein oder mehrere Metallatome, bezeichnet man die neue Verbindung als ein Salz. Die Natur schafft jedoch nicht immer so einfache Verbindungen. In den allermeisten Fällen decken chemische Analysen das Vorhandensein vieler verschiedener Metalle, mehrerer Komplexe und oft von Wasser auf. Ein Beispiel: Artinit $Mg_2[(OH)_2|CO_3] \cdot 3H_2O$. Das Mineral ist ein Salz der Kohlensäure, was man sofort am CO_3-Komplex in der eckigen Klammer ablesen kann. Außerdem ist noch ein weiterer Komplex 2mal vorhanden, die Hydroxid-Gruppe OH. An die Stelle des Säurewasserstoffs ist das Metall Magnesium Mg getreten. In Hohlräumen des Kristallgitters befinden sich drei Wasserteilchen, das »Kristallwasser«, das durch Erhitzen ausgetrieben werden kann.

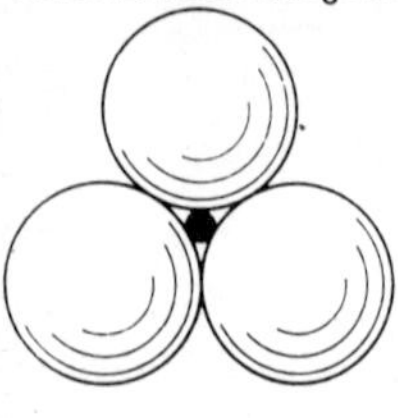

Baustein der Carbonate: planare Dreiergruppe

Kristallographie: Bei genauerer Betrachtung der drei genannten Komplexe stellt man fest, daß Stickstoff, Kohlenstoff und Bor etwa gleich groß sind und daß in jedem Komplex je drei große Sauerstoffatome vorhanden sind. Diese lagern sich in einer Ebene so zusammen, daß sie einen winzigen Zwickel bilden, in den gerade das Zentralatom (Stickstoff, Kohlenstoff, Bor) hineinpaßt. Man nennt dies ein *Koordinationspolyeder* und diesen besonderen Fall eine planare Dreiergruppe. Die einzelnen Bauteile CO_3 sind im Kristallgitter durch die Metallatome zu einem festen Verband verknüpft.

Petrologie: Alle Nitrate sind sehr leicht wasserlöslich, daher findet man sie als Mineralien nur in trockenen, heißen Klimaregionen, meist als Eindunstungsprodukte an Salzseen. Bis zu Maximalgehalten von über 30% sind die Nitrate z. B. in den hochgelegenen Pampas der chilenischen Anden konzentriert. Calcit (Calciumcarbonat) wird in mächtigen Schichten am Meeresboden abgelagert, gerät oft unter den Einfluß der Metamorphose und wird so zu Marmor. Durch hydrothermale Lösungen kann das Calcium aus seinem Salz verdrängt und durch ein anderes Metall ersetzt werden; ein Marmorvorkommen in Hüttenberg/Kärnten wurde auf diese Weise durch eisenreiche Lösungen z. T. in Siderit (Eisencarbonat) umgewandelt. Die Carbonate zersetzen sich bei der Einwirkung von Säuren (Salzsäure) mehr oder weniger leicht unter Entwicklung von Kohlendioxid. Dies ist ein hervorragendes diagnostisches Hilfsmittel. Kohlensäurereiches Regenwasser und Sauerstoff der Luft führen zum Zersetzen der oberen Partien sulfidischer Lagerstätten u. a. zu Carbonaten. Borate werden überwiegend sedimentär gebildet als Eindunstungsprodukt aus Borax-Seen und sind schwer löslich.

Rhodochrosit
Aartal bei Diez/BRD; 17 × 24 mm

Calcit *Kalkspat* $Ca[CO_3]$

Eigenschaften: Ausgezeichnete Kristalle sind in der Natur zu finden mit einer geradezu unüberschaubaren Vielfalt verschiedener Kristallformen. Mit etwa 600 verschiedenen Formen in mehr als 2000 Kombinationen ist Calcit in seinem Formenreichtum unübertroffen. Stumpfe und steile Rhomboeder und Skalenoeder treten auf, das hexagonale Prisma und Kombinationen. Dünntafelige Kristalle heißen »Papierspat«, langsäulige »Kanonenspat«; die Kanten sind oft gerundet. Spaltbarkeit: vollkommen. Zerschlägt man ein Kalkspatrhomboeder, so zerspringt es in unzählige

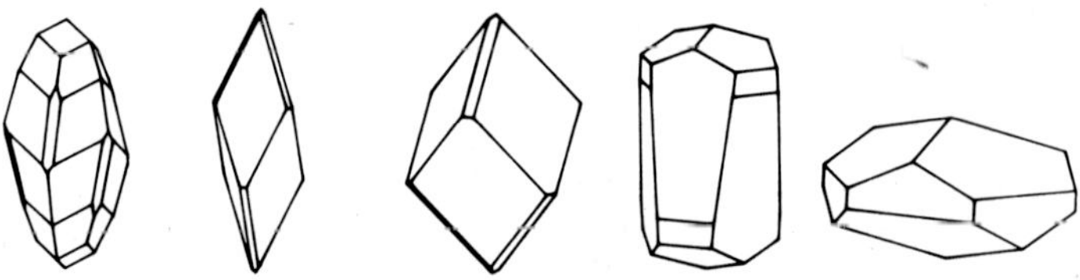

kleine und kleinste Spaltrhomboeder. Dichte: 2,71; Farbe: chemisch rein ist er farblos, meist jedoch weiß, durch Verunreinigungen (Magnesium, Eisen, Mangan, seltener Zink, Barium, Strontium, Blei, die das Calciumatom im Kristallgitter ersetzen) vielfach gefärbt. Auch durch Limonit, Hämatit, Kohle und Sand verunreinigt; besonders in Drusen von Idar-Oberstein durch Eisenoxid typisch orange bis tiefrot gefärbt. Zwillingsbildungen sind häufig: Ergänzungszwillinge, lamellare Wiederholungen von Individuen, was auf den Spaltstücken eine feine Parallelstreifung hervorruft, Vierlinge, herz- und schmetterlingsförmige Kombinationen (Butterfly Twins). In spätigen, körnigen, stengeligen, faserigen, dichten und erdigen Aggregaten, in Kugel- und Zapfenform (Pisolith, Rogenstein, Tropfstein), als Pseudomorphosen nach vielen Mineralien; gemeinstes Versteinerungsmineral. Legt man einen klar durchsichtigen Kalkspat auf einen Schriftzug, so erscheint dieser dem Auge doppelt. Erasmus Bartholinus entdeckte das Phänomen dieser deutlichen Doppelbrechung 1669 am isländischen »Doppelspat«. Auch der begeisterte Mineraliensammler Goethe beschrieb 1813 in seiner Farbenlehre die »Doppelbilder des rhomboedrischen Kalkspats«. Viele Calcite zeigen in ultraviolettem Licht starke Fluoreszenz, die durch Spuren von Seltenen Erden bedingt ist; an isländischem Calcit ist grünliche bis gelbliche Thermoluminiszenz sowie Triboluminiszenz beobachtet worden. Kalte Salzsäure löst den Calcit unter starkem Aufbrausen.

Bildung und Vorkommen: Calcit ist eines der am weitesten verbreiteten Mineralien der Erde und tritt oft in großer Menge auf. Ganze Gebirgszüge bestehen fast nur aus diesem Mineral: Kalkalpen, Schwäbischer und Fränkischer Jura. Über geologische Zeiträume hinweg wurde in warmen Flachmeeren der ursprünglich im Wasser gelöste Kalk ausgefällt, außerdem sammelten sich mit der Zeit die Reste von Meeresorganismen (Muschelschalen, Korallen, Kleinlebewesen) am Boden an. Durch den hohen Druck, der durch die mächtigen auflagernden Schichten entstand, verfestigte sich das Gestein und es entstanden »Kreidefelsen«, wie

o. l.: Calcit
Holzen, Westfalen/BRD; 18× 25 mm
o. r.: Calcit
Andreasberg, Harz/BRD; 38× 52 mm
u.: Calcit
Cumberland/England; 60× 44 mm

z. B. von Rügen oder Dover. Erhöht sich die Temperatur in der Umgebung solcher Kalklager, z. B. durch den Kontakt mit einem aufdringenden Tiefengesteinsmagma, setzt eine Korngrößerung der Calcitkristalle ein, Marmor entsteht. In großen Mengen liefern Carrara/Italien und Pentelikon bei Athen/Griechenland besonders reinen und weißen Marmor. »Korallenkalksteine« sind kompakte, oft stockförmige Massen; »oolithische Kalke« sind aufgebaut aus kleinen, konzentrisch schaligen Kügelchen; »Travertine« oder »Kalktuff« sind Sinterbildungen aus dem Bereich kalkhaltiger Thermen oder Quellen, Pflanzen oder anderes umgebendes Material wird umkrustet, so z. B. die vielfarbigen Terrassen der Mammut Hot Springs im Yellowstone National Park/USA; Tivoli bei Rom/Italien. Als leicht wasserlösliches Mineral kann Calciumcarbonat durch kohlensäurehaltiges Wasser (Regen) zu einem großen Teil aus dem Nebengestein gelöst und an anderer Stelle wieder ausgeschieden werden. Auf diese Weise kommt es auf vielen Stellen der Erde zur Bildung von Tropfsteinhöhlen mit den von unten nach oben ragenden Stalakmiten und den herabhängenden Stalaktiten. Aus dem gleichen Grunde wird Kalkspat oft unter Erhaltung seiner Form durch schwerer lösliche Mineralien verdrängt. Solche Pseudomorphosen bestehen z. B. aus Zinkspat oder Roteisenstein, Kupfer, Pyrit, Quarz, Bleiglanz, Markasit, Pyrolusit; verbreitet in den Bergrevieren Sachsens und im Harz. Schöne, freistehende Kristalle sind bekannt aus Drusen der Erzgänge und der Blasenräume von Melaphyren, Diabasen und Basalten, so z. B. von St. Andreasberg im Harz, Freiberg, Bräunsdorf, Schneeberg im Erzgebirge, Auerbach an der Bergstraße; von Kapnic/Rumänien und Banska Stiavnica/Slowakei; Rhisnes/Belgien; auf alpinen Klüften; Derbyshire, Egremont in Cumberland, Cornwall/England. Die glasklaren, flächenreichen Kristalle von Cumberland sind die schönsten in Europa und begehrte Sammlerobjekte. Eine Besonderheit stellt der völlig klare Doppelspat aus Guanajuato/Mexiko, von Island (aus Hohlräumen im »Dolerit« von Helgustadir am Eskifjord) und der Unteren Tunguska/GUS dar. Hervorragende Stufen von Sandcalcit wurden gefunden in Washabaugh County, South Dakota/USA und in Fontainebleau/Frankreich. Eine Besonderheit stellen Kupfereinschlüsse in Calcitskalenoedern von Michigan/USA dar. Die z. Z. schönsten Stufen liefern der Santa Eulalia District/Mexiko und Missouri/USA.

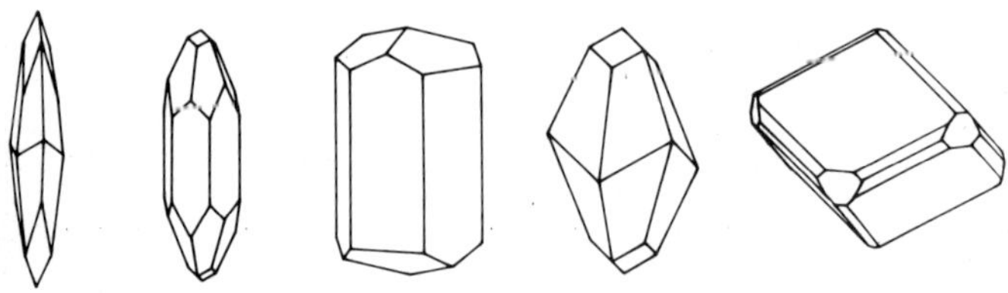

Bedeutung und Verwendung: Im Griechischen bedeutet *chalis = Kalk, Kalkstein, Mörtel,* auch *kleiner Stein* oder *Kies*. Dieses Wort wurde später als das Lehnwort *calx, calcis* in die lateinische Sprache übernommen und floß danach in den altgermanischen Sprachgebrauch ein. Bereits die Römer z. Z. Christi Geburt beherrschten die Technik des Kalkbrennens und der Mörtelbereitung. Wegen der Reaktionsfreudigkeit des gebrannten, ungelöschten Kalks mit Wasser bezeichneten sie diesen als *calx viva = lebender Kalk*. Aufgrund seiner besonderen Eigenschaften beschäftigte das Mineral die Wissenschaftler; der Mineraloge Emmerling führte 1793 eine Reihe von heute nicht mehr gebräuchlichen Varietäten auf: Bergmilch, Schaumerde, Schieferspat, Stinkstein, Spargelstein; außerdem lieferte er weitere Namen für das Mineral: Würfelspat, Schieferspat, Isländischer Kristall, Doppelstein, Wasserstein, Rosenspat, Scheibenspat, Perlmutterspat, Kristallisierter Sand-

Calcit
Kander/Schweiz; 48 × 67 mm

stein, Federspat, Zweckendruse, Kanonenspat, Schweinszähne. Die erste chemische Analyse machte 1774 Bergmann. So berühmte Physiker wie Newton und Huyghens beschäftigten sich mit den optischen Eigenschaften des Doppelspats. Die Beobachtungen an den Spaltflächen und den Spaltrhomboedern des Calcits führten Haüy zu seinen Theorien über den inneren Aufbau der Kristalle. 1808 entdeckte der englische Chemiker und Physiker Davy mit Hilfe der Elektrolyse das darin enthaltene Metall, das dann von ihm den Namen »Calcium« erhielt. Die Bezeichnung »Calcit«, früher ausschließlich für Calcit-Pseudomorphosen aus Sangerhausen am Südrand des Harzes angewendet, wurde schließlich 1845 von Wilhelm Haidinger, Bergrat in Wien, auf die gesamte Mineralart übertragen. Calcit wird aufgrund seines häufigen Vorkommens und seiner vielen verschiedenen Erscheinungsformen reichlich genutzt. Der immer seltener werdende wasserklare Doppelspat wird für Polarisationsprismen (Nicols) benutzt, der weiße Marmor für Bildhauerarbeiten und Verkleidungen. Schön gefärbter Kalkstein und bunter Marmor wird in Platten geschnitten und poliert vielfach verwendet. Feinschiefriger Kalkstein, wie z. B. von Solnhofen, ist oft reich an versteinerten Pflanzen und Tieren, die ehemals im Meer gelebt haben. Er wird als Dekorationsstein, als Fassadenverkleidung, Wand- oder Fußbodenbelag, für Fensterbänke und Treppenstufen verwendet. »Gebrannter Kalk« wird mit Wasser angerührt zu »Löschkalk« und nach Kies- oder Sandzuschlag als Mörtel für Bauzwecke verwendet. Der Kalkstein findet weitreichende Verwendung als Rohstoff bei der Zementfabrikation; in der chemischen Industrie dient er zur Herstellung von Kalkstickstoff, Düngekalk, Calciumcarbid, Chlorkalk usw., in der Glasindustrie wird er zur Homogenisierung der Schmelzen, im Hochofenprozeß als Zuschlag bei der Verhüttung saurer Erze verwendet. Geschliffene klare Kristalle sind für den Edelsteinsammler eine Rarität. Für den Mineraliensammler ist Calcit wegen seiner wunderschönen Kristalle einerseits eine Freude, andererseits jedoch ein Ärgernis, da er so viele andere interessante Mineralien mit störenden Krusten überzieht.

Verwechslungsmöglichkeiten: Calcit ist leicht zu erkennen; von den ähnlichen Mineralien der Calcitreihe unterscheidet ihn der große Flächenreichtum der Kristalle und das starke Brausen beim Auftropfen verdünnter Salzsäure. In dichten Aggregaten können ähnlich sein: Quarz, Baryt, Fluorit, Gips, Anhydrit; Härte, Spaltbarkeit und Reaktion auf Salzsäure sind jedoch sehr verschieden von denen des Calcits.

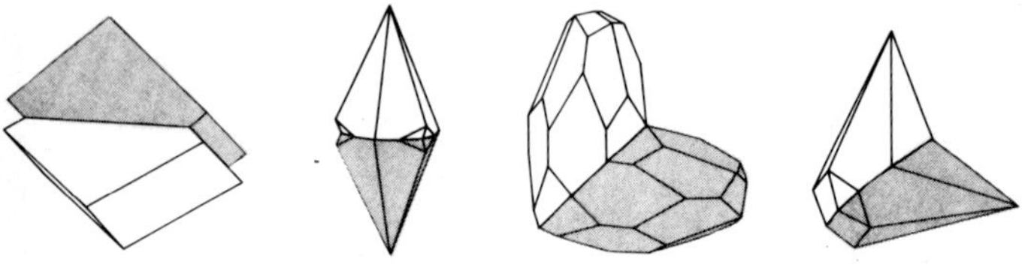

o.: Calcit
Grube Abendröte, Andreasberg, Harz/BRD; 55× 40 mm
u. l.: Calcit-Zwilling
Egremont/Cumberland, England; 32×44 mm
u. r.: Calcit-Zwilling
Derbyshire/England; 51× 70 mm

Siderit *Eisenspat* $Fe[CO_3]$

Eigenschaften: Kristalle sind meist einfache Rhomboeder, sattelförmig gekrümmt, häufiger spätige, grob- bis feinkörnige Aggregate, radialstrukturierte Kugeln und Nieren, dichte, mit Ton vermengte Anreicherungen (Toneisenstein). Spaltbarkeit: vollkommen nach den Rhomboederflächen; Dichte: 3,7–3,9; Farbe: gelblichweiß, erbsengelb, grau, gelblichbraun, blauschwarz, durch kohlige Beimengungen schwarz, zuweilen metallisch bunt angelaufen. Verwittert leicht zu Limonit (Pseudomorphosen von Limonit nach Siderit). Braust mit heißer Salzsäure auf.

Bildung und Vorkommen: Stets unter Abschluß von Luftsauerstoff gebildet. 1. Selten pegmatitisch auf Gängen, Ivigtut/Grönland. 2. Geradezu schulmäßig sind die Spateisengänge des Siegerlandes im Rheinischen Schiefergebirge mit einer Mächtigkeit bis zu 30 m. Erzberg/Steiermark; Hüttenberg/Kärnten; Iberg/Harz; Bilbao/Spanien; Slowakei; Südural. Schöne Kristalle stammen von Neudorf im Harz und Cornwall. 3. Knollige Sedimente sind von Wales/England und Westfalen bekannt; Schmiedefeld/Thüringen; Lothringen/Frankreich. Als Verwitterungsprodukt bilden sich in der Oxidationszone verschiedene Manganoxide wegen des z.T. hohen Mangangehaltes bis zu 6%.

Bedeutung und Verwendung: Der alte Name »Spateisenstein« beschreibt die äußeren Eigenschaften des Minerals. 1845 wird der wissenschaftliche Name, abgeleitet vom griechischen Wort *sideros* = *Eisen*, eingeführt. Seit alters her bis heute als sehr wichtiges Eisenerz im Abbau befindlich.

l.: Siderit
Grube Hut, Hamm, Sieg/BRD; 9× 13 mm
r.: Siderit
Col de la Forclaz/Schweiz; 22× 30 mm

Magnesit $Mg[CO_3]$

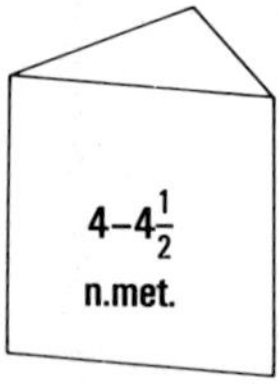

Eigenschaften: Kristalle sind nicht weit verbreitet, meist eingewachsen, als Rhomboeder; körnig, stengelig, in ganz dichten Aggregaten. Spaltbarkeit: sehr vollkommen nach dem Rhomboeder; Dichte: etwa 3,0; Farbe: farblos, weiß, gelb, braun, auch schwärzlich. Die verschiedenen Färbungen werden hervorgerufen durch den Ersatz des Magnesiumatoms im Kristallgitter durch andere Metallatome (Eisen, Mangan, Calcium). Im ultravioletten Licht sehr starke grün-weiße oder blau-weiße Fluoreszenz.

Bildung und Vorkommen: 1. In netzartig verlaufenden Adern dichter, feinkristalliner Magnesit. Meist chemisch sehr rein, schneeweiß bis gelblichweiß, führt manchmal Opal. Vorkommen sind an Serpentine gebunden, z.B. Balkangürtel von Bosnien bis Griechenland (Euboea), auch Kraubath/Steiermark; auf Elba; Baumgarten, Frankenstein/Schlesien; Hrubschitz/Mähren; Baldissero/Piemont. 2. In metasomatisch umgewandelten Körpern spätig, grobkörnig, unregelmäßige Nester, Körper von recht bedeutendem Ausmaß; Ostalpen, Veitsch, Trieben, Radenthein, Oberndorf/Steiermark. Während der Regionalmetamorphose konnten im Kalk Kristalle wachsen, *Kristallmagnesit*. Sehr bedeutend sind die Lagerstätten von Satka/Ural, ehem. UdSSR; Liautung-Halbinsel/Mandschurei.

Bedeutung und Verwendung: Außer zur Gewinnung von elementarem Magnesium vor allem zur Herstellung von hochfeuerfesten Ofensteinen verwendet. Magnesiumoxichlorid aus Magnesit liefert mit Sägemehl vermischt eine Isolationsmasse für Leichtbauplatten wie Heraklith, weitere Anwendung in der Papier-, keramischen und Glasindustrie.

Magnesit auf Zinkblende
Grube Schauinsland, Schwarzwald/BRD; 120× 85 mm

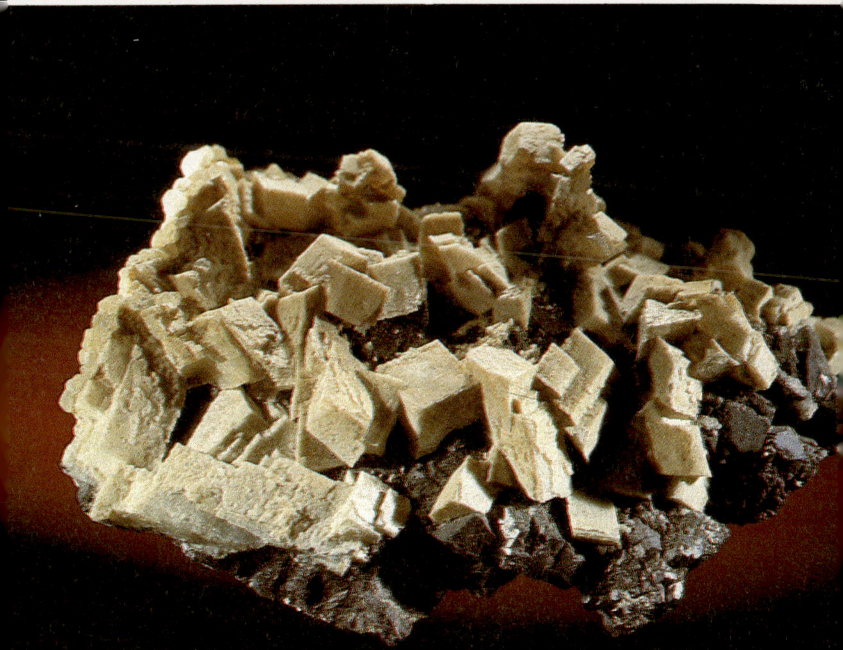

Rhodochrosit *Manganspat, Himbeerspat* $Mn[CO_3]$

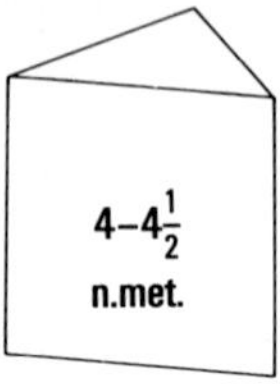

Eigenschaften: Die Kristalle sind gewöhnlich nur kleine Rhomboeder, aufgewachsen in Drusen, oft sattel- oder linsenförmig gekrümmt, derb, körnig, spätig und dicht, radial, traubig in himbeerförmigen Aggregaten und glaskopfartig, in Rinden und Krusten. Zwillinge kommen vor. Spaltbarkeit: vollkommen; Dichte: 3,3–3,6; Farbe: rosarot, durch Verwitterung auch grau und braun, sehr selten farblos. Die Aggregate sind hell-dunkelstreifig mit gezacktem Verlauf, kleine Kristalle können auch klar sein. Mangan kann im Kristallgitter durch andere Metalle ersetzt werden (Oligonspat, Mangano-Calcit).

Bildung und Vorkommen: Charakteristisch als Gangmineral in hydrothermalen Erzadern, in hochtemperierten, kontaktmetamorphen Lagerstätten, als Sekundärmineral auf Manganvorkommen, selten in Pegmatiten. In den Gold-, Silber-, Zinkgängen, z. B. der Karpaten (Kap̌nic, Sâcârâmb). Im Eisernen Hut von Nassau, Bokkenrod im Odenwald und besonders schön von der Grube Wolf bei Herdorf/Sieg; Waldalgesheim bei Bingen; Ilfeld/Harz; Elgersburg/Thüringen; Provinz Huelva/Spanien; Las Cabesses/Pyrenäen. In von den Inkas seit dem 13. Jahrhundert verlassenen Silberminen in Argentinien (San Luis) stalagmitische Entwicklung von Rhodochrosit.

Bedeutung und Verwendung: Name vom griechischen *rhodochros = rosafarbig*, andere alte, beschreibende Namen sind »Dichter Rotspat«, »Roter Braunstein«, »Blättriges Rotmanganerz«, »Manganischer Carbonatspat«. Wichtiges Manganerz. Als Edelstein erst seit 1950 im Handel.

l.: Rhodochrosit
Grube Schloßberg bei Geisenheim, Rhein/BRD; 29× 40 mm
r.: Rhodochrosit
Grube Ohliger Zug, Daaden/BRD; 18× 25 mm

Smithsonit *Zinkspat, Galmei* $Zn[CO_3]$

Eigenschaften: Kristalle sind klein und selten, meist haben sie die Form eines Rhomboeders, in der Regel faserige bis dichte oder erdige Aggregate, Krusten mit nierenförmiger, traubiger Oberfläche, die schaligen Massen sind oft zart weiß gebändert; Pseudomorphosen nach Calcit, als Versteinerungsmittel. Spaltbarkeit: vollkommen nach dem Rhomboeder; Dichte: 4,3–4,5; Farbe: rein ist er farblos, Ersatz von Zink im Kristallgitter durch Mangan, Eisen, Calcium, Magnesium färbt ihn gelblich, braun, grau, grün, bläulich, orangegelb. Verunreinigungen mit Sand, Ton, Limonit machen ihn sehr unscheinbar. Starke Fluoreszenz unter ultraviolettem Licht.

Bildung und Vorkommen: Typisches Verwitterungsmineral der Zinkblende, z. T. durch metasomatische Verdrängung, z. T. auf Klüften und in Hohlräumen, wie z. B. in Oberschlesien; Altenberg bei Aachen, Brilon in Westfalen, Wiesloch in Baden; Bleiberg-Kreuth in Kärnten; Raibl in Italien; Laurion in Griechenland; Turlansk im Kara-Tau-Rücken in Südkasachstan; Monte Poni und Iglesias auf Sardinien/Italien; Nordspanien; Mendip Hills und Matlock/England und besonders Tsumeb, SWA/Namibia. Begleitet stets von anderen Galmei-Mineralien, von Calcit, Dolomit, unverwitterter Zinkblende und Bleierzen.

Bedeutung und Verwendung: Galmei ist der technische Sammelname für carbonatische und silikatische Zinkerze aller Art. Durch Verwitterungsrückstände sind diese Galmeimassen oft verunreinigt und gefärbt. Name nach dem Engländer James Smithson, der 1875 die ersten chemischen Analysen veröffentlichte. Wichtiges Zinkerz. Als Schmuckstein bekannt (Aztekenstein), Cananea/Mexiko.

Smithsonit
Anatolien/Türkei; 95× 70 mm

Dolomit *Bitterspat* $CaMg[CO_3]_2$

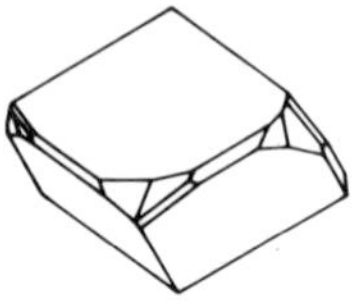

Eigenschaften: Häufigste und fast einzige Form ist das Rhomboeder, Kristalle sind ein- und aufgewachsen, sehr häufig sattelförmig gekrümmt. An Kristallen von Hall/Tirol und anderen Fundorten (Binntal, Kapnic, Leogang in Salzburg) kommen auch andere Flächen vor. Meist in grob- bis feinkristallinen Massen. Spaltbarkeit: vollkommen; Dichte: 2,85–2,95; Farbe: farblos, weiß, durch Verunreinigungen gefärbt (gelb, braun, schwarz). Pseudomorphosen nach anderen Carbonaten sind sehr häufig. Z.T. starke Fluoreszenz unter ultraviolettem Licht.

Bildung und Vorkommen: Gesteinsbildend als Dolomitfels und häufig durch metasomatische Verdrängung von Kalkstein entstanden. Große Kristalle z.B. von Trepča/ehem. Jugoslawien; Oberndorf an der Lamming; Sunk bei Trieben/Steiermark; klare Kristalle aus dem Binntal/Schweiz; aufgewachsene Kristalle von Rézbánya/Rumänien. Typisch »zuckerkörnig« erscheinende Dolomitmarmore bilden einen langen Rücken südlich der alpinen Zentralmassive.

Bedeutung und Verwendung: Th. v. Saussure hat Gesteine von Südtirol 1792 als erster mit dem Namen Dolomit belegt. Verwendung zum Auskleiden von Schmelz- und Brennöfen, als wertvolles Düngemittel und zur Erzeugung von Magnesiumsalzen. Klare, facettierte Steine sind eine Sammlerrarität. Braust mit kalter Salzsäure nur sehr schwach auf.

l.: Dolomit
Trepča/ehem. Jugoslawien; 45 × 62 mm
r.: Dolomit
Navarre/Spanien; 51 × 70 mm

Ankerit *Braunspat* $CaFe[CO_3]_2$

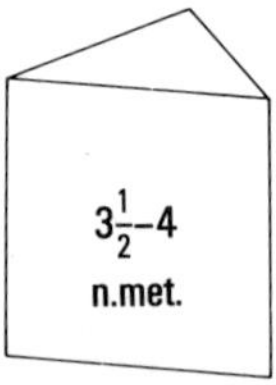

Eigenschaften: Die Carbonate der Kalkspatgruppe haben nur in ihrer reinsten Form die chemische Zusammensetzung, die bei Calcit, Magnesit, Siderit, Rodochrosit, Smithsonit, Dolomit angegeben werden. Oft können alle vier Elemente (Calcium, Eisen, Magnesium, Mangan) in einem Carbonat nachgewiesen werden, dann liegen »Mischkristalle« vor. So entspricht die Zusammensetzung von Ankerit auch nie der theoretischen Formel. Immer sind wechselnde Mengen von Magnesium und Mangan in das Kristallgitter eingebaut. Die Kristalle sehen ganz ähnlich aus wie beim Dolomit, meist sind einfache Rhomboeder zu beobachten, massige, feine bis körnige Aggregate, Zwillingsbildungen sind verbreitet. Pseudomorphosen nach Calcit bekannt von Wolfach im Schwarzwald. Ankerit von Saalfeld zeigt sehr starke gelbweiße Fluoreszenz, der von Kapnik und Freiberg mittelstarke rote. Spaltbarkeit: deutlich nach dem Rhomboeder; Dichte: 2,97; Farbe: weiß, grau, gelblichbraun bis braun.

Bildung und Vorkommen: Sehr verbreitet, manchmal als Zwischenglied der Verdrängung von Kalkstein durch Siderit, häufig auch in Goldquarzgängen und ihrem vererzten Nebengestein. Oldham, Lancashire/England; Erzberg, Steiermark/Österreich; ehem. Tschechosl.; Ungarn; South Dakota, Idaho, New York/USA.

Bedeutung und Vorkommen: 1872 von Haidinger als eisen- bzw. manganhaltiger Dolomit beschrieben. Auch als »Perlspat« bezeichnet.

Ankerit
England; 68 × 50 mm

Aragonit $Ca[CO_3]$

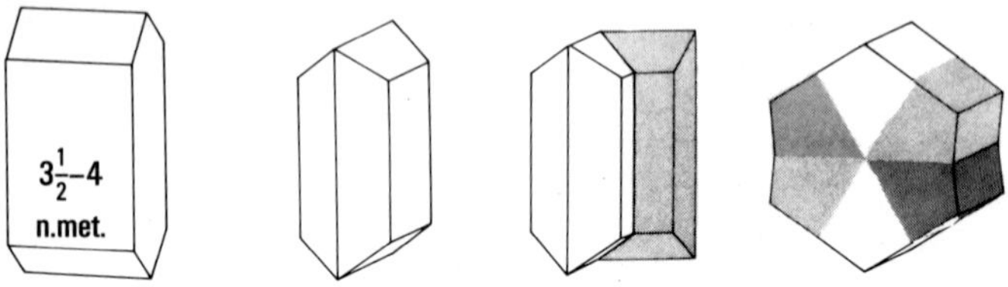

Eigenschaften: Chemisch gleiche Zusammensetzung wie Calcit (Polymorphie). Bildet viele verschiedene Formen aus. Rein äußerlich erscheinen die Kristalle meist pseudohexagonal, gewöhnlich sind sie nach der Vertikalachse gestreckt, mit prismatischen (meißelartigen) oder spitzpyramidalen (spießigen) Enden. Oft in radialstrahligen Aggregaten stengeliger oder nadeliger Kristalle, als kugel- und knollenartige stalaktitische Gebilde, als Sinterkrusten, wie z. B. im »Erbsenstein« (»Pisolith«) von Karlsbad, »Eisenblüte« aus Eisenerz/Steiermark hat eine zackige und ästig verzweigte Form, ist schneeweiß und erinnert an Korallen. Derb, als Pseudomorphosen nach Gips (»Schaumkalk«), häufig in Calcit umgewandelt. Einfache Kristalle ohne Zwillingsbildung sind äußerst selten; polysynthetische Viellinge treten an prismatisch begrenzten Kristallen auf, wie von Horschenz bei Bilin/Böhmen, zyklische Drillinge und Viellinge sind von Dax, Molina und Herrengrund bekannt. Die pseudohexagonalen Durchkreuzungsdrillinge aus Spanien und Italien sind an ihren Verwachsungsnähten, an Längsfurchen und der Streifung auf der Basis als Drillinge zu erkennen. Spaltbarkeit: undeutlich; Dichte: 2,95; Farbe: farblos, weiß, weingelb, rötlich, grün, bläulich, grau, schwarz. Unter ultraviolettem Licht deutliche Fluoreszenz.

Bildung und Vorkommen: Unter atmosphärischen Bedingungen ein instabiles Mineral. Es hat die Tendenz, sich nach einiger Zeit in Calcit umzuwandeln. Weit weniger häufig als Calcit, nicht gesteinsbildend und nur selten auf Erzgängen zu finden. Die schönsten Kristalle sind auf Klüften und Hohlräumen neben Zeolithen in jungen Ergußgesteinen (Tuffen) entstanden; Leienkopf im Brohltal/Eifel, Sasbach am Kaiserstuhl, Blaue Kuppe bei Eschwege; Horschenz in Böhmen; Nugsuak/Grönland. Durch Auslaugungsvorgänge metasomatisch in Erzlagerstätten gebildet. Kamsdorf; Iberg; Erzberg/Steiermark, Hüttenberg/Kärnten; so auch die Eisenblüte, die meist auf Sideritlagern zu finden ist. In Molina, Aragonien/Spanien und auf den Schwefellagern in Sizilien in Ton und Gips eingewachsen. Der Sprudel- und Erbsenstein von Karlsbad ist wie der Kesselstein eine Sinterbildung von Aragonit und Calcit aus heißen Quellen, konzentrisch schalige und radialstrahlige Kugeln und lagenförmige Krusten bilden sich auf diese Weise. Die Perlmuttschicht der Muscheln und Perlen bestehen aus feinsten Aragonittäfelchen.

Bedeutung und Verwendung: 1788 benannte Abraham Gottlob Werner das Mineral nach seinem Vorkommen in der spanischen Provinz Aragonien. Nachdem man sich lange nicht über die Zuordnung dieses Minerals einigte, konnte Haüy es als eigenständiges Mineral beschreiben. Dichte Massen von Aragonit werden heute poliert, für kunstgewerbliche Gegenstände, Anhänger und Broschen, Tischplatten und Dekorsteine verwendet. Schon Goethe bezeichnete den Karlsbader Sprudelstein als »eine Art von Edelstein«. Das Material wird als »Mexikanischer Onyx«, »Marmoronyx« gehandelt und stammt meist aus Nordafrika, Argentinien, Mexiko, USA.

o. l.: Aragonit
Miglanilla/Spanien; 22× 30 mm
o. r.: Aragonit
Dainrode bei Frankenberg, Eder/BRD; 10× 14 mm
u.: Aragonit (Eisenblüte)
Erzberg, Steiermark/Österreich; 120×85 mm

Kutnahorit $CaMn[CO_3]_2$

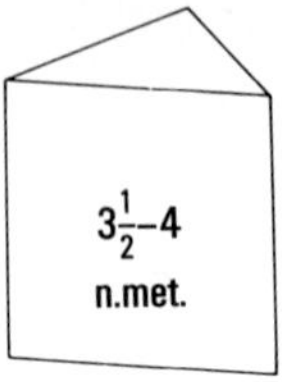

Eigenschaften: Sehr viele als Rhodochrosit angesprochene Mineralstufen sind tatsächlich Kutnahorit. Wie auch bei Ankerit und den anderen Carbonaten entspricht die Zusammensetzung fast nie der theoretischen Formel. Durch Einbau von Magnesium und Eisen hat Kutnahorit eine weitgehende Mischbarkeit zu Dolomit und Ankerit. Die Kristalle bilden stengelige bis faserig-büschelige Aggregate, auch derbe Massen mit nieriger Oberfläche. Spaltbarkeit: deutlich nach dem Rhomboeder; Dichte: 3,12; Farbe: weiß, gelblich, hellrosa und rosarot.

Bildung und Vorkommen: Kutnahorit entsteht durch Verdrängung von Calcit. Er wird begleitet von Calcit, Baryt, Pyrit, Groutit und Analcim. Von der Grube Bülten-Adenstedt bei Peine werden Erzgerölle mit einem Durchmesser von 15 cm und Kutnahoritüberkrustungen in Zentimeterdicke beschrieben. Von hier sind auch Stufen mit Kristallen bis zu 7 cm bekannt, ebenso wie Pseudomorphosen nach Calcit. Weitere Vorkommen sind: Kutná Hora/Tschechien, nach diesem Fundort erhielt das Mineral seinen Namen; Italien; Providencia/Mexiko; Ryûjima Mine, Nagáno Prefecture/Japan.

Bedeutung und Verwendung: Als Rarität von Sammlern geschätzt, besonders von der Grube Bülten-Adenstedt bei Peine.

Kutnahorit
Schacht Emilie, Bülten/BRD; 22 × 16 mm

Strontianit $Sr[CO_3]$

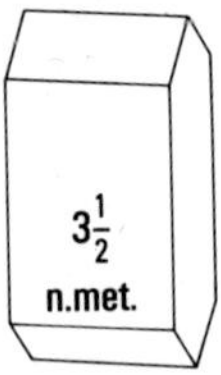

Kristalle nadelig, spießig, oft büschelig verwachsen; Drillinge; derbe Aggregate, strahlig, faserig. Spaltbarkeit: deutlich; Dichte: 3,7; Farbe: farblos, weiß, gräulich, gelblich, grünlich. Hydrothermal auf Erzgängen von Clausthal, Bad Grund/Harz, Leogang in Salzburg, besonders flächen- und farbenreiche Kristalle von Oberndorf/Steiermark und Dreislar/Sauerland; bei Condercet/Frankreich, Strontian/Schottland (hierher der Name). In wirtschaftlich verwendbarem Umfang im Münsterschen Becken (Drensteinfurt, Ascheberg) abgebaut. Wichtiges Strontiumerz: Zur Herstellung von Feuerwerkskörpern, in der Stahlindustrie, als Legierungsmetall verwendet.

Strontianit
Leogang, Salzburg/Österreich; 27 × 37 mm

Witherit $Ba[CO_3]$

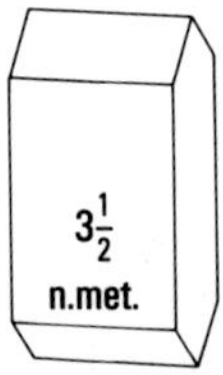

Pseudohexagonal, sechsseitige Dipyramiden durch Drillingsbildung. Selten gut ausgebildet, vorwiegend in kugeligen und traubigen Aggregaten säulenförmiger oder stengeliger Kristalle. Häufig regelmäßige Verwachsungen mit Baryt. Spaltbarkeit: deutlich; Dichte: 4,28; Farbe: farblos, weiß, grau, gelblichweiß. Wenig verbreitet; hydrothermal auf Bleierzgängen: Fallowfield bei Hexham/Northumberland, Dufton in Westmoreland, Alston Moor/Cumberland (hier früher abbauwürdig); selten noch in Peggau/Steiermark, Leogang/Salzburg; reichlich in Nukhur-Karakalinsk/Sibirien. Bis zu 2 cm große Kristalle aus der Grube Himmelsfürst/Freiberg. Bariumerz. Giftig!

Witherit
Hartenstein, Sachsen/BRD; 44 × 60 mm

Cerussit *Weißbleierz* $Pb[CO_3]$

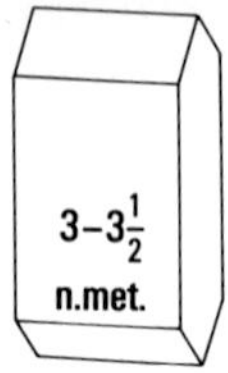

Eigenschaften: Sehr viele verschiedene Ausbildungen von Flächen und Kristallen treten auf. Einzeln aufgewachsene Cerussite können sehr flächenreich sein, pseudohexagonal, prismatisch; dicktafelige, spießige, nadelige, sehr dünntafelige Formen (Bleiglimmer von Andreasberg) kommen vor; auch in stern-, fächer-, wabenartigen Verwachsungen bekannt. Derb, nierenförmig, stengelig, bündel- und büschelförmige Aggregate, dünne Überzüge, pulvrig und erdig (Bleierde, stark verunreinigt), Pseudomorphosen nach Bleiglanz (Bleiberg/Kärnten; Leadhills/Schottland; Freiberg, Dillenburg, Wiesloch) sind charakteristisch. In der Regel treten Zwillingsverwachsungen auf: Berührungszwillinge von prismatischer oder tafeliger Form, Durchwachsung zweier tafeliger Kristalle, Drillinge, wobei sich drei Individuen sternartig durchdringen. Spaltbarkeit: unvollkommen; Dichte: 6,4; Farbe: farblos, weiß, grau, gelb, braun, durch eingeschlossene Bleiglanzteilchen schwarz *(Schwarzbleierz)*. Im ultravioletten Licht wird eine deutliche blaugrüne Fluoreszenz sichtbar.

Bildung und Vorkommen: Weit verbreitet als typisches Sekundärmineral von Oxidationszonen in Erzlagerstätten, meist vergesellschaftet mit anderen sekundären Blei-, Zink- oder Kupfermineralien. Die nicht seltenen Pseudomorphosen nach Bleiglanz, Anglesit und Phosgenit machen den Umbildungsprozeß anschaulich. In alten Bergbaugebieten als wichtiges Bleierz bereits abgebaut; prachtvolle Stufen kamen vor allem aus den Bleierzlagern des Schwarzwaldes, vom Rheinland, Westfalen, Schlesien. Schöne Kristalle sind besonders in den Höhlungen löchrig zerfressenen Bleiglanzes zu finden. Klare, sehr große Kristalle stammen aus Tsumeb/SWA/Namibia und Dona Ana, Neumexiko/USA; bekannt sind auch die Fundorte des Oberharzes; Friedrichssegen bei Bad Ems; Mechernich; Tarnowitz; Přibram/Tschechien; Monte Poni/Sardinien; Leadhills/Schottland; Nertschinsk, Jablonowyjgebirge/ehem. UdSSR, Leadville in Colorado, Arizona/USA; Broken Hill/Sambia; Broken Hill/Australien. Cerussit ist gelegentlich auch als Neubildung auf den Halden alter Erzgruben zu finden.

Bedeutung und Verwendung: Bereits Ovid war ein Mineral namens »Cerussa«, das als »Bleiweiß« übersetzt wird, bekannt; diese Bezeichnung wurde offensichtlich für mehrere Bleiverbindungen verwendet. Die bereits 1747 von Wallerius veröffentlichte deutsche Übersetzung ist noch heute ein gebräuchliches Synonym für das Mineral. W. Haidinger führte 1845 in Anlehnung an den lateinischen Begriff den Namen »Cerussit« ein. Cerussit wurde als Bleierz und wegen des oft beigemengten Silbers abgebaut. Als Stufe für jede Mineraliensammlung interessant; klare facettierte Kristalle sind eine Rarität für den Edelsteinsammler.

Verwechselungsmöglichkeiten: Scheelit, Coelestin, Baryt, Anglesit; die charakteristische Zwillingsbildung macht Cerussit meist leicht kenntlich.

o.: Cerussit
Grube Friedrichssegen, Bad Ems, Sieg/BRD; 13× 9 mm
u.: Cerussit
Monte Poni, Sardinien/Italien; 60× 44 mm

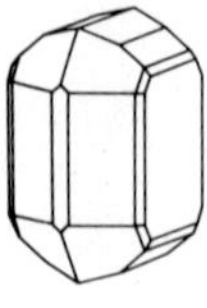
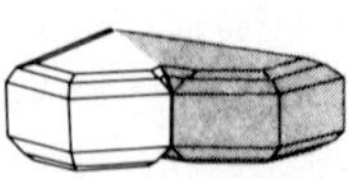
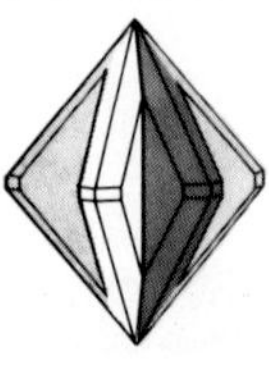

Azurit *Kupferlasur* $Cu_3[OH|CO_3]_2$

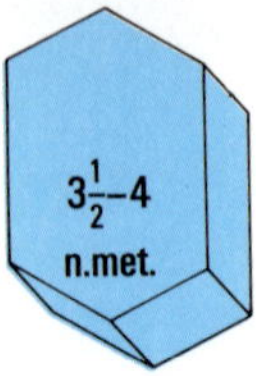

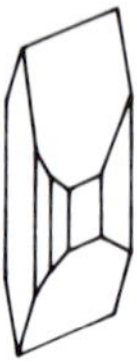

Eigenschaften: Kristalle sind in außerordentlich vielen verschiedenen Ausbildungen bekannt, nach einer Achse gestreckt, kurzsäulig bis dicktafelig, flächenreich, oft hervorragend blank und scharfkantig; ein- und aufgewachsen; zu kugeligen Aggregaten gruppiert. Meist derb, eingesprengt, erdig, strahlig in nierigen, traubigen Formen und als Anflug. Spaltbarkeit: vollkommen; Dichte: 3,7–3,9; Farbe: lasurblau. Pseudomorphosen nach Cuprit, Fahlerz, Dolomit sind bekannt, ebenso Pseudomorphosen von gediegen Kupfer nach Azurit (Grand City, Neumexiko/USA); häufiger ist Azurit selbst in Malachit umgewandelt worden.

Bildung und Vorkommen: Unter Einwirkung von sauerstoffhaltigem Grund- oder Sickerwasser entsteht dieses farbenprächtige Sekundärmineral. Außergewöhnliche Kristalle aus Tsumeb, SWA/Namibia; neuerdings aus Marokko; Chessy/Frankreich; Bisbee/Arizona, Magdalena, Neumexiko/USA; Calabona bei Alghero/Sardinien, Italien; Betzdorf/Sieg; Altenmittlau/Spessart. Als Imprägnation in Mechernich.

Bedeutung und Verwendung: Name nach dem Lateinischen *azurius*. Die Bergleute des Mittelalters sprachen von »Bergblau« oder »Kupferblau«. Verwendung zur Herstellung von kunstgewerblichen Gegenständen, als Schmuckstein. Zerriebenes Pulver früher als blaue Farbe, die jedoch mit der Zeit grün wurde, wenn sich Azurit in Malachit umwandelte.

l.: Azurit
Chessy bei Lyon/Frankreich; 55 × 75 mm
r.: Azurit und Malachit
Kamsdorf, Thüringen/BRD; 25 × 35 mm

Malachit $Cu_2[(OH)_2|CO_3]$

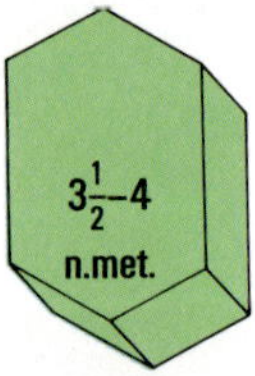

Eigenschaften: Kristalle meist dünn und nadelig prismatisch, haarförmig in lockeren oder kompakten Büscheln; Durchkreuzungszwillinge. Meist derb, in nierigen, traubigen, stalaktitischen Aggregaten, oft mit glaskopfartiger Oberfläche, achatartig gebändert, radialfaserig; erdige Beläge überziehen oft große Teile von Steinbruchwänden. Pseudomorphosen nach Kupfererzen sind typisch (Cuprit, Atacamit, Chalkosin, Fahlerz, Azurit). Spaltbarkeit: gut; Dichte: 4,0; Farbe: smaragdgrün, lichtblaugrün, schwärzlichgrün, hellgrün.

Bildung und Vorkommen: Die Entstehung ist eng mit Azurit verknüpft. Wo immer grüne Beläge auf Gesteinen auftreten, sind sie das Anzeichen für Kupfergehalt. So wird Malachit zum Leitmineral für die Oxidationszone kupferführender Lagerstätten. Kristalle von Betzdorf/Siegerland; Copper Queen Mine in Arizona/USA; Australien. Riesige Massen im Ural, Mednorudansk bei Nishnij Tagilsk. Ein Block von 250 t bester, schleifwürdiger Qualität wurde hier gefunden. Zaïre; Chile; Rhodesien (helle Varietäten); SWA/Namibia; Rheinbreitbach; Dillenburg; Lauterberg am Harz; Saalfeld; Chessy/Frankreich; Cornwall/England.

Bedeutung und Verwendung: Name vom griechischen Wort *malche* = *Malve*, wegen der grünen Farbe des Minerals. In Ägypten als Schminke, im Mittelalter als Brechmittel und bei Koliken verwendet, heute als Schmuckstein.

Malachit
Grube Wolf, Herdorf, Sieg/BRD; 11 × 16 mm

Malachit
Kallenhardt, Sauerland/BRD; 7 × 10 mm

Hydrozinkit *Zinkblüte*
$Zn_5[(OH)_3|CO_3]_2$

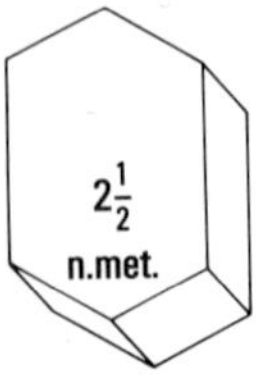

Derb, erdig (kreideartig), dicht, schalige, gebänderte Krusten, stalaktitisch, als Ausblühung und Anflug. Nur winzige, tafelige Kristalle. Spaltbarkeit: vollkommen; Dichte: 3,2–3,8; Farbe: schneeweiß, blaßgelb. Hellblaue Fluoreszenz in ultraviolettem Licht. Entsteht sekundär, ursprünglich als Gel, später mikrokristalline Umlagerung, in der Oxidationszone aus zinkhaltigen Mineralien. Bedeutende Mengen in Santander/Spanien; Krusten und stalaktitische Bildungen in Wiesloch/Baden; Raibl; Val Parina, Val del Riso, Sardinien/Italien; Bleiberg/Kärnten; Oberschlesien. Stellenweise wichtiges Zinkerz.

Hydrozinkit
Mies/ehem. Jugoslawien; 28× 38 mm

Aurichalcit *Messingblüte*
$(Zn,Cu)_5[(OH)_3|CO_3]_2$

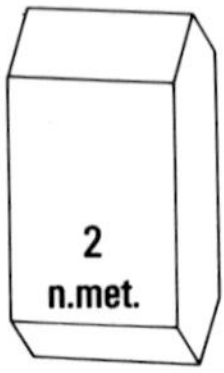

Einzelne, freistehende Kristalle sind selten, meist dünne, biegsame Plättchen als Rosetten und Krusten, Büschel von nadeligen, feinen Kristallen, oft auf Limonit aufgewachsen. Spaltbarkeit: vollkommen; Dichte: 4,2; Farbe: grünblau bis himmelblau. Entsteht sekundär durch Ausfällung aus carbonathaltigem Wasser in der Oxidationszone von Zink- und Kupfersulfidlagern. Sehr verbreitet und auffallend: Laurion/Griechenland; Chessy/Frankreich; Leadhills/Schottland; Rumänien; Monte Poni, Rosas, Oneta/Italien; Tsumeb, SWA/Namibia; Bisbee/USA; Mexiko.

Aurichalcit
Laurion/Griechenland; 13× 18 mm

Phosgenit *Bleihornerz* $Pb_2[Cl_2|CO_3]$

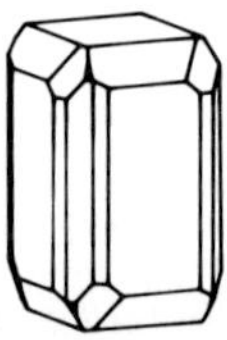

Kristalle sind kurz- oder langprismatisch, auch dicktafelig, pyramidal, oft flächenreich, massig, gekörnt. Spaltbarkeit: vollkommen in zwei Richtungen; Dichte: 6–6,3; Farbe: weiß, grau, gelb. Entsteht in der Oxidationszone aus Bleiglanz als sekundäres Mineral. Große Kristalle von Monte Poni/Sardinien; Matlock, Derbyshire/England; dünne Täfelchen aus der Grube Christian Levin bei Essen; klare Kristalle in junger Schlacke von Laurion/Griechenland; Polen; frühere UdSSR.

Phosgenit
Monte Poni, Sardinien/Italien; 18× 25 mm

Brenkit $Ca_2[F_2|CO_3]$

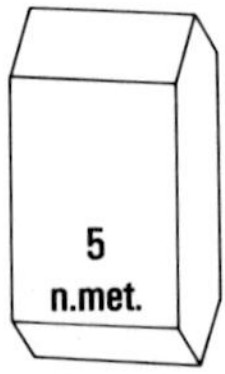

Eines der vielen neuen Mineralien, die überraschenderweise immer wieder in der Eifel gefunden werden. Gestreckte Kristalle bilden radialstrahlige Aggregate, aus denen die Kristallenden nur kurz herausragen; feine Kristalle gruppieren sich zu Kugeln (7 mm). Das einzige Vorkommen ist der Schellkopf bei Brenk in der Eifel. 1978 wurden die Kristalle, die bisher für Calcit gehalten wurden, als neue Spezies erkannt. In den meist schmalen Klüften, die das Gestein des ältesten Vulkankegels dieses Gebiets durchziehen, als hydrothermale Bildung. Für den Mineraliensammler eine spektakuläre Seltenheit.

Brenkit
Schellkopf bei Brenk, Eifel/BRD; 4× 5 mm

Gaylussit $CaNa_2[CO_3]_2 \cdot 5H_2O$

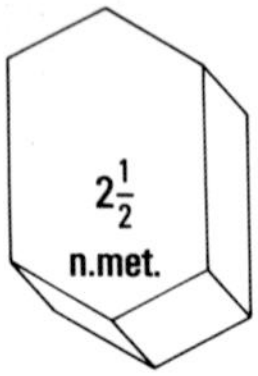

Kristalle sind abgeflacht, keilförmig, oft gestreckt oder oktaederähnlich. Spaltbarkeit: vollkommen; Dichte: 1,99; Farbe: farblos, grau, gelb. Ausscheidungsprodukt in vielen Salzseen, daher in Wüstengebieten zu finden: Borax Lake, Kalifornien, Carsson Desert, Nevada/USA; Wüste Gobi/Mongolei; Ciudad Real, Provinz Madrid/Spanien. Die Deutung mancher großer Kristalle, die als Pseudomorphosen nach Gaylussit angesprochen wurden, steht noch aus, so z. B. im Marschboden von Schleswig und am Dollart, sehr große Kristalle in Küstensanden in SWA/Namibia. Name zu Ehren von Gay-Lussac.

Gaylussit
Hamburg/BRD; 29× 40 mm

Artinit $Mg_2[(OH)_2|CO_3] \cdot 3H_2O$

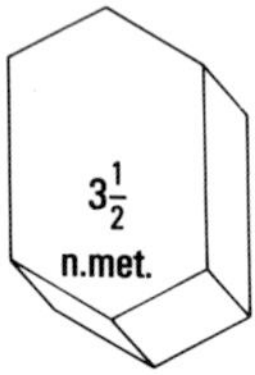

Zierliche Büschel aus sehr feinen prismatischen Kriställchen mit radialfaseriger Struktur, als Anflug und Krusten, als feinfaserige Äderchen im Gestein. Spaltbarkeit: gut; Dichte: 2,02–2,05; Farbe: weiß. Vergesellschaftet mit Hydromagnesit und anderen magnesiumhaltigen Mineralien überzieht es Risse und Klüfte in serpentinisiertem Gestein. In den Asbestgruben im Val Brutta, Veltlin/Norditalien; Gulsen bei Kraubath/Steiermark; Long Island, New York, Kalifornien, Nevada/USA. 1897 in den Asbestgruben des Val Brutta entdeckt und nach E. Artini benannt.

Artinit
Kop Dagları, Anatolien/Türkei; 8× 11 mm

Boracit $Mg_3[Cl|B_7O_{13}]$

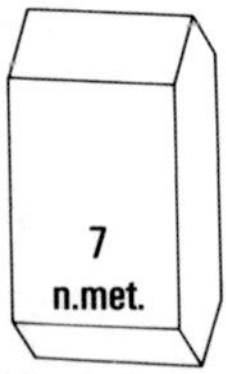

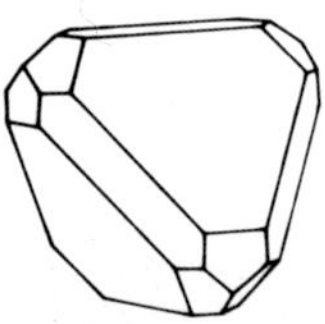

Ideale Kristalle häufig, klein, eingewachsen, meist würfelig oder tetraedrisch. Fein lamellarer komplizierter Zwillingsbau, auch derb in dichten Aggregaten, Knollen, Schnüren. Spaltbarkeit: keine; Dichte: 2,9–3; Farbe: farblos, leicht bläulich, grünlich, grau, gelblich; oberflächlich oft matt. In den wasserunlöslichen Regionen von Salzhorsten; deutsches Zechsteinsalz: Staßfurt, Westeregeln, Solvayhall bei Bernburg, bis zu 10 mm große, hellblaue Kristalle von Lüneburg; Aislaby, Yorkshire/England.

Boracit *9× 13 mm*
Grube Friedrichshall bei Hannover/BRD;

Colemanit $Ca[B_3O_4(OH)_3] \cdot H_2O$

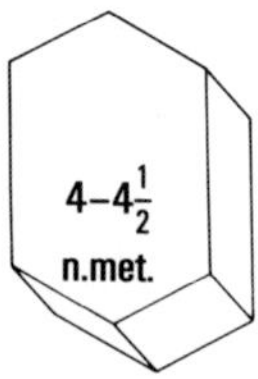

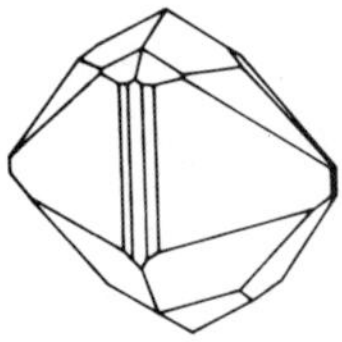

Kurzprismatisch, pseudorhomboedrisch; massig, körnig, gerundete Aggregate, Geoden, oft sehr flächenreich. Spaltbarkeit: vollkommen; Dichte: 2,4; Farbe: farblos, weiß, gelblichweiß, gräulich. In ausgetrockneten Salzseen. Verbreitet in Kalifornien: Inyo, Kern, Los Angeles, Riverside, San Bernadino und Ventura Counties, hier z. T. als wichtiges Bormineral abgebaut. Besonders schöne Kristalle aus Guleman, Anatolien/Türkei, die wohl schönsten aus Boron im Death Valley/Kalifornien.

Colemanit
Kirka/Türkei; 18× 25 mm

VI. Klasse: Sulfate, Chromate, Molybdate, Wolframate

Chemie: Dieser Klasse gehören die Salze folgender Säuren an:

Schwefelsäure	$H_2[SO_4]$
Chromsäure	$H_2[CrO_4]$
Molybdänsäure	$H_2[MoO_4]$
Wolframsäure	$H_2[WO_4]$

Wie bei den Säuren der V. Klasse, hebt man auch hier Komplexe durch eckige Klammern hervor. Sie bestehen aus vier Sauerstoffatomen und einem Zentralatom. Damit ein Salz entsteht, muß der Säurewasserstoff durch ein oder mehrere Metallatome ersetzt werden; häufig sind z. B. Calcium Ca, Strontium Sr, Barium Ba, Blei Pb, Kupfer Cu, Kalium K, Aluminium Al. Viele Sulfate enthalten außerdem eine Hydroxid-Gruppe OH, Fluor F oder Chlor Cl und auch Kristallwasser. Solche Sulfate zeichnen sich meist durch eine geringere Härte und Dichte aus. Früher teilte man die wasserhaltigen Sulfate in zwei Gruppen ein:

1. Die farbenprächtigen *Vitriole*, das sind Salze, die nur eine Metallsorte enthalten, so z. B. Eisenvitriol (grün), Kupfervitriol (blau), Nickelvitriol (smaragdgrün), Kobaltvitriol (himbeerrot).

2. *Alaune*, das sind Salze mit zwei verschiedenen Metallatomen, so z. B. Kaliumaluminiumsulfat (Alaun), Kaliumchromsulfat (Chromalaun), Kaliumeisensulfat (Eisenalaun). Die Sulfate von Blei, Calcium, Strontium und Barium lösen sich in Wasser schwer oder gar nicht. Die meisten übrigen lösen sich leicht in Wasser und sind daher in der Natur wenig beständig. Chromate bilden gelbe, orangerote bis rote, meist wasserlösliche Kristalle; die Natriumsalze ziehen Wasser an.

Gips auf gediegen Schwefel
Caltanisetta, Sizilien/Italien; 28 × 38 mm

Baustein der Sulfate: Tetraeder

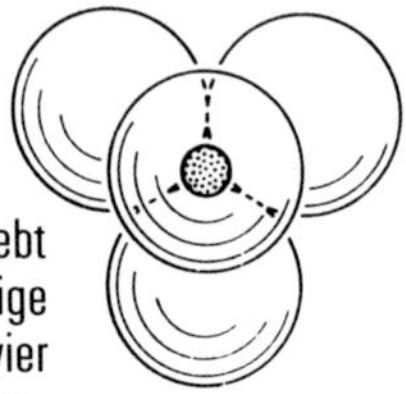

Kristallographie: Eine wichtige Einheit innerhalb der Kristallstruktur ist wieder der Komplex: Vier große Sauerstoffatome umgeben ein wesentlich kleineres Zentralatom. Dabei ordnen sich drei Sauerstoff-»Kugeln« in der Ebene zu einem Dreieck an, über der sich bildenden Lücke befindet sich die vierte »Kugel«. Verbindet man nun die Mittelpunkte der vier Atome miteinander, so erhält man ein Tetraeder. Der gebildete Zwickel ist größer als bei den Carbonaten, d. h. das gerade passende Zentralatom muß auch größer sein. In der Kristallstruktur sind die Tetraeder durch die positiv geladenen Metallatome verknüpft.

Petrologie: Die Mineralien dieser Klasse sind in den allermeisten Fällen Verwitterungsprodukte. Die z. T. wenig beständigen Sulfate finden sich größtenteils im Eisernen Hut von sulfidischen Lagerstätten, andere sind Absätze aus Meer- oder Binnenseewasser, auch finden sich oft dicke Barytablagerungen ($BaSO_4$) um Rohre und Leitungen in alten Gruben. In trockenen Gebieten der Erde kristallisieren Sulfate nahe der Oberfläche aus dem Grundwasser aus, so bilden sich die bekannten Wüstenrosen aus Gips. Auch die Chromate, Molybdate und Wolframate sind typisch und durch ihre bunten Farben auffallend in den Oxidationszonen der sulfidischen Erzlagerstätten. Eine Ausnahme bildet der Baryt. Aus ihm setzt sich oft die Gangart in hydrothermalen Erzgängen zusammen. Auch die Wolframate (Wolframit, Scheelit) finden sich häufig in pegmatitisch-pneumatolytischen Gängen.

Anhydrit $Ca[SO_4]$

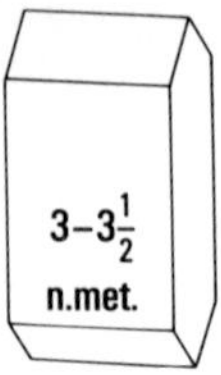

Eigenschaften: Kristalle sind selten; der »alpine Typ« ist würfelig, andere Kristalle prismatisch, solche aus hydrothermalen Gängen oft tafelig; Flächen stark gestreift. Überwiegend derb, grob- bis feinkörnig, faserig-strahlige Massen. Spaltbarkeit: vollkommen; Dichte: 2,9–3,0; Farbe: farblos, trüb weiß, bläulich bis violett. Verunreinigt meist nur durch bituminöse Beimengungen. An einigen Stücken ist Thermolumineszenz und Fluoreszenz unter ultraviolettem Licht beobachtet worden.

Bildung und Vorkommen: Weit verbreitet als gesteinsbildendes Mineral, oft vergesellschaftet mit Gips in Salzlagern und Dolomit. Abscheidung aus eingedunsteten salzreichen Gewässern. Im deutschen Zechstein: Hannover, Südharz. In metamorph überprägten Salzlagern; Simplontunnel. Auf hydrothermalen Gängen; Lauterberg, Andreasberg, Clausthal im Harz. Anhydrit geht durch Wasseraufnahme unter Volumenausdehnung (etwa 60%) in Gips über und bildet den »Schlangenalabaster«.

Bedeutung und Verwendung: Name vom griechischen *an* = *ohne* und *hydro* = *Wasser*, sozusagen Gips ohne Wasser. Wird u. a. zur Gewinnung von Ammoniumsulfat, zur Herstellung von Schwefelsäure und als Zierstein für Innenarchitektur verwendet.

Verwechselungsmöglichkeiten: Kalkstein (HCl!), Gips (weicher!).

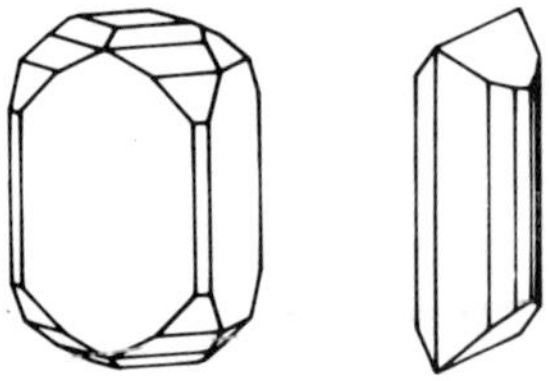

Anhydrit
Wathlingen bei Celle/BRD; 30× 22 mm

Coelestin $Sr[SO_4]$

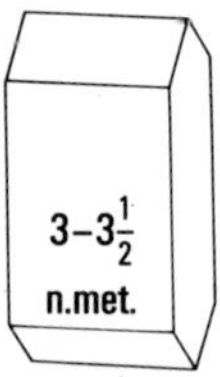

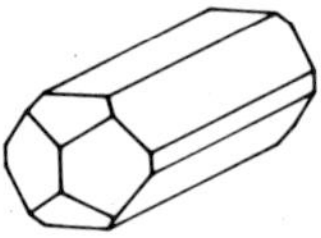

Eigenschaften: Kristalle sind häufig und flächenreich; ähnlich denen des Baryt, tafelig, nach einer Achse gestreckt, prismatisch; in faserigen, blättrigen, kugeligen und körnigen Aggregaten. Spaltbarkeit: vollkommen; Dichte: 3,9–4,0; Farbe: farblos, weiß, gelblich, blau, bläulich, blaugrau, selten rötlich oder grün.

Bildung und Vorkommen: Als primäres und sekundäres Mineral weit verbreitet. Gelegentlich hydrothermal auf Gängen und Blasenräumen vulkanischer Gesteine in sehr schönen Kristallen; Herrengrund, Leogang/Salzburg, Oberdorf an der Lamming/Steiermark. Manchmal massenhaft auf Klüften und Lösungshohlräumen von Kalksteinen zusammen mit Schwefel, Gips und Calcit, in Agrigento auf Sizilien, Perticara/Mittelitalien; blaue, faserige Platten im Muschelkalk bei Jena. Große tafelige Kristalle bei Obergembeck in Waldeck; in Mergeln von Clifton bei Bristol/England; Stadtberge in Westfalen; Granada/Spanien; prachtvolle Drusen im Kalkstein an der Küste bei Katsepy gegenüber Majunga/Madagaskar. Die größten weißen Kristalle mit 50–75 cm Länge und 2–3 kg Gewicht stammen von Put-in-Bay, San Bernadino County/USA.

Bedeutung und Verwendung: Wird vor allem zur Gewinnung von Strontium gebraucht, außerdem in der Pyrotechnik (karminrotes Feuer), in der Kernenergie- und Gummiindustrie, für Farben, Elektrobatterien, zur Herstellung von speziellen, schillernden Gläsern und Keramiken. Ein hochgeschätztes Sammelobjekt.

Coelestin
Caltanisetta, Sizilien/Italien; 70× 51 mm

Baryt *Schwerspat* $Ba[SO_4]$

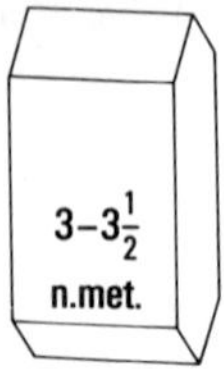

Eigenschaften: Sehr abwechslungsreiche Erscheinungsformen; mit mehr als 200 bekannten Flächen eines der flächenreichsten Mineralien. Tafelige oder prismatische Formen sind typisch, meist nach unterschiedlichen kristallographischen Richtungen gestreckt; häufig in parallel angeordneten Aggregaten aufgewachsen, auch dicht, blättrig, spätig, schalig, erdig; nierenförmige Massen von radialfaseriger und konzentrisch schaliger Textur sind bekannt. Durch parallele oder fächerartige Verwachsungen tafeliger Kristalle kommt es zur Bildung von »Baryt-Rosen«. Spaltbarkeit: vollkommen; Dichte: 4,48; Farbe: trübweiß, -gelb, -rötlich, durch Bitumen oder Sulfidstaub grau bis schwarz, niemals kräftige Farben.

Bildung und Vorkommen: Als das am weitesten verbreitete Bariummineral ein typisches Gangmineral und Begleiter sulfidischer Erze. Meist auf niedrig temperierten, hydrothermalen Erzgängen auf Spalten und Klüften. Die wohl schönsten Kristalle stammen aus Dufton in Westmoreland und Alston Moor, Egremont und Frizington in Cumberland/England; Přibram/Tschechien; klassische Vorkommen liegen im Harz und im westlichen Erzgebirge; Wolfach, Wieden/Schwarzwald; Strawczynek bei Kielce/Polen; derbe Barytgänge bis zu einer Mächtigkeit von 10 m finden sich neben Bleiglanz im Oberharz, neben Kobalt und Nickelerzen im Mansfelder Rücken, neben Manganerzen bei Ilmenau in Thüringen, neben Antimonit und mit diesem durchwachsen, z. B. bei Kapnik/Rumänien. Technisch und mineralogisch interessante Vorkommen sind außerdem: Dreislar/Sauerland; Bad Lauterberg im Harz; Flaviac, Ardêche/Frankreich; vielfach in Colorado/USA; als Verdrängung von Kalken z. B. in Rösteberg bei Bad Grund. Baryt-Rosen und -Knollen sind sedimentär, wahrscheinlich bei der Eindunstung von Salzseen entstanden, so z. B. in Sandsteinen von Münzenberg in Hessen; am Rammelsberg bei Goslar; wirtschaftlich bedeutend ist das Vorkommen bei Meggen an der Lenne/Westfalen, ein bis 7 km langes flözartiges Lager, das durch hohen Bitumengehalt fast schwarz gefärbt ist (»Reduzierspat«).

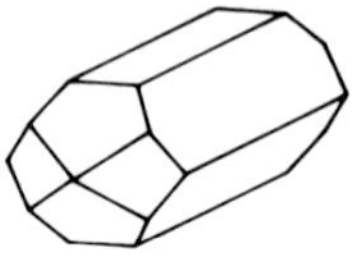

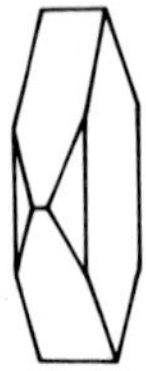

Bedeutung und Verwendung: Von den mittelalterlichen deutschen Bergleuten ganz allgemein als »Spat« bezeichnet, aufgrund seiner auffallend hohen Dichte dann als »Schwerspat«. Erste kristallographische Untersuchungen an diesem Mineral stammen u. a. von Haüy, der ihm den vom griechischen *barys* = *schwer* abgeleiteten Namen gab. Erst später entdeckte man in der Verbindung ein Erdalkali-Metall, das dann den Namen Barium erhielt. Früher als weißes Farbpigment sehr verbreitet. Große Mengen werden zum Glätten und Beschweren von Kunstdruckpapieren und bestimmten Geweben verwendet. Eine große Menge der Produktion dient heute zum Beschweren der Bohrflüssigkeit bei Tiefbohrungen auf Erdöl (»Ölspat«); durch Beschweren des Ölschlamms wird so ein unkontrolliertes Entweichen von Öl oder Gas verhindert. Im Schwerbeton als Zuschlag enthalten, in Schallplatten als Füllmaterial. Da er radioaktive Strahlen und Röntgenstrahlen schluckt, wird Baryt für Abschirmplatten als Strahlenschutz, im Reaktorbeton und in der Medizin als Kontrastmittel verwendet. Weltjahresproduktion: rund 5 Mio t.

Verwechselungsmöglichkeiten: Coelestin, Aragonit, Calcit (HCl!), Gips (Dichte!).

o. l.: Baryt
Rockenberg, Hessen/BRD; 40× 55 mm
o. r.: Baryt
Cumberland/England; 110× 150 mm
u.: Baryt mit Fluorit
Wieden, Schwarzwald/BRD; 100× 75 mm

Anglesit $Pb[SO_4]$

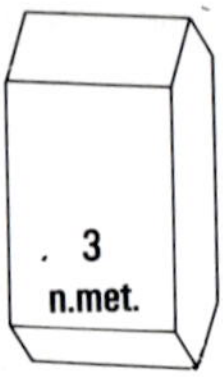

Eigenschaften: Ungewöhnliche Mannigfaltigkeit in den Erscheinungsformen. Flächenreiche Kristalle, tafelig mit rautenförmigem Umriß, nach einer kristallographischen Achse gestreckt, bipyramidal. Oft derbe Krusten um Bleiglanz, manchmal Pseudomorphosen nach Bleiglanz, umgewandelt in Cerussit und umgekehrt. Spaltbarkeit: deutlich; Dichte: 6,3; Farbe: farblos, wasserhell, weiß, grau, rot, bläulich, oft durch Bleiglanzdurchstäubung ein schwärzlicher Hauch auf den Kristallflächen.

Bildung und Vorkommen: Entsteht in der Oxidationszone vieler Bleiglanzlagerstätten. Parysgruben von Anglesey/Wales; Wissen an der Sieg, Bleialf/Eifel, Badenweiler, Schapbach/Baden, Schwarzenbach/Kärnten; Monte Poni, Iglesias/Sardinien; Linares/Spanien; Leadhills, Wanlockhead/Schottland; Beresowsk, Nertschinsk, Jablonowyjgebirge/ehem. UdSSR. Sehr große Kristalle von Tsumeb, SWA/Namibia; Mérétrice-Mine/Neukaledonien. Sehr selten als Sublimationsprodukt auf Vulkanen.

Bedeutung und Verwendung: Von Monnet 1779 als Zersetzungsprodukt des Bleiglanzes erwähnt, als Mineral zuerst auf der Insel Anglesey gefunden, wonach es seinen Namen erhielt. Heute bei reichlichen Vorkommen gelegentlich als Bleierz abgebaut.

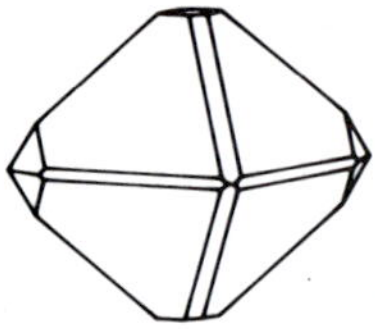

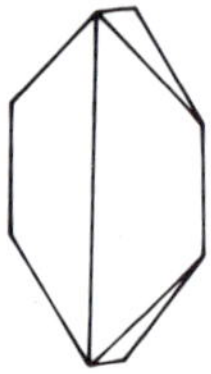

l.: Anglesit
Grube Brüche bei Müsen, Sieg/BRD;
22× 30 mm
r.: Anglesit
Grube Victoria bei Littfeld, Sieg/BRD;
16× 22 mm

Linarit $PbCu[(OH)_2|SO_4]$

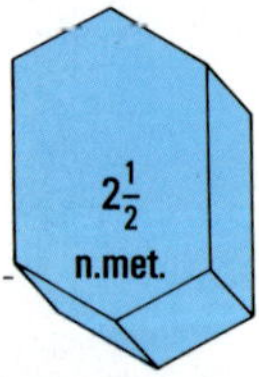

Kristalle sind gestreckt, oft dünntafelig, bis zu 10 cm Länge, oft in Gruppen oder einzeln aufgewachsen; auch Krusten und Aggregate von ungeregelt aufgewachsenen Kristallen. Zwillingsverwachsungen sind häufig. Spaltbarkeit: vollkommen; Dichte: 5,3–5,5; Farbe: lasurblau. Weit verbreitet als sekundäres Mineral in der Oxidationszone von Blei- und Kupferlagerstätten. Herrliche große Kristalle von der Mammoth Mine/Arizona; Linares/Spanien, hiernach wurde 1822 das Mineral benannt; Tsumeb, SWA/Namibia; England; Schottland; Sardinien; ehem. UdSSR. Von Azurit oft nur chemisch zu unterscheiden.

Linarit
Roughten Gill, Cumberland/England;
18× 25 mm

Caledonit $Pb_5Cu_2[(OH)_6|CO_3|(SO_4)_3]$

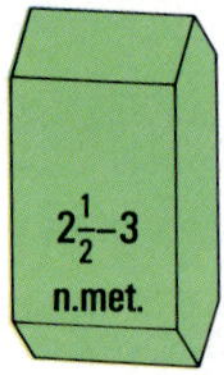

Als schmale, gestreckte, prismatische Kristalle oft in ungeordneten Gruppen, nadelig, zu Büscheln gruppiert, auch derb und als feiner Belag. Häufig deutliche Flächenstreifung. Spaltbarkeit: deutlich; Dichte: 5,6–5,7; Farbe: dunkelgrün, blaugrün, blau. Seltenes Oxidationsprodukt auf Kupfer- und Bleilagerstätten. Zuerst beobachtet in Leadhills/Schottland; Red Gill/Cumberland; Baita; Beresowsk/ehem. UdSSR. Hervorragende blaue Kristalle wurden in der Mammoth Mine/Arizona gefunden. Ein begehrtes Sammlerobjekt.

Caledonit
Leadhills/England; 4× 5 mm

Beudantit
$PbFe_3[(OH)_6|SO_4|AsO_4]$

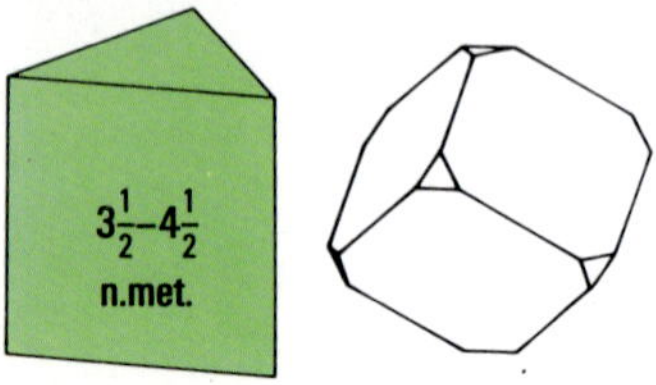

Kristalle rhomboedrisch, oft pseudokubisch, tafelig. Spaltbarkeit: deutlich; Dichte: 4,0–4,3; Farbe: dunkelgrün, braun, schwarz. Vorkommen als Sekundärmineral in Oxidationszonen von Erzlagerstätten. Horhausen/Westerwald; Laurion/Griechenland; Sonora/Mexiko; Mammoth Mine/Arizona; Tsumeb/SWA/Namibia. Die Metallatome können durch andere Metalle oder Seltene Erden ersetzt werden, so entstehen eigenständige, untereinander mischbare Mineralien (Alunit-Beudantit-Goyazit-Gruppe).

Beudantit
Dernbach, Westerwald/BRD; 9× 13 mm

Chalkanthit *Kupfervitriol*
$Cu[SO_4] \cdot 5H_2O$

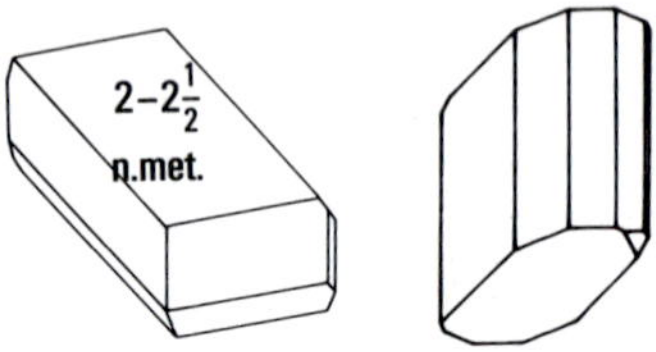

Kristalle sind selten und klein, kurzprismatisch, dicktafelig, meist in Nieren und als Ausblühung, faserig, körnig. Spaltbarkeit: unvollkommen; Dichte: 2,2–2,3; Farbe: intensives Blau. Gut wasserlöslich; der widerliche Geschmack ruft Übelkeit hervor. Typisches Sekundärmineral in Kupfersulfidlagerstätten; Rammelsberg, Herrengrund; Rio Tinto/Spanien. Sonst nur in Trockengebieten, Chuquicamata/Chile. Angaben über Kupfervitriol finden sich schon bei den Griechen.

Chalkanthit
Grube Wolf, Herdorf, Sieg/BRD; 40×55 mm

Serpierit
$Ca(Cu,Zn)_4[(OH)_3|SO_4]_2 \cdot 3H_2O$

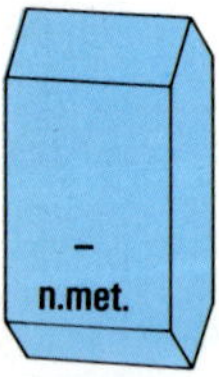

Nur winzige Kristalle sind bekannt, gestreckt nach der c-Achse und abgeflacht nach der Basis, als Härchen, Krusten, gerundete Aggregate mit satinglänzender Oberfläche. Spaltbarkeit: deutlich; Dichte: 3,07; Farbe: himmelblau. Vorkommen zusammen mit Smithsonit auf der Ross-Insel/Antarktis; Killarney/Irland; Laurion/Griechenland; zusammen mit Cyanotrichit und Linarit in Kasachstan; Letmathe/BRD; auf Bleihalden bei Ems.

Serpierit
Letmathe, Sauerland/BRD; 11× 15 mm

Cyanotrichit
$Cu_4Al_2[(OH)_{12}|SO_4] \cdot 2H_2O$

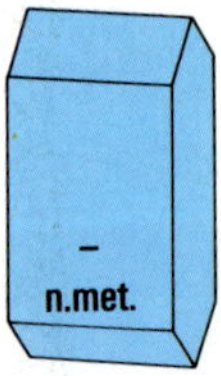

Kommt sehr selten vor. In samtartigen Aggregaten äußerst feiner Fasern, z. T. in radialstrahligen Büscheln. Dichte: 2,74–2,95; Farbe: hellhimmelblau bis azurblau. Als sekundäres Mineral in der Oxidationszone von Kupferlagerstätten. Herrliche haarförmige Aggregate zusammen mit Brochantitkristallen in der Grandview Mine, Coconio County, im Morenci District, Greenlee County/Arizona; Nevada; Utah; Banater Gebirge/Rumänien; Cap Garonne/Frankreich; Namaqualand/Südafrika. Den Namen leitete Klocker 1839 vom griechischen *kyanos* = *blau* und *thrix* = Haar ab.

Cyanotrichit
Moldawa, Banat/Rumänien; 8× 12 mm

Gips *Selenit* $Ca[SO_4] \cdot 2H_2O$

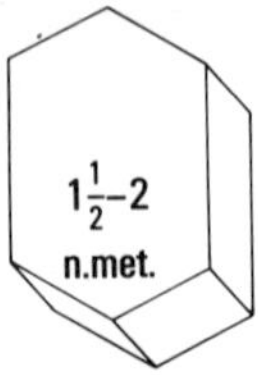

Eigenschaften: Eine überdimensionale Druse mit einer Längsausdehnung um 100 m mit baumdicken, klaren Einkristallen, die bis zu 3 m vom Boden aufragen, mit handflächengroßen »Gipslocken«, die von den glitzernden Wänden herabhängen, wurde erst vor kurzem in der Mina Bueno Tierra, Santa Eulalia/Mexiko durch Zufall entdeckt.
Kleinste bis riesige, vorzüglich ausgebildete Kristalle sind ein- und aufgewachsen, bilden Gruppen, sind rosettenartig angeordnet. Prismatisch, tafelig, linsenförmig mit stark gekrümmten Flächen; sehr flächenreich, oft stark gestreift. Derbe, körnige, parallel-faserige *(Fasergips)*, schuppige *(Schaumgips)*, dichte *(Alabaster)* Massen sind bekannt, ebenso gebogene und schlangenförmig gewundene Kristalle *(Gipslocken)*. Zwillinge sind typisch: »Schwalbenschwanz-Zwillinge«, »Montmartre-Zwillinge«. Spaltbarkeit: sehr vollkommen; Dichte: 2,3–2,4; Farbe: farblos, weiß, selten in verschiedenen Farbtönen. Einschlüsse von Ton und Bitumen (»Stinkgips«) sind bekannt. Die in ungeheuren Mengen in Wüstengebieten gebildeten »Wüstenrosen« enthalten Quarzkörner als Einschlüsse. Manche Varietäten sind sehr biegsam, dünne, lange Kristalle lassen sich sogar verdrehen.

Bildung und Vorkommen: Stets aus wäßriger Lösung entstanden, meist sekundär durch Auslaugungsvorgänge, wodurch viele Pseudomorphosen, z. B. nach Anhydrit, Steinsalz, Kalkspat, entstehen. Frühes Abscheidungsprodukt beim Eindunstungsprozeß von Salzseen; so z. B. in sehr vielen Salzlagerstätten Norddeutschlands, in Frankreich, Italien. Im Gelände machen sich gipsführende Schichten oft durch Höhlen- oder Dolinenbildung bemerkbar. Durch Einwirkung der bei der Schwefelkiesverwitterung entstehenden Schwefelsäure auf den Kalk des Mergels entstehen besonders häufig schöne Kristalle; Mainz, Braunschweig, Wiesloch in Baden. Große, klar durchsichtige, farblose Kristalle (Marienglas) in Sizilien; im Nida-Tal/Mittelpolen; in Gipshöhlen, bei Reinhardsbrunn im Thüringer Wald; große gelbliche Schwalbenschwanz-Zwillinge am Montmartre bei Paris. In trockenen Regionen (Wüsten) Neubildungen durch sulfathaltige Wässer.

Bedeutung und Verwendung: Bereits Plinius berichtet, daß der Künstler Lysistratus als erster einen Gipsabdruck von einem menschlichen Gesicht genommen hat. Der *alabastritäs lithos,* abgeleitet von der ägyptischen Stadt Alabastron, taucht bereits bei Theophrastos (um 300 v. Chr.) auf. Seit 1750 ist die chemische Zusammensetzung vollständig bekannt. Durch Erwärmen (Brennen) verliert Gips den größten Teil seines Wassers, nimmt es wieder sehr schnell auf und wird dabei fest (für Stuck, Abgüsse, Verbände). Durch stärkeres Erhitzen wird der Gips wasserfrei, »tot«. In dieser Form nimmt er erst allmählich wieder Wasser auf (Estrich- oder Mörtelgips). Hauptverbraucher ist die Bauindustrie; Düngemittel, Farben, Emaille, Porzellan, Gipsplatten werden hergestellt. Alabaster aus Volterra in der Toskana/Italien wird oft gefärbt zu kunstgewerblichen Gegenständen verarbeitet. Die sagenhaften Vorkommen Ägyptens wurden bereits im Altertum ausgebeutet.

o.: Gips
Berchtesgaden/BRD; 100 × 75 mm
u.: Gips
Eisleben, Harz/BRD; 120 × 85 mm

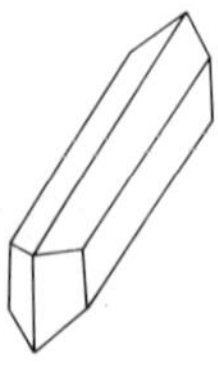
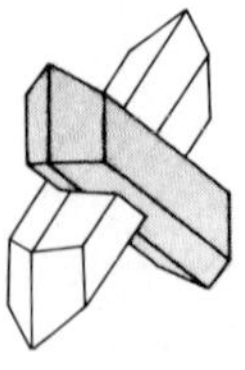
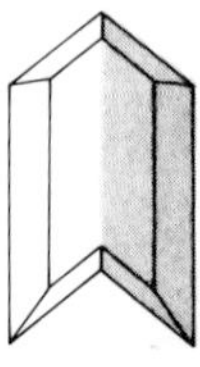

Stolzit *Scheelbleierz* $Pb[WO_4]$

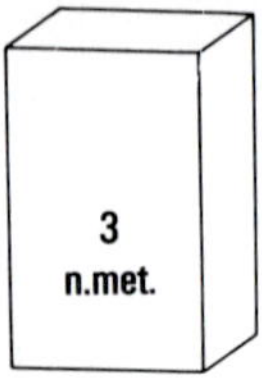

Kleine, spitze, pyramidale Kristalle, kurzsäulig, selten deutlich ausgebildet, meist garbenförmig oder kugelig angeordnet. Spaltbarkeit: undeutlich; Dichte: 7,9–8,2; Farbe: grau, braun, gelb, auch grün oder rot. Sekundäre Bildung auf Wolframlagerstätten. Zinnwald; in rotbraunen Körnchen im goldführenden Quarz von Domodossola in Piemont/Italien; Dragoon und Huachuca Montains/Arizona; 25 mm große Kristalle von Proprietary Mine, Broken Hill/Neusüdwales, Australien.

Stolzit
Zinnwald, Erzgebirge/BRD; 11 × 15 mm

Ettringit $Ca_6Al_2[(OH)_4|SO_4]_3 \cdot 24H_2O$

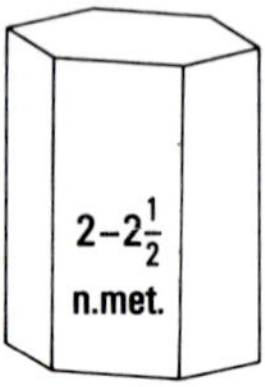

Kristalle bilden flache hexagonale Dipyramiden, auch Prismen, vielfach radial angeordnete Fasern, sehr feine, seidenglänzende Nadeln. Spaltbarkeit: vollkommen; Dichte: 1,77; Farbe: farblos, milchig weiß. Auf Höhlungen in Kalksteineinschlüssen der Basaltlaven der Eifel, Bellerberg bei Ettringen (daher der Name), tönnchenförmige, parallel verwachsene Kristalle bis zu 2 mm am Schellkopf bei Brenk; besonders schöne Kristalle (bis 4 mm) zusammen mit Thomsonit bei Franklin, New Jersey/USA; Scawt Hill, County Antrim/Irland.

Ettringit
Schellkopf bei Brenk, Eifel/BRD; 3 × 4 mm

Krokoit *Rotbleierz* $Pb[CrO_4]$

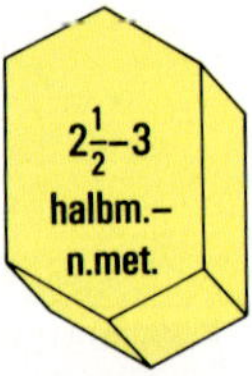

Gut ausgebildete Kristalle selten, meist stengelig zusammengehäuft und durcheinander gewachsen, flächenreich, senkrechte Streifung ist häufig, prismatische Kristalle sind oft hohl; auch derb, eingesprengt, als Anflug. Spaltbarkeit: vollkommen; Dichte: 5,9–6; Farbe: gelblichrot. Selten sekundär beim Einwirken von chromhaltigen Lösungen auf Oxidationserze des Bleiglanzes. Beresowsk, Mursinsk, Nishnij-Tagilsk/ehem. UdSSR; Ober-Callenberg bei St. Egidien/Sachsen. Name nach dem griechischen *krokos*.

Krokoit
Ober-Callenberg/BRD; 22 × 30 mm

Sideronatrit $Na_2Fe[OH|(SO_4)_2] \cdot 3H_2O$

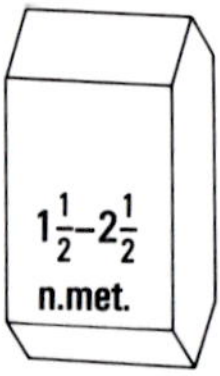

Feinfaserige Aggregate, Krusten, erdig. Spaltbarkeit: deutlich; Dichte: 2,3; Farbe: hellorange bis strohgelb. Zuerst beschrieben von der Grube San Simon, Provinz Tarapacá/Chile, 70–80 mm dicke Massen sind von hier bekannt geworden. Als Verwitterungsprodukt von Pyrit in Trockengebieten zu finden. Im Kaukasus pulverförmig und in Knollen als kleinste Kriställchen unter Lagen von Eisenvitriol; Potosi/Bolivien; als gelbe Knollen von strahliger Struktur von den Westindischen Inseln; aus zahlreichen Gruben des Ruhrgebiets.

Sideronatrit
Zeche Recklinghausen, NRW/BRD; 9 × 12 mm

Scheelit *Tungstein* $Ca[WO_4]$

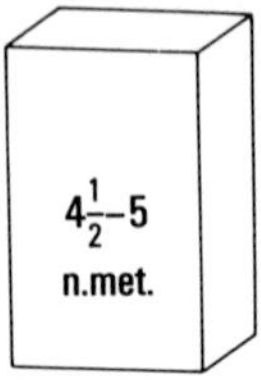

Eigenschaften: Meist ein- oder aufgewachsene pseudooktaedrische Kristalle, seltener tafelig, oft Streifung parallel einer Kante. Ergänzungszwillinge, die wie einfache Kristalle erscheinen, aber an ihrer typischen Fiederstreifung zu erkennen sind. Selten derb, Pseudomorphosen nach Wolframit und umgekehrt sind typisch. Spaltbarkeit: deutlich; Dichte: 5,9–6,1; Farbe: farblos, weiß, grau, hellgelblich, weiß bis bräunlich, orangegelb, grünlich, violett, rötlich. Unter ultraviolettem Licht bläulich bis gelblich fluoreszierend.

Bildung und Vorkommen: Pegmatitisch-pneumatolytisch in Gegenwart von Kalken; riesige, bis zentnerschwere Kristallaggregate in Brasilien; bei Omaruru, SWA/Namibia; über 30 cm große Kristalle aus Japan und Korea. In vielen Vorkommen kontaktmetasomatisch; Monte Mulatto/Südtirol; Traversella, Piemont/Italien; Ultevis/Schweden; Tyrny Aus/Kaukasus; Erzgebirge; Cornwall/England. Neuerdings auch hydrothermale Vorkommen; Schellgaden bei Salzburg. Selten auf alpinen Klüften; Kammegg bei Guttannen im Haslital/Schweiz; Untersulzbachtal; Riesengrund an der Schneekoppe.

Bedeutung und Verwendung: Name nach dem schwedischen Chemiker K. W. Scheele, auch der Name Tungstein ist vom Schwedischen abgeleitet *(tung = schwer, sten = Stein)*. Nach Wolframit das wichtigste Wolframerz.

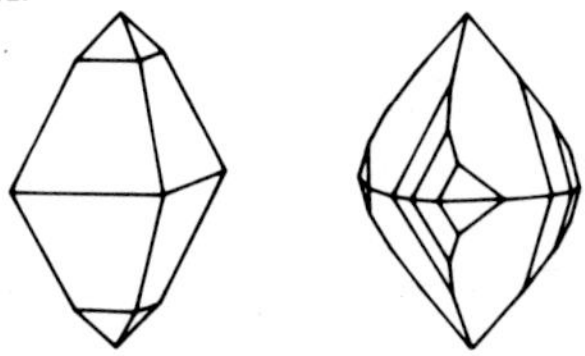

Scheelit
Fürstenberg, Sachsen/BRD; 12 × 9 mm

Wulfenit *Gelbbleierz* $Pb[MoO_4]$

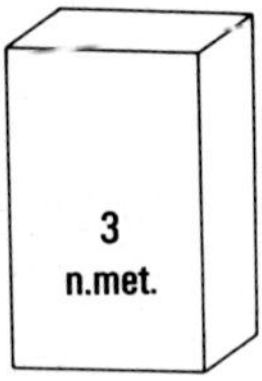

Eigenschaften: Meist in dünnen Tafeln und zu zelligen Gruppen verwachsen, pyramidal oder kurzsäulig, fast immer aufgewachsen. Zwillinge nach der Basis sind häufig. Auch derbe, drusige und löcherige Aggregate, kristalline Krusten; Pseudomorphosen nach Bleiglanz. Spaltbarkeit: deutlich; Dichte: 6,7–6,9; Farbe: verschiedene Abstufungen von orange und gelb, orangebraun bis braun, grünlichbraun, seltener feuerrot oder farblos.

Bildung und Vorkommen: Die Entstehung ist an die Oxidationszone von sulfidischen Bleierzlagerstätten gebunden, z. T. tritt das Mineral so reichlich auf, daß es als Molybdänerz abgebaut werden kann, wie z. B. Bleiberg-Kreuth in Kärnten/Österreich; Mies/ehem. Jugoslawien, von hier und von Bleiberg sind schöne gelbe Kristallaggregate bekannt, graue von Příbram, rote von Baita; Höllental bei Garmisch. Farblose, blaue, gelbe und gelblichbraune Kristalle stammen aus Tsumeb, SWA/Namibia; Los Lamentos, Chihuahua/Mexiko (gelb, würfelähnlich); Grube Tecomah, Utah/USA.

Verwendung und Bedeutung: 1845 wurde das Mineral nach dem Österreicher Freiherr Franz Xaver von Wulfen benannt, der die erste ausführliche Beschreibung des Erzes gab. Der alte Name »Gelbbleierz« diente zur Unterscheidung von andersfarbigen Bleimineralien. Heute lokal als Molybdänerz von Bedeutung.

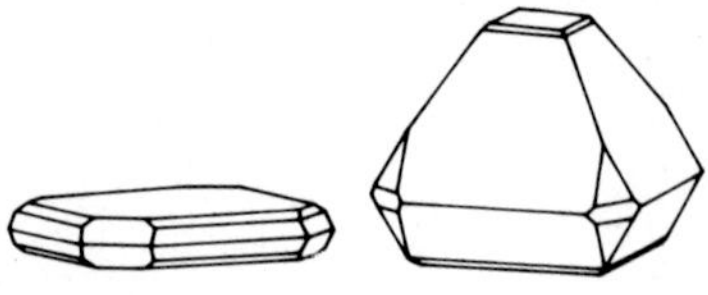

Wulfenit
Mies/ehem. Jugoslawien; 50 × 37 mm

VII. Klasse: Phosphate, Arsenate, Vanadate

Chemie: Dieser Klasse gehören hauptsächlich die Salze der
Phosphorsäure $H_3[PO_4]$
an, wegen enger kristallchemischer Verwandtschaft werden diesen die Salze der
Arsensäure $H_3[AsO_4]$
Vanadiumsäure $H_3[VO_4]$
zugeordnet. Rein formal sehen diese Säuren denen der VI. Klasse sehr ähnlich mit dem einzigen, aber sehr wichtigen Unterschied, daß sie drei Wasserstoffatome enthalten. Auch in diese Salze können Hydroxid-Gruppen, Fluor und Chlor sowie Uranoxid UO_2 als zusätzliche Komplexe eingebaut werden, außerdem enthalten sehr viele Verbindungen Kristallwasser. Chemisch sehr komplizierte Verbindungen entstehen so, z. B. der
Türkis $CuAl_6[(OH)_2|PO_4]_4 \cdot 4H_2O$.
Für den Säurewasserstoff sind die Metalle Kupfer und Aluminium eingesetzt, zwei Hydroxid-Gruppen kommen als zusätzliche Komplexe hinzu; außerdem enthält Türkis vier Kristallwasserteilchen. Die positiven Metallatome außerhalb der eckigen Klammer werden jeweils nach ihrer Größe geordnet, ebenso wie die Komplexe innerhalb der eckigen Klammer, die ihrerseits dann durch senkrechte Striche voneinander getrennt werden. Das Kristallwasser steht am Ende der Formel.

Kristallographie: Vier große Sauerstoffatome ordnen sich wieder zu einem Tetraeder, in dem sich bildenden Zwickel sitzt das Phosphor-, Arsen- oder Vanadium-Atom. Durch den Einbau vieler verschiedener und unterschiedlich großer Atome und Komplexe sowie nichtgebundener Wasserteilchen sind die Kristallgitter nicht mehr so übersichtlich und gleichmäßig aufgebaut wie die vorher erwähnten Verbindungen, die Komplex-Tetraeder sind verzerrt, oft bleiben Kristallgitterplätze unbesetzt.

Petrologie: Die Zahl der in der Natur vorkommenden Phosphate ist sehr groß. Apatit und einige andere Phosphor-Mineralien sind als magmatische Ausscheidungen Ausgangsprodukte des komplizierten Phosphor-Kreislaufes. Nach ihrer Verwitterung im Boden gelangt Phosphor in die Pflanzen und von dort in die Hartteile und den Kot der Tiere. Weitere Umlagerung bringt den Phosphor ins Meerwasser, wo er vor allem in Schalen und Hartteilen von Tieren gespeichert wird und später in den Sedimenten wiederzufinden ist. Durch Gebirgsbildungsvorgänge und erneute Verwitterung finden wiederum Umlagerungsprozesse und weitere Konzentrationen statt. Alle übrigen wichtigen Phosphatlagerstätten sind biochemisch-sedimentärer Entstehung. Die Phosphate in Florida sind ein Gemisch von Geröll, aufgearbeiteten phosphatischen Kalken zusammen mit Sand, fossilen Knochen und Zähnen, die sich in Erosionsrinnen an den Küstenzonen gesammelt haben. Wirtschaftlich sehr wichtig sind auch die Guano-Ablagerungen auf den Koralleninseln der Südsee, die von Exkrementen unzähliger Seevögel stammen. Die meisten Phosphate sind typische sekundäre Bildungen in der Oxidationszone sulfidischer Lagerstätten und bilden dort oft farbenprächtige »Ausblühungen«. Die Uranverbindungen dieser Klasse entstanden ausnahmslos durch Oxidation, größere Anreicherungen können lokal abbauwürdig sein. Sie bilden eine sehr große Anzahl meist leuchtend gelb gefärbter Mineralien von glimmerähnlichem Aussehen (»Uranglimmer«). Alle Mineralien dieser Klasse zeigen einen nichtmetallischen Charakter.

Torbernit
Bergen, Vogtland/BRD; 13 × 18 mm

Monazit $Ce[PO_4]$

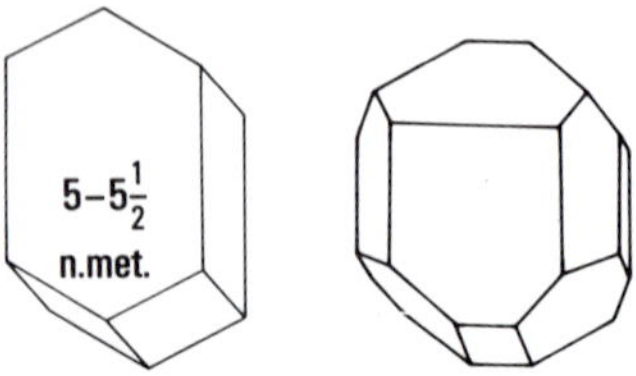

Tafelig, prismatisch, keilförmig oder pseudorhomboedrisch, mikroskopisch kleine Nadeln als Einschlüsse; Flächen oft rauh, geknickt, gerieft; oft in Körnern und Rollstücken. Spaltbarkeit: undeutlich; Dichte: 4,8–5,5; Farbe: dunkelbraun bis hellgelb. Häufig radioaktiv. Schreiberhau/Schlesien; Tavetsch-, Maderaner-, Binntal/Schweiz; Dauphiné/Frankreich; Iveland, Narestö/Norwegen. Verwendung für Brutreaktoren (Thoriumgehalt!). Name vom griechischen *monaxo* = *ich bin einsam*, wegen seines seltenen Vorkommens.

Monazit
Arendal/Norwegen; 18 × 25 mm

Libethenit $Cu_2[OH|PO_4]$

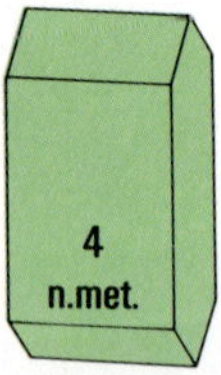

Kleine, oft oktaedrisch erscheinende Kristalle, prismatisch, nach der c-Achse gestreckt, einzeln aufgewachsen, in Drusen, als Krusten, nierige, kugelige Aggregate. Spaltbarkeit: unvollkommen; Dichte: 3,8; Farbe: lauch-, oliv-, schwärzlichgrün, oberflächlich oft schwarz angelaufen. Sekundäres Mineral in Kupferlagerstätten. Bis zu 6 mm große Kristalle von Libethen/ehem. ČSSR (hierher der Name); Vielsalm/Belgien; Cornwall; Montebras, Ardillats/Frankreich; mikroskopische Kristalle in Inspiration und Castle Dome, Gila County, Arizona/USA; 2 cm große Kristalle vom Mindula Open Pit/Sambia. Als seltenes Sammlerobjekt begehrt.

Libethenit
Libethen/ehem. ČSSR; 3 × 4 mm

Xenotim $Y[PO_4]$

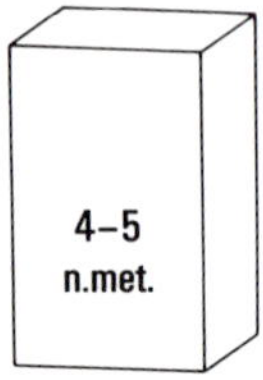

Kristalle sind kurz- bis langprismatisch, dicktafelig, klein; Aggregate, Rosetten, lose auf Seifen. Spaltbarkeit: vollkommen; Dichte: 4,5–5,1; Farbe: gelblichbraun bis rötlichbraun, hellgrau, hellgelb, grünlich, rötlich. Die chemische Zusammensetzung schwankt stark; Seltene Erden, Thorium und Uran können an die Stelle von Yttrium treten, daher der Name, abgeleitet vom griechischen *xenotimos* = *gastfreundlich*. Häufig radioaktiv. In vulkanischen und metamorphen Gesteinen, in Pegmatiten. Hitterö/Norwegen; Ytterby/Schweden; Schreiberhau, Königshain/Schlesien; St. Gotthard und Binntal/Schweiz. Hauptmineral für die Gewinnung von Yttrium.

Xenotim
Binntal/Schweiz; 5 × 7 mm

Olivenit $Cu_2[OH|AsO_4]$

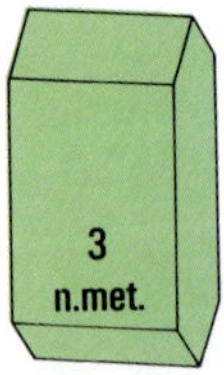

Kristalle sind klein, prismatisch und nadelig, tafelig, oft büschelförmig angeordnet, einzeln aufgewachsen oder in Drusen; traubige Aggregate, nierig oder erdig, holzartig faserig (»Holzkupfererz«). Spaltbarkeit: undeutlich; Dichte: 4,3; Farbe: olivgrün, seltener braun, farblos (»Leukochalcit«). Sekundär in der Oxidationszone von arsenreichen Kupfergängen. Schöne Aussicht bei Dernbach; Cornwall; Cumberland; Zinnwald; hervorragende Kristalle aus Tsumeb/SWA/Namibia; Nishnij-Tagilsk/GUS. Der Name wurde von der olivenähnlichen Färbung abgeleitet.

Olivenit auf Baryt
Grube Clara, Oberwolfach/BRD; 4 × 6 mm

Goyazit $SrAl_3[(OH)_6|(PO_4)|PO_3OH]$

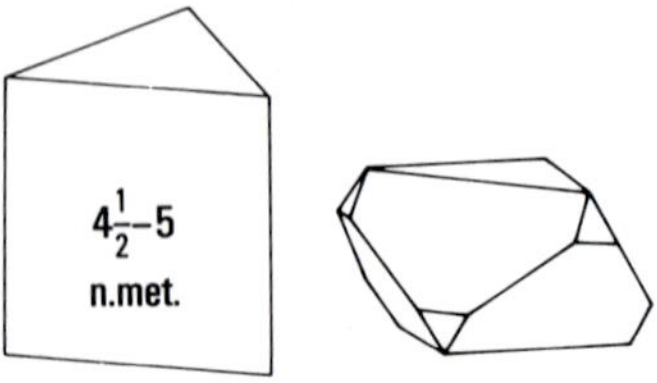

Kleine, rhomboedrische, pseudokubische oder tafelige Kristalle, mit z. T. gestreiften Flächen, auch als Sand und Rollstücke in Seifenlagerstätten. Spaltbarkeit: vollkommen; Dichte: 3,2; Farbe: gelblichweiß. Lengenbach im Binntal, Simplon-Tunnel/Schweiz; 1–5 mm große, gerundete Stücke von Minas Gerais, Provinz Goyaz (daher der Name)/Brasilien; Romny/Ukraine; flächenreich vom Fuchsbau/Fichtelgebirge.

Goyazit
Fuchsbau, Fichtelgebirge/BRD; 22× 30 mm

Adamin $Zn_2[OH|AsO_4]$

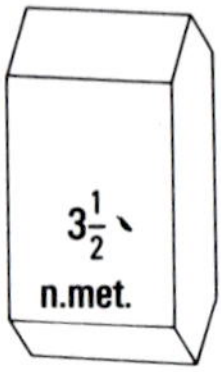

Kristalle klein, bis mehrere mm, manchmal flächenreich, prismatisch, selten tafelig, oft in Drusen gruppiert; Krusten, traubig oder nierig, in kleinkörnigen Aggregaten. Spaltbarkeit: vollkommen; Dichte: 4,3–4,5; Farbe: meist farblos oder verschiedene Tönungen von gelb, braun, violett, grün (Kupfergehalt: »Cuproadamin«), rosa (Kobaltgehalt: »Kobaltadamin«). Sekundäres Mineral in Zinklagerstätten. Laurion/Griechenland; Cap Garonne/Frankreich; Monte Valerio, Toscana/Italien; Chañarcillo/Chile; wunderschöne Kristalle von der Mina Ojuela, Mapimi/Mexiko; Tsumeb, SWA/Namibia.

Adamin
Laurion/Griechenland; 12× 17 mm

Laubmannit
$Fe_9[(OH)_3|PO_4]_4$

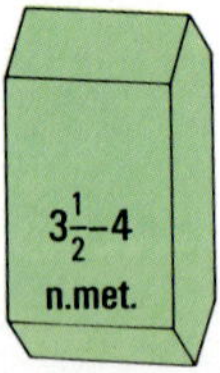

Nierige und warzenförmige Aggregate mit radialstrahliger Struktur oder parallel angeordneten Härchen. Spaltbarkeit: deutlich; Dichte: 3,33; Farbe: hellgelblichgrün, gräulichgrün bis grünlichbraun, braun. In der Grube Nitzelbuch bei Auerbach/Bayern, Grube Rotläufchen bei Waldgirmes/Hessen; in Gängen, die das Magnetitlager von Leveäniemi/Schweden umgeben, als Spaltenfüllung bei Shady, Arkansas/USA.

Laubmannit
Grube Rotläufchen bei Wetzlar/BRD; 3× 4 mm

Pseudomalachit *Tagilit*
$Cu_5[(OH)_2|PO_4]_2$

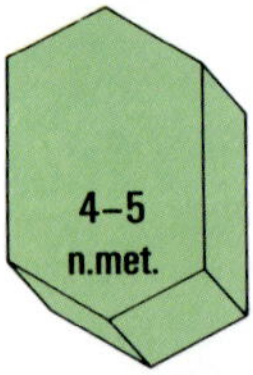

Strahligfaserige Aggregate von konzentrisch-schaliger, radialfaseriger Struktur mit nierig-traubiger Oberfläche (Glaskopfstruktur). Die kleinen Kristalle sind kurzprismatisch, Zwillingsbildungen sind bekannt. Spaltbarkeit: unvollkommen; Dichte: 4,34; Farbe: span- bis pistaziengrün mit schwärzlichgrünen Flecken. Als sekundäres Mineral zusammen mit Quarz, Chalcedon, Malachit, Cuprit, Chrysokoll, Tenorit, Limonit. Rheinbreitbach; Hirschberg im Vogtland und Hof; Hagendorf; Cornwall; Bogolo/Portugal; in größerer Menge bei Nishnij Tagilsk/GUS. Name wegen der Ähnlichkeit mit Malachit.

Pseudomalachit
Grube Virneberg, Rheinbreitbach/BRD; 25× 35 mm

Apatit $Ca_5[(F,Cl,OH)|(PO_4)_3]$

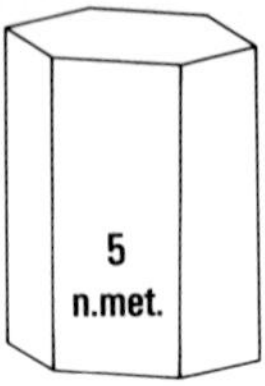

Eigenschaften: Kristalle sind langprismatisch, nadelförmig, flächenreich, ein- und aufgewachsen; in Drusen in der Regel kurzprismatisch bis dünntafelig, flächenärmer, oft besonders klar. Feinste Nädelchen bis hin zu zentnerschweren Kristallen (New York, Kanada). Die Prismenflächen sind oft gestreift, in körnigem Kalk eingewachsene Kristalle an den Ecken und Kanten abgerundet. Auch derbe und erdige Massen, körnige, faserigstrahlige Aggregate, Knollen, chalcedonartige Krusten (»Staffelit« von der Lahn). Spaltbarkeit: deutlich; Dichte: 3,12–3,22; Farbe: sehr wechselnd, farblos (besonders in alpinen Klüften), weiß, meist grün, auch braun, blau, violett, seltener rosa, häufiger gelbgrün (»Spargelstein«), blaugrün (»Moroxit«), gelb. Durch Erhitzen und Bestrahlung läßt sich die Farbe vieler Apatite verändern. Apatit ist der Name für eine Mineralgruppe, deren einzelne Glieder unterschiedliche Gehalte an Fluor und Chlor aufweisen, Calcium kann durch Mangan (»Moroxit«), Magnesium, zweiwertiges Eisen, Strontium und Seltene Erden, besonders Cer (»Belovit«), ersetzt werden; Silizium und Schwefel können den Phosphor ersetzen. »Wilkeit« (Riverside County/Kalifornien), »Britholit« (Julianehåb/Grönland), »Abukumalit« (Jisaka/Japan), »Ellestadit« (Crestmore/Kalifornien), »Mangualdit« (Mangualde/Portugal).

Bildung und Vorkommen: In das Kristallgitter des Apatit lassen sich große Atome und sperrige Moleküle, die bei der Bildung von anderen Mineralien übriggeblieben sind, leicht einbauen, daher ist er weit verbreitet: 1. In fast allen magmatischen Gesteinen, z.T. bis 5 Volumenprozent, so daß ein Abbau sich lohnt, Apatity, Kola-Halbinsel, die größte Apatitlagerstätte der Erde; Alnö/Schweden. Schöne Kristalle oft in Hohlräumen von Vukaniten, Somma, Vesuv/Italien; Laacher See, Katzenbuckel; Murcia/Spanien. 2. In Pegmatiten und pneumatolytischen Bildungen finden sich z.T. riesige Apatitkristalle; Ödegården/Norwegen; Renfrew, Ontario/Kanada; Durango/Mexiko, große Kristalle von Edelsteinqualität. 3. In hochtemperierten hydrothermalen Gängen, z.B. in Goldquarzen; in alpinen Klüften, St. Gotthard, Dauphiné, Sulzbachtal (weltberühmt). 4. Aus regionalmetamorphen Gesteinen (aus Phosphoriten entstanden) sind sehr schöne Kristalle bekannt; Panasqueira/Portugal. »Phosphorit« ist ein Sammelname für Sedimente, die aus den Verwitterungsprodukten von Phosphormineralien und aus tierischen Relikten bestehen. Enorme Phosphoritlager haben sich auch aus den Exkrementen von Meeresvögeln (Guano) gebildet. Durch Reaktion mit Kalken entstehen abbauwürdige Apatite.

Bedeutung und Verwendung: Wichtigster Hauptträger der Phosphorsäure. Apatit und Phosphorit werden fast ausnahmslos zur Herstellung von Düngemitteln verwendet, in geringem Maße auch in der chemischen Industrie, für Zündhölzer oder Phosphorbronze. Die Jahresweltproduktion an Phosphat (ausgenommen Guano) beträgt etwa 98 Mio t.

Verwechselungsmöglichkeiten: 1788 nannte G. A. Werner das Mineral nach dem griechischen *apatao = ich betrüge*, weil bereits die ältesten Mineralogen ihn mit anderen Mineralien verwechselt haben: Kristalle mit Beryll, Quarz, Nephelin; derb mit Orthoklas, Olivin; zelliger, schaliger, krustenförmiger Phosphorit gleicht Galmei.

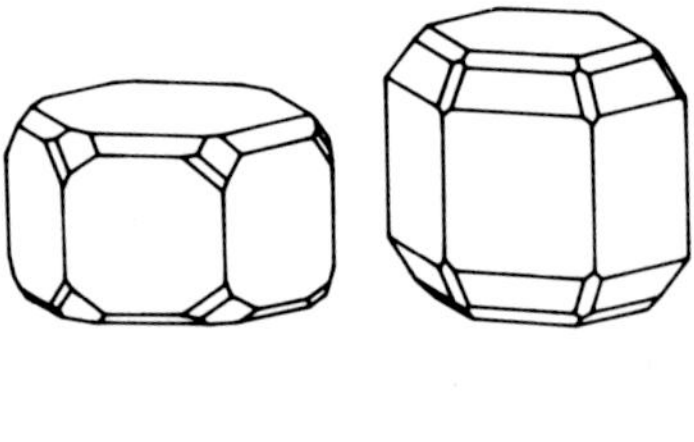

o. l.: Apatit (Staffelit)
Staffel bei Limburg/BRD; 50 × 68 mm
o. r.: Apatit
Ehrenfriedersdorf, Sachsen/BRD; 20 × 28 mm
u.: Apatit
Panasqueira/Portugal; 50 × 36 mm

Pyromorphit *Grünbleierz* $Pb_5[Cl|(PO_4)_3]$

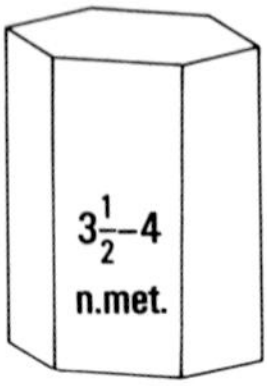

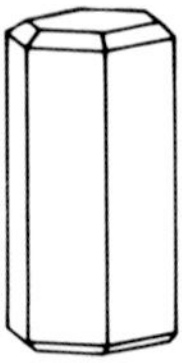

Eigenschaften: Fast stets lange, prismatische Kristalle, oft nadelförmig in großer Anzahl nebeneinander auftretend, parallel oder radial angeordnet; meist aufgewachsen, selten doppelendige Kristalle; größere Individuen sind oft aus vielen kleinen zusammengesetzt; häufig faßförmige Ausbildung *(Emser Tönnchen)*; kugelige, traubige Aggregate, körnig. Spaltbarkeit: undeutlich; Dichte: 6,7–7,0; Farbe: meist verschiedene Grüntönungen, braun, wachs- und honiggelb, orangerot (Leadhills/Schottland), farblos, selten schwarz.

Bildung und Vorkommen: Sekundär in Bleiglanzlagerstätten. Die meisten Fundstellen sind heute erschöpft. Clausthal, Freiberg, Holzappel, Badenweiler, Hofsgrund, Ems, hier wurden 1867 zentnerschwere Stufen mit Tausenden von Kristallen (z. T. über 3 cm) gefunden. Přibram, Stříbro, Olovi, Banská Štiavnica/ehem. ČSSR; Cornwall; Beresowsk, Nertschinsk/GUS, Sardinien, Valsugana/Italien; Mapimi/Mexiko.

Bedeutung und Verwendung: Als Bleierz schon lange bekannt, wurde er 1748 von Valerius als *Grön Blyspat* (Grüner Bleispat) bezeichnet. Hausmann führte 1813 den noch heute gebräuchlichen Namen ein, weil er beim Schmelzen in Feuer Kristalle liefert, *pyr = Feuer, morphä = Gestalt.*

Verwechselungsmöglichkeiten: Von Mimetesit oft nur durch chemische Bestimmung zu unterscheiden.

l.: Pyromorphit
Grube Friedrichssegen, Bad Ems/BRD;
21× 29 mm
r.: Pyromorphit
Grube Friedrichssegen, Bad Ems/BRD;
30× 41 mm

Mimetesit $Pb_5[Cl|(AsO_4)_3]$

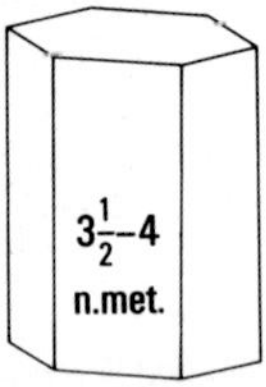

Eigenschaften: Kristalle wie bei Pyromorphit; aufgewachsen, tonnenförmig, kurzsäulig, meist lange Prismen, auch traubig, nierig, erdig. Spaltbarkeit: unvollkommen; Dichte: 7,1; Farbe: wechselnd, farblos, meist jedoch gefärbt, gelb, seltener braun oder grün, auch weiß. Durch Einlagerung von Phosphor im Kristallgitter entstehen runde, tonnenförmige, orangerote Kristalle von »Kampylit«, wie z. B. aus Cumberland/England.

Bildung und Vorkommen: Typisches sekundäres Mineral der oberen Täufen von Bleilagerstätten, jedoch gebunden an Arsenerze. Gut ausgebildete Kristalle (hexagonal-dipyramidal) von Tsumeb, SWA/Namibia; Chihuahua/Mexiko; Tintic, Utah/USA; Johanngeorgenstadt/Sachsen; Cornwall/England; grüne Krusten findet man in Långban/Schweden.

Bedeutung und Verwendung: V. Rose analysierte 1804 einen Mimetesit aus Johanngeorgenstadt und stellte dessen chemische Zusammensetzung fest. Wegen der großen Ähnlichkeit mit Pyromorphit gab ihm Beudant 1832 den Namen »Mimetèse«, abgeleitet vom griechischen *mimätas = Nachahmer.* Sehr interessantes und seltenes Sammlerobjekt.

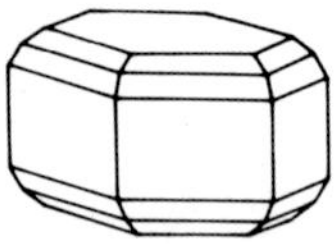

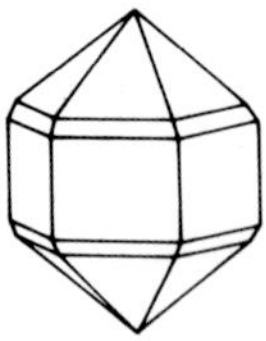

l.: Mimetesit (Kampylit)
Dry Gill Mine/England; 12× 17 mm
r.: Mimetesit
Johanngeorgenstadt, Sachsen/BRD;
50× 68 mm

Vanadinit $Pb_5[Cl|(VO_4)_3]$

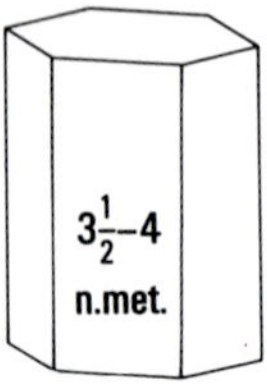

Eigenschaften: Die Ausbildung der Kristalle ist vielfältig. Im allgemeinen prismatisch, nach der c-Achse gestreckt, kurzsäulig, hexagonal, spitze Pyramiden, flächenreiche Nadeln, auch traubig-nierige, radialstrahlige Aggregate, skelettartig gewachsen, durchlöchert. Spaltbarkeit: keine; Dichte: 6,8–7,1; Farbe: gelb, braun, oft orangerot, hellgelb bis bräunlichgelb, selten weiß oder farblos. Im Kristallgitter kann Vanadium z. B. durch Phosphor *(Endlichit* von Lake Valley, New Mexico/USA) oder Arsen ersetzt werden.

Bildung und Vorkommen: Hauptsächlich als sekundär gebildetes Mineral in der Verwitterungszone vieler Bleilagerstätten. Obir in Kärnten/Österreich; Mies/ehem. Jugoslawien; Apache Mine, Old Yuma Mine, Arizona/USA; schöne Kristalle aus Mibladen/Marokko; Abenab, SWA/Namibia (bis 5 cm); Ahumada Mine, Los Lamentos/Mexiko. Oft vergesellschaftet mit Pyromorphit, Mimetesit und umwachsen von Descloizit.

Bedeutung und Verwendung: Der Mineraloge Andreas M. Del Rio glaubte bereits 1801 bei Untersuchungen an einem Bleierz aus Zimapan, ein neues Metall entdeckt zu haben. Später untersuchte Friedrich Wöhler Proben dieses Erzes, das Alexander von Humboldt von seinen Reisen mit nach Europa brachte, und wies darin das ein Jahr zuvor entdeckte Element Vanadium nach. Als abbauwürdig gelten bereits Erze, die das Metall mit weniger als 2% enthalten. Verwendung als Legierungsmetall bei der Stahlveredelung und für Katalysatoren. Jahresweltproduktion 1973: ca. 22 000 t; die Bundesrepublik Deutschland importiert Vanadium hauptsächlich aus der Republik Südafrika.

Vanadinit
Obir, Kärnten/Österreich; 13× 9 mm

Huréaulith $Mn_5[PO_4|PO_3OH]_2$

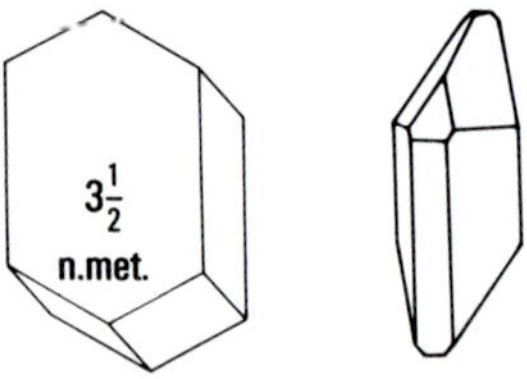

Kristalle sind kurz- bis langprismatisch, bis zu 3 cm lang, gewöhnlich tafelig, einzeln oder in Gruppen aufgewachsen, auch derb, in knolligen Aggregaten. Spaltbarkeit: deutlich; Dichte: 3,2; Farbe: farblos, Rot-, Gelb-, Brauntöne. Als sekundäres Mineral in Pegmatiten, zusammen mit Triphylin, Lithiophilit, Graftonit und anderen sekundären Phosphatmineralien. 1826 in Huréaux bei Limoges/Frankreich entdeckt; Hühnerkobel bei Zwiesel, prachtvolle Kristalle von Hagendorf in Bayern.

Huréaulith
Hagendorf, Bayern/BRD; 13× 18 mm

Konichalcit *Higginsit* $CaCu[OH|AsO_4]$

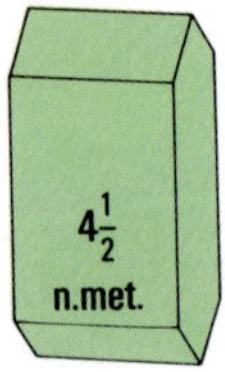

Kristalle sind sehr klein und selten, kurzprismatisch; radialfaserige Aggregate, nierenförmig, traubig. Spaltbarkeit: keine; Dichte: 4,33; Farbe: pistazien- bis smaragdgrün. Sekundäres Mineral in Kupferlagerstätten zusammen mit Limonit und vielen anderen sekundären Kupfermineralien. Hinojosa, Andalusien/Spanien; Polen; Maja Tass, Sibirien; Tsumeb, SWA/Namibia; Mexiko. In den USA verbreitet in den Bergbaugebieten von Arizona, Utah, Nevada, South Dakota. Benannt nach den Bestandteilen *konia* = *Staub* und *chalkos* = *Kupfer.*

Konichalcit (grün) mit Olivenit
Laurion/Griechenland; 6× 8 mm

Variszit $Al[PO_4] \cdot 2H_2O$

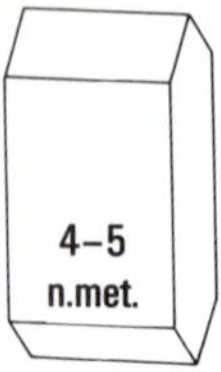

Kristalle sind selten, oktaedrisch oder auch tafelig; meist massig, als nierige Krusten, ursprünglich gelartig, auch opalähnlich. Spaltbarkeit: deutlich; Dichte: 2,52; Farbe: farblos, apfelgrün in verschiedenen Tönen. Durch die Einwirkung von zirkulierenden, phosphathaltigen Wässern auf aluminiumreiches Gestein entstanden. Meßbach bei Plauen; Leoben in der Steiermark. Mehr als 30 cm große Knollen bei Fairfield, Utah/USA (als Ornamentsteine und für Schmuckzwecke). »Amatrix« (= American matrix) sind Verwachsungen von Variszit mit Quarz und Chalcedon aus Utah.

Variscit
Ronneburg, Vogtland/BRD; 18 × 25 mm

Strengit $Fe[PO_4] \cdot 2H_2O$

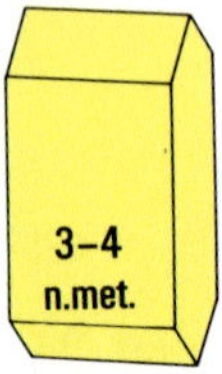

Oktaedrische Kristalle, dünn- bis dicktafelig, kurzprismatisch; kleine Aggregate mit radialstrahliger Struktur, kugelig, als Krusten. Spaltbarkeit: vollkommen; Dichte: 2,87; Farbe: violettblau, rot in verschiedenen Nuancen, fast weiß, selten farblos. Bei der Verwitterung von eisenreichen Phosphatmineralien gebildet. Kristalle bis 4 mm Größe in der Bull Moose Mine, Custer County, South Dakota/USA; Pleystein, Hagendorf in Bayern; Gruben Eleonore und Rotläufchen bei Wetzlar; Kiruna/Schweden.

Verwechselungsmöglichkeiten: Dünntafelige Kristalle von Schweden erinnern nach dem Entfernen des rotbraunen Belages an Baryt.

Strengit (weiß) und Eleonorit
Grube Rotläufchen, Wetzlar/BRD; 4 × 5 mm

Struvit $(NH_4)Mg[PO_4] \cdot 6H_2O$

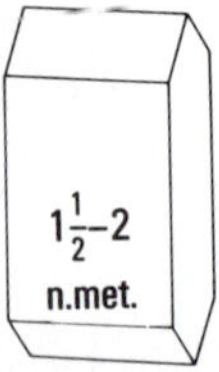

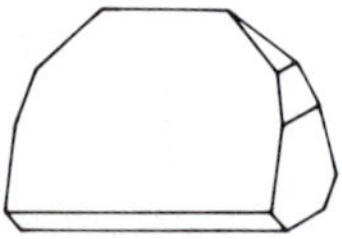

Variable Kristallformen, oktaedrisch, prismatisch, tafelförmig, z. T. angefressen; nur eingewachsen, 2 cm und größer. Spaltbarkeit: vollkommen; Dichte: 1,7; Farbe: selten farblos, meist gelb bis hellbraun. In der Moorerde unter Düngergruben von Hamburg (6–8 mm); Braunschweig; meist im Guano; Skiptonhöhlen bei Ballarat/Australien; am Limfjord/Dänemark linsenförmige (1–5 cm Durchmesser) Kristalle im Schlamm neben zahlreichen organischen Resten.

Struvit
Hamburg/BRD; 25 × 35 mm

Ludlamit $Fe_3[PO_4]_2 \cdot 4H_2O$

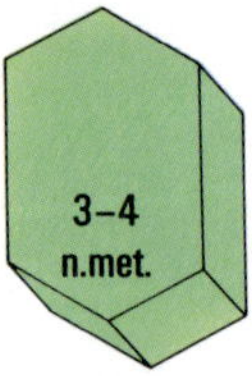

Kristalle sind tafelig nach der Basis, oft keilförmig, auch derb und körnig. Spaltbarkeit: vollkommen; Dichte: 3,1; Farbe: hellgrün, apfelgrün, grünlichweiß bis farblos. Als sekundäres Mineral in der Oxidationszone von Erzlagern und als Verwitterungsprodukt von Eisenphosphatmineralien in Pegmatiten. Hagendorf in Bayern; Truro in Cornwall, North Groton, New Hampshire/England; Trepča/ehem. Jugoslawien; über 10 mm große Kristalle, oft zusammen mit Vivianit, im Blackbird District, Idaho/USA; in South Dakota bis 30 cm dicke derbe Massen mit Adern, in denen bis 7 mm große Kristalle gefunden werden.

Ludlamit
Trepča/ehem. Jugoslawien; 21 × 29 mm

Vivianit $Fe_3[PO_4]_2 \cdot 8H_2O$

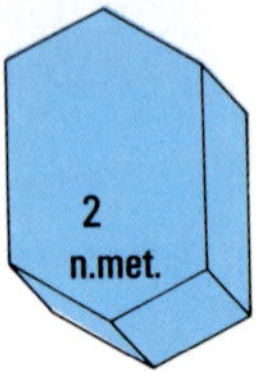

Eigenschaften: Langsäulige Kristalle, meist aufgewachsen, gewöhnlich in strahligen, faserigen Aggregaten, in Rosetten, Kugeln und Nieren; auch tafelig (Leadville/Colorado); häufig auch krümelig und erdig (Blaueisenerde). Spaltbarkeit: vollkommen, gipsähnlich; Dichte: 2,6–2,7; Farbe: farblos, durch Einfluß des Luftsauerstoffes verfärben sich die Kristalle sofort hellblau, blau, dunkelblau, blaugrün oder schwarz; das im Kristallgitter enthaltene zweiwertige Eisen wird dabei in dreiwertiges Eisen umgewandelt. Feine Spaltblättchen sind biegsam, dabei gleiten, ähnlich wie beim Graphit und beim Gips, die Schichten des Kristallgitters übereinander hinweg.

Bildung und Vorkommen: Vivianit entsteht in oberflächennahen Bereichen unter Abschluß von Luftsauerstoff. Zirkulierende phosphatreiche Wässer wirken auf Eisenmineralien ein, die hauptsächlich zweiwertiges Eisen enthalten, wie z. B. Pyrit, Siderit, Fayalit, Pyrrhotin und lösen einen Teil des Eisens heraus. Verdunstet

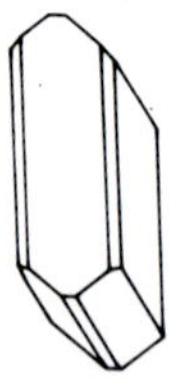

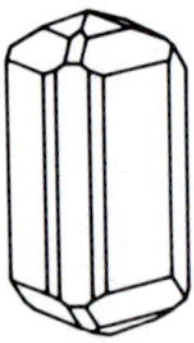

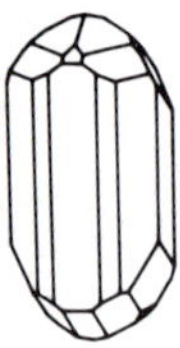

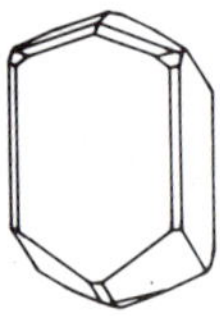

nun das Wasser, so kristallisieren die Vivianitkristalle aus. In Pegmatiten können sich Eisenphosphate durch Wasseraufnahme in Vivianit umwandeln. Auf diese Weise sind sehr schöne Kristalle, besonders in St. Agnes/Cornwall entstanden; sehr große in Llallagua und Posokoni/Bolivien (dunkelgrün, bis 15 cm lang); in der Ibex Mine/Colorado und vielen anderen Stellen in den USA; hervorragend schön von Trepča/ehem. Jugoslawien; Waldsassen in Ostbayern; Cerro de Pasco/Peru. In feinster Verteilung findet sich das Mineral weit verbreitet in tonigen Sedimenten. Spektakuläre Kristalle mit einer Länge von über 1 mm stammen aus den Tonlagern von Anloua bei Ngaoundere/Kamerun. Vivianit wird auch oft als Bestandteil fossiler Knochen und Zähne gefunden. So wurde 1877 in der Nähe von Kalkental bei Stuttgart eine versteinerte, gepanzerte Vogelechse gefunden, alle Hohlräume der Knochen und die Knochen selbst waren in Vivianit umgewandelt. In einem alten Verhau am Klementigang von Příbram/ehem. ČSSR wurde ein Pferd gefunden, in dessen Unterkiefer sich z. T. sehr schön ausgebildete Vivianitkristalle befanden. In einem Grab bei Upsala/Schweden fand man neben dem Skelett eines Menschen und Pferdeknochen schneeweiße Vivianitkristalle, die auf vermoderten Pflanzenstengeln gewachsen waren. Wegen der Farbähnlichkeit mit Türkis werden Vivianitkrusten, die sich meist auf Zähnen von Mammut, Mastodon oder Dinotherium befinden, als »Zahntürkis« bezeichnet.

Bedeutung und Verwendung: Ursprünglich hieß das Mineral »Blaueisenerde«, wurde dann aber 1817 von A. G. Werner nach seinem Entdecker, dem englischen Mineralogen J. G. Vivian, benannt. Z. T. als minderwertiger Farbstoff verwendet; interessant für Mineraliensammler.

o. l.: Vivianit
Trepča/ehem. Jugoslawien; 50 × 68 mm
o. r.: Vivianit (Zahntürkis)
Pyrenäen; 54 × 74 mm
u.: Vivianit
Trepča/ehem. Jugoslawien; 82 × 60 mm

Annabergit *Nickelblüte* $Ni_3[AsO_4]_2 \cdot 8H_2O$

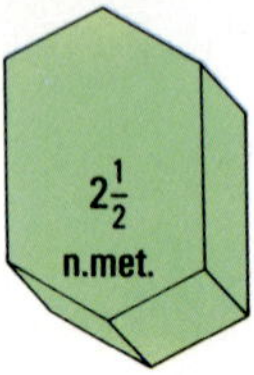

Eigenschaften: Deutliche und große Kristalle sind selten, meist prismatisch, abgeflacht, oft gestreift; teils kristalline, kugelige Überzüge, teils dichte, amorphe, oft erdige Massen. Spaltbarkeit: deutlich; Dichte: 3,07; Farbe: weiß, grau, hellgrün bis intensiv gelbgrün, apfelgrün.

Bildung und Vorkommen: Als sekundäres Mineral in der Verwitterungszone und im Eisernen Hut von nickelhaltigen Erzlagerstätten. Als Belag und Überzug auf Nickelerzen wie Chloanthit und Nickelin, öfter neben Erythrin und Pharmakolith. Im Harz in ziemlichen Massen auf den verwitterten Halden des Kupferschiefers; im Rheinischen Schiefergebirge als Zersetzungsprodukt, besonders vom Rotnickelkies und Arsennickelkies, in den Erzgruben Annaberg und Schneeberg/Sachsen; Richelsdorf/Hessen. Die schönsten Stücke stammen aus Cobalt/Kanada; Allemont/Frankreich; Gonnosfanadiga/Sardinien und aus dem Valsassina, Como/Italien. Eine magnesiumreiche Annabergit-Varietät der »Cabrerit« kommt aus der Sierra Cabrera in Spanien und aus Laurion/Griechenland.

Bedeutung und Verwendung: Der Name geht auf die Erzgrube Annaberg in Sachsen zurück. Das Mineral findet sich selten abbauwürdig und ist daher in erster Linie für Mineraliensammler von Bedeutung.

Annabergit
Laurion/Griechenland; 10 × 7 mm

Erythrin *Kobaltblüte* $Co_3[AsO_4]_2 \cdot 8H_2O$

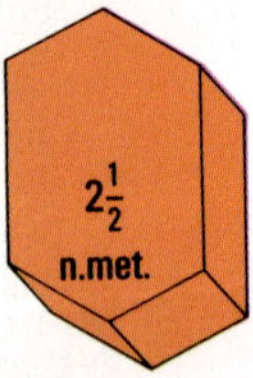

Eigenschaften: Die meist kleinen Kristalle sind prismatisch, nadelförmig, abgeflacht, oft gestreift; sie bilden büschelige, sternförmige, strahlig-blättrige Aggregate, in kugeligen, nierigen Formen mit rauher Oberfläche; auch erdig und als Anflug. Spaltbarkeit: sehr vollkommen, dünne Plättchen sind etwas biegsam; Dichte: 3,07; Farbe: rosarot bis dunkelrot mit violetter Tönung (Pfirsichblütenrot), durch Zersetzung perlbis grünlichgrau.

Bildung und Vorkommen: Als sekundäres Mineral in der Oxidationszone von kobaltreichen Erzen, wie z. B. von Skutterudit und Cobaltit. Bekannte Vorkommen sind Schneeberg in Sachsen, Richelsdorf in Hessen, Bieber im Spessart; Wittichen im Schwarzwald; Allemont/Frankreich; im Riesengebirge; am Cap Calamita/Elba; im Val Sugana, Trient/Italien; Cornwall/England. Hervorragende Kristalle in einer Größe von 2–3 cm, in blättrigen Rosetten gruppiert, findet man in Bou Azzer im Anti-Atlas/Marokko.

Bedeutung und Verwendung: J. F. Henkel erwähnte 1754 in seiner »Kieshistorie« den Namen »Koboldblüthe«, A. F. Cronstedt beschrieb sie 1770 als dünnen, erdigen Belag auf »Kobolterzen«. Der deutsche Name wurde also sicherlich von dem äußeren Erscheinungsbild des Minerals abgeleitet: »Ausblühungen« auf Erzen, blütenähnliche Anordnung der Kristallgruppen. Der internationale Name wurde 1832 von dem Mineralogen F. S. Beudant aus dem griechischen Wort *erythros* = *rot* abgeleitet. Die auffallenden, lebhaft gefärbten Erythrinbeläge im Gelände sind immer ein eindeutiger Hinweis auf kobaltreiche Gesteine.

Erythrin
Schneeberg, Sachsen/BRD; 35 × 25 mm

Strunzit $MnFe_2[OH|PO_4]_2 \cdot 6H_2O$

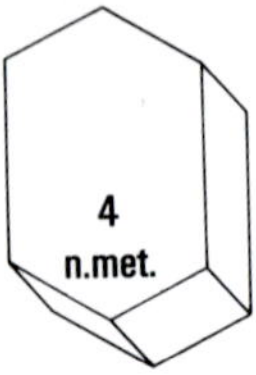

Bis zu 2 cm lange Fasern, die in ungeordneten, strahligen Büscheln zusammenstehen, auch als Überzüge. Spaltbarkeit: nicht feststellbar; Dichte: 2,47–2,56; Farbe: strohgelb bis bräunlichgelb. Kommt als oberflächennahes Verwitterungsprodukt in Pegmatiten, auf zersetztem Triphylin, Rockbridgeit, Dufrenit, Beraunit usw. vor. Hagendorf, Pleystein, Hühnerkobel/Bayern; Koralpe/Steiermark; Morašice/Böhmen; im Massiv von Arize/Frankreich; Sabugal/Portugal. Ähnlich wie Kakoxen. Benannt nach dem Mineralogen Hugo Strunz.

Strunzit
Hagendorf, Bayern/BRD; 8× 12 mm

Pharmakolith $CaH[AsO_4] \cdot 2H_2O$

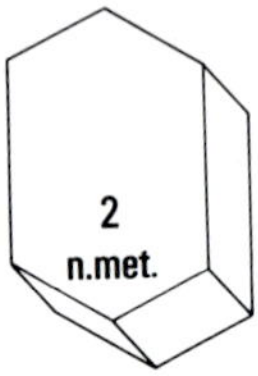

Meist sehr kleine Kristalle, tafelig, gestreckt, nadelig, oft gestreift, zarte seidige Fasern sind meist radialstrahlig, sternförmig angeordnet, büschelförmig zusammengedrängt oder bilden moosartige Überzüge; traubige Aggregate und feinste kristalline Ausblühungen kommen vor. Spaltbarkeit: vollkommen; Dichte: 2,6; Farbe: weiß, rötlich (durch Kobalt), grünlich (durch Nickel). Als Ausblühungen und Belag auf Arsenerzen, z. B. Heubach/Schwarzwald, Markirch im Elsaß; Joachimsthal in Böhmen lieferte 8 mm lange und 1 mm dicke farblose, durchsichtige Kristalle. Sehr schön von Richelsdorf/Hessen.

Pharmakolith
Bauhaus, Richelsdorf/BRD; 10× 14 mm

Kakoxen
$Fe_4[OH|PO_4]_3 \cdot 12H_2O$

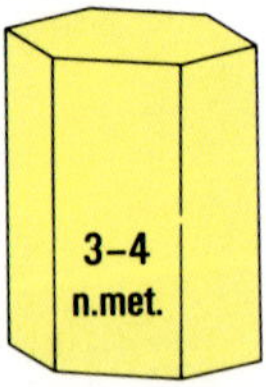

Kristalle sind prismatisch, nadelförmig, oft in Büscheln angeordnet, sternförmige Aggregate oder samtartige, faserige Überzüge sind häufig; Kristallspitzen oft angewittert. Spaltbarkeit: nicht beobachtbar; Dichte: 2,26; Farbe: goldgelb, gelb, bräunlichgelb, orange, selten grünlich. Sekundäres Mineral. Grube Hrbek bei St. Benigna/Böhmen; Grube Eleonore und Rotläufchen bei Wetzlar/Hessen; Amberg-Auerbach/Bayern. In Pegmatiten: Hagendorf, Pleystein, Hühnerkobel/Bayern. Name vom griechischen *kakos* = *schlecht* und *xenos* = *Gast*, weil der Phosphorgehalt des Minerals früher das Brauneisenerz verdarb.

Kakoxen
Grube Rotläufchen, Wetzlar/BRD; 6× 8 mm

Beraunit *Eleonorit*
$Fe_3[(OH)_3|(PO_4)_2] \cdot 2\frac{1}{2}H_2O$

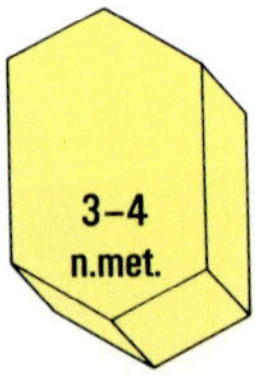

Kristalle sind klein und selten, tafelig, etwas gestreckt, vertikal gestreift. Meist als radialfaserige Aggregate, Krusten oder flache Verdichtungen. Spaltbarkeit: deutlich; Dichte: 3,01; Farbe: hyazinthrot bis rotbraun, oft bunt angelaufen. Verwitterungsprodukt pegmatitischer Phosphatmineralien: Grube Eleonore und Rotläufchen bei Wetzar; Scheibenberg in Sachsen; besonders schön vom Pleystein/Bayern. Niess fand 1880 das kristalline Mineral auf der Grube Eleonore am Dünsberg und nannte es Eleonorit. Für dieses Mineral wurde jedoch der Name Beraunit nach Beraun/Sachsen festgelegt.

Beraunit
Grube Rotläufchen bei Wetzlar/BRD;
4× 6 mm

Wavellit *Fischerit* $Al_3[(OH)_3|(PO_4)_2] \cdot 5H_2O$

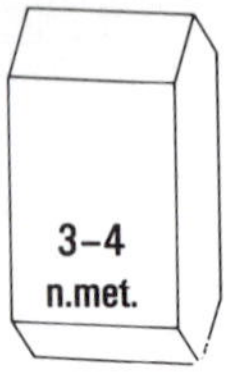

Eigenschaften: Prismatische, nadelförmige Kristalle mit gestreiften Flächen; charakteristisch ist die Anordnung zu radialstrahligen Büscheln und halbkugeligen, nierigen Gebilden, z.T. von mehreren Zentimetern Durchmesser. Spaltbarkeit: deutlich; Dichte: 2,3–2,4; Farbe: farblos, meist grau, gelblich, braun bis braunschwarz, manchmal grün bis blau.

Bildung und Vorkommen: Hydrothermal gebildet findet man Wavellit auf Klüften und Schichten, meist ist er aber auch sekundärer Entstehung in kristallinen Schiefern und Sedimenten, insbesondere auf Limonit, Mangan- und Phosphoritlagerstätten; fast alle seltenen Tonerdephosphate werden von Wavellit begleitet. Große Mengen hat man in Holly Spring, Pennsylvania/USA gefunden; kugelige Aggregate in den Schiefern von Ouro Preto/Brasilien; St. Austel, Cornwall/England; als Bindemittel einer Brekzie in bläulich-grünen, radialstrahligen Kugeln in Montgomery County, Arkansas/USA; weiße, radialstrahlige Kugeln im Harz; traubige Aggregate von z.T. grünlicher Färbung am Dünsberg bei Gießen; in Langenstriegis/Sachsen; Ronneburg/Thüringen; Kirunavaara/Schweden.

Bedeutung und Verwendung: Entdeckt wurde das Mineral um 1800 von William Wavell, einem Arzt in Devonshire; der Arzt, Chemiker und Mineraloge William Babington benannte es nach seinem Entdecker. Wo der Abbau sich lohnt (Holly Springs), wird er zur Herstellung von Phosphatdünger gewonnen.

Verwechselungsmöglichkeiten: Kingit, Natrolith, Hydrargillit; größere Kugeln erinnern an Prehnit.

l.: Wavellit
Barnstable/England; 33 × 45 mm
r.: Wavellit
Dünsberg bei Gießen/BRD; 23 × 32 mm

Chalkophyllit, *Kupferglimmer*
$Cu_{18}Al_2[(OH)_9|SO_4|AsO_4]_3 \cdot 36H_2O$

Kristalle tafelig, in kleinen Drusen und blättrigen Aggregaten, oft rosettenförmig angeordnet; glimmerähnlich. Spaltbarkeit: sehr vollkommen; Dichte: 2,4–2,6; Farbe: bläulich-, smaragd-, spangrün. Als sekundäres Mineral in der Oxidationszone und im Eisernen Hut von Kupferlagerstätten zusammen mit Cuprit, Malachit, Azurit. An vielen Stellen im Erzgebirge, in Siebenbürgen; Schwaz/Österreich; Cap Garonne/Frankreich; frühere UdSSR; Cornwall/England. Name nach der Ausbildungsform des Minerals vom Griechischen abgeleitet *phyllon = das Blatt, chalkos = Kupfer.*

Chalkophyllit
Tincroft bei Redruth, Cornwall/England; 9 × 12 mm

Lirokonit *Linsenerz*
$Cu_2Al[(OH)_4|AsO_4] \cdot 4H_2O$

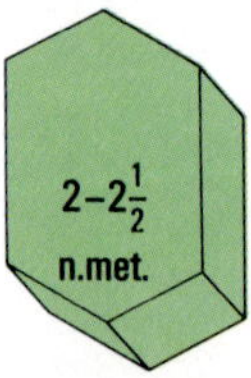

Dünne Kristalle in der Form abgeplatteter Oktaeder, gestreifte Flächen, abgerundete, linsenförmige Gebilde, keilförmig aufgewachsene Kristalle bis 1 cm Größe; auch derb, körnig. Spaltbarkeit: undeutlich; Dichte: 3; Farbe: himmelblau mit Stich ins Grünliche. Seltenes Mineral, kommt in der Oxidationszone von Kupferlagerstätten vor. Cornwall, Devonshire/England; Herrengrund/Ungarn; Ural; Schwarzenberg/Sachsen. Mohs leitete den Namen vom griechischen *leiros = bleich* und *konia = Staub* ab wegen des hellen Aussehens des Mineralpulvers.

Lirokonit
Cornwall/England; 9 × 12 mm

Mixit

$BiCu_6[(OH)_6|AsO_4]_3 \cdot 3H_2O$

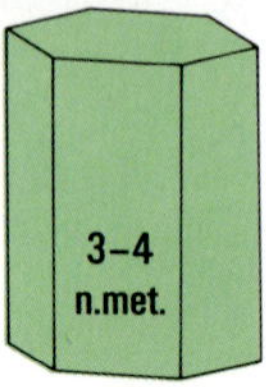

Nadelige, gestreckte Kristalle, radialstrahlige Aggregate, nierenförmig-kugelige Krusten und Beläge. Spaltbarkeit: nicht feststellbar; Dichte: 3,8; Farbe: smaragdgrün bis blaugrün, hellblau, hellgrün, weißlich. Auf Wismutocker im Geistergang von Joachimsthal/Böhmen; Wittichen, Oberwolfach, Neubulach/Schwarzwald; Schneeberg/Sachsen; Laurion/Griechenland; Tintic/Utah, USA; Chile; Mexiko. Benannt nach dem Bergrat Mixa.

Mixit
Schneeberg, Sachsen/BRD; 4 × 6 mm

Agardit *Chlorotil*

$(Y,)Cu_6[(OH)_6|AsO_4]_3 \cdot 3H_2O$

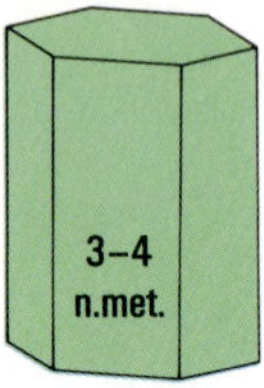

Einige Millimeter lange, gestreckte Kristalle, in Büscheln zusammenstehend, feinfaserig. Spaltbarkeit: keine; Dichte: 3,72; Farbe: blaugrün. Agardit ist in seinen physikalischen und chemischen Eigenschaften dem Mixit sehr ähnlich, allein im Kristallgitter ist das Wismutatom durch ein Yttriumatom ausgetauscht. Kommt in der Oxidationszone der Kupferlagerstätte von Bou-Skour/Marokko vor, zusammen mit Azurit, Malachit, Cuprit, gediegen Kupfer, Quarz und anderen noch unidentifizierten Mineralien. Schöne Kristalle neben anderen Arsenaten von der Grube Clara, Oberwolfach/Schwarzwald; Schneeberg/Sachsen.

Agardit
Grube Clara bei Wolfach/BRD; 7 × 10 mm

Autunit Kalkuranglimmer $Ca[UO_2|PO_4]_2 \cdot 8-12H_2O$

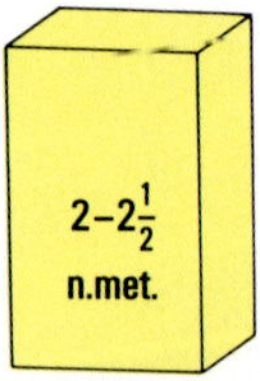

Eigenschaften: Dünntafelige, z. T. gestreifte Kristalle, die seitlichen Flächen sind nur schwach entwickelt, dadurch kommt es zu einer glimmerartigen Ausbildung: blättrige Aggregate, oft büschelig, schuppig; einzelne, freistehende Kristalle sind selten. Spaltbarkeit: sehr vollkommen; Dichte: 3,2; Farbe: schwefelgelb, zeisig- bis moosgrün, ausgebleicht eine auripigmentähnliche Farbe. Die grüne Fluoreszenzerscheinung unter ultraviolettem Licht ist eine der stärksten, die im Mineralreich beobachtet werden kann, sie ist viermal so groß wie diejenige des Flußspats von Zinnwald. Torbernit fluoresziert im Gegensatz dazu nicht. An portugiesischen Stufen wurden Lumineszenzerscheinungen beobachtet, die wohl durch den radioaktiven Zerfall des Minerals entstehen. Im höchsten Grade radioaktiv!

Bildung und Vorkommen: Als sekundäres Mineral bei der Verwitterung von Uranmineralien entstanden, in Pegmatiten, Graniten, hydrothermalen Gängen und Sedimenten. Hervorragende Stufen von dickblättrigen Kristallen (mehrere Millimeter lang) kommen aus der Daybreak Mine, Mount Spokane, Washington/USA; Autun im Departement Saône et Loire, St. Yrieux bei Limoges/Frankreich; Mount Painter/Südaustralien; Kristalle vom Fuchsbau/Fichtelgebirge zeigen besonders hohe Radioaktivität; Erzdistrikt von Joachimsthal/Böhmen; im Flußspat von Wölsendorf/Bayern.

Bedeutung und Verwendung: Schon vor 1819 bekannt, nach dem Vorkommen von Autun/Frankreich benannt. Während des 2. Weltkrieges verwendete man zur Urangewinnung in erster Linie dieses Mineral. Im Gelände sind die deutlich gelben Ausblühungen ein Hinweis auf primäre Uranvorkommen.

Autunit
L'Huis Jaques, Nièvre/Frankreich; 21 × 25 mm

Trögerit $H_2[UO_2|AsO_4] \cdot 12H_2O(?)$

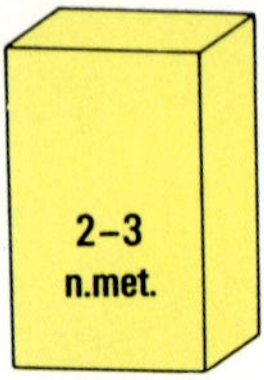

Dünntafelige, schuppenförmig angeordnete Kristalle, ähnlich dem Gips. Spaltbarkeit: vollkommen nach der Basis, glimmerartig; Dichte: 3,3; Farbe: zitronengelb. Trögerit ist stets mit Zeunerit gesetzmäßig verwachsen. Unter ultraviolettem Licht fluoresziert er zitronengelb. Benannt nach dem Entdecker des Minerals, dem Schachtmeister Tröger, der es im Walpurgisgang der Grube Weißer Hirsch bei Neustädtel, Schneeberg/Sachsen als erster entdeckte.

Trögerit
Grube Weißer Hirsch, Schneeberg, Sachsen/BRD; 10× 14 mm

Zeunerit $Cu[UO_2|(AsO_4]_2 \cdot 8-12H_2O$

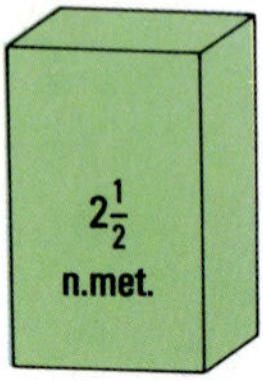

Sehr ähnlich dem Torbernit, tafelförmige, auch pyramidale Kristalle, 1 bis 2 cm lang, flächenreich. Spaltbarkeit: deutlich; Dichte: 3,79; Farbe: gelblichgrün, smaragdgrün. Zeunerit fluoresziert nicht unter ultraviolettem Licht! Er ist sehr stark radioaktiv! Neuerdings auf sehr vielen Lagerstätten gefunden, ist er typisch als sekundäres Mineral der Oxidationszone von uranhaltigen Lagerstätten zusammen mit arsenhaltigen Mineralien. Grube Weißer Hirsch, Schneeberg/Sachsen; Grube Anton/Schwarzwald; Dexter Mine, Utah/USA. Name zu Ehren des Bergrates Zeuner.

Zeunerit
Grube Weißer Hirsch, Schneeberg, Sachsen/BRD; 7× 10 mm

Torbernit *Kupferuranglimmer, Chalkolith* $Cu[UO_2|PO_4]_2 \cdot 8-12H_2O$

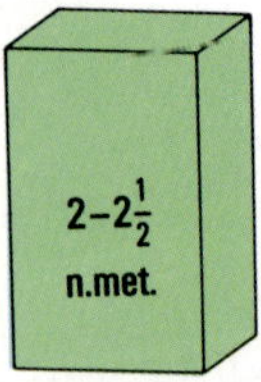

Eigenschaften: Kristalle nach der Basisfläche dünntafelig, die zahlreichen anderen Flächen sind weniger deutlich ausgeprägt, blättrig, glimmerähnliche Strukturen, auch schuppige Büschel. Spaltbarkeit: deutlich; Dichte: 3,22; Farbe: leuchtendes, giftig wirkendes Gras- bis Smaragdgrün, Bläulich- und Gelblichgrün. Außerordentlich starke Radioaktivität, z. B. bei Material von Cornwall, etwa ⅓ der Pechblende von Joachimsthal.

Bildung und Vorkommen: In geringen Mengen weit verbreitet in Pegmatiten, Gängen und verschiedenen Sedimenten. Besonders schöne Kristalle kommen von Chalk Mountain, Spruce Pine, Mitchell County, North Carolina/USA. In großen Mengen als Verwitterungsprodukt von Uranerzen (Pechblende) im Katanga-District/Zaïre; im böhmisch-sächsischen Erzgebirge, mit Flußspat bei Wölsendorf/Oberpfalz, mit Autunit im Fichtelgebirge und Bayerischen Wald, bei Falkenstein/Vogtland; in den Pegmatiten bei Villa Formosa/Portugal; bei Aveyron/Frankreich fand man 2 mm große Kristalle; bis 5 mm große Mischkristalle mit Zeunerit von Menzenschwand/Schwarzwald.

Bedeutung und Verwendung: Als Mineral bereits vor der Entdeckung des Urans bekannt, 1780 von A. G. Werner nach Torbern Olaf Bergmann Torbernit genannt, 1793 von ihm als »Chalkolith« *(chalkos* = Kupfer, *lithos* = Stein) bezeichnet, da er aufgrund seiner chemischen Analysen das glimmerähnliche Mineral für Chlorkupfer mit Tonerde hielt. Torbernit ist ein wichtiges Uranerz.

Verwechselungsmöglichkeiten: Vom Autunit unterscheidet er sich durch die Farbe, außerdem fluoresziert er unter ultraviolettem Licht nicht.

Torbernit
Johanngeorgenstadt, Sachsen/BRD; 68× 45 mm

VIII. Klasse: Silikate

Chemie: Der Name »Silikat« leitet sich vom lateinischen *silex* = *Kieselstein* ab und deutet darauf hin, daß es sich dabei um Verbindungen mit SiO_2 handelt. Silikate sind die wichtigsten Bestandteile der Gesteine der Erdkruste und der anderen festen Himmelskörper, wie es Steinmeteorite beweisen. In der Erdkruste machen sie, Quarz eingeschlossen, etwa 95% aus. Die Silikate können sehr komplizierte Zusammensetzungen und Strukturen haben (z. B. Hornblende), eine systematische Gliederung ist daher nur über die Kristallstruktur möglich. Wegen der fast stets vorhandenen Mischkristallbildung ist eine chemische Systematik unmöglich.

Kristallographie: Der einfachste Baustein der Silikate ist der $[SiO_4]$-Komplex aus vier großen Sauerstoffatomen und einem kleineren Silizium als Zentralatom. Diese $[SiO_4]$-Tetraeder können sich zu allen möglichen Formen aneinanderlagern.

1. **Nesosilikate** (griechisch: *näsos* = Insel). Die $[SiO_4]$-Tetraeder sind inselartig auf Plätzen im Kristallgitter verteilt. Sie sind gekennzeichnet durch hohes spezifisches Gewicht (über 3), hohe Härte (6,5–8), meist pseudohexagonale oder pseudokubische Symmetrie.

2. **Sorosilikate** (griechisch: *soros* = Gruppe). Zwei oder drei $[SiO_4]$-Tetraeder werden über ein gemeinsames Sauerstoffatom miteinander zu Gruppen verknüpft, es entstehen $[Si_2O_7]$- und $[Si_3O_{10}]$-Komplexe. Die Symmetrie ist meist monoklin.

3. **Cyclosilikate** (griechisch: *kyklos* = Ring). $[SiO_4]$-Tetraeder können sich zu Ringen zusammenschließen; durch einen Dreierring entsteht der Komplex $[Si_3O_9]$, einen Viererring der Komplex $[Si_4O_{12}]$, einen Sechserring der Komplex $[Si_6O_{18}]$. Meist trigonale oder hexagonale Symmetrie.

4. **Inosilikate** (griechisch: *inos* = Faser). $[SiO_4]$-Tetraeder lagern sich zu unendlich langen Einfachketten oder auch Doppelketten (Bändern) aneinander. Es entstehen so die Komplexe $[Si_2O_6]$ und $[Si_4O_{11}]$. Es existieren parallel zu den Ketten stets mehrere Ebenen guter Spaltbarkeit, die Kristalle erscheinen stengelig und faserig.

5. **Phyllosilikate** (griechisch: *phyllon* = Blatt). Jedes $[SiO_4]$-Tetraeder ist an drei Nachbartetraeder gebunden, es entstehen unendliche Flächen von Tetraederschichten. So entstehen Mineralien mit pseudohexagonaler, tafeliger bis schuppiger Ausbildung und einer ausgezeichneten Spaltbarkeit parallel der Schichten (Glimmer).

6. **Tektosilikate** (griechisch: *techtoneia* = Fachwerk). $[SiO_4]$-Tetraeder verknüpfen sich hier zu einem dreidimensional unendlichen Gebilde.

Petrologie: Die verbreitetsten Silikate sind Gemengteile magmatischer Gesteine. Verwittern diese, können wasserhaltige sekundäre Silikate entstehen. Sedimentäre Gesteine bestehen zu einem sehr großen Teil aus Quarz (Sand) und Tonmineralien (hauptsächlich Phyllosilikate). Im metamorphen Bereich entstehen daraus wiederum wasserfreie Silikate.

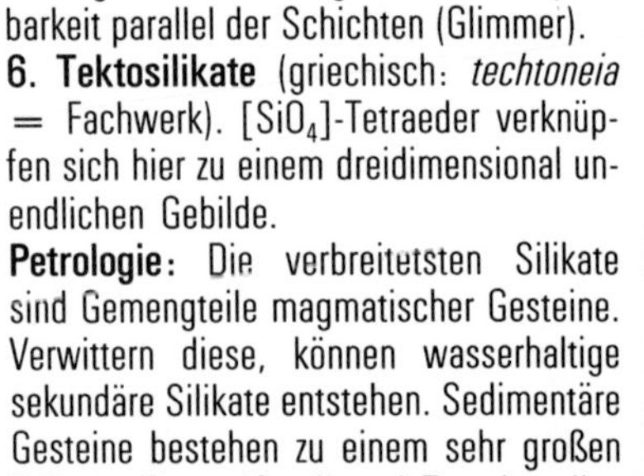

Baumotive einiger Silikate: Tetraeder, 6er Ring (Beryll), Kette (Pyroxene)

Titanit
Habachtal/Österreich; 30 × 41 mm

Olivin *Peridot, Chrysolith* $(Mg,Fe)_2[SiO_4]$

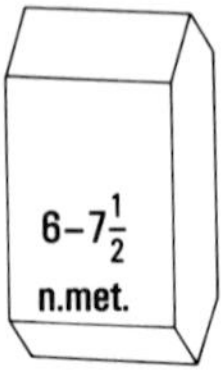

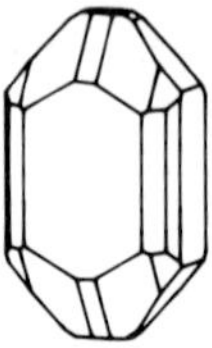
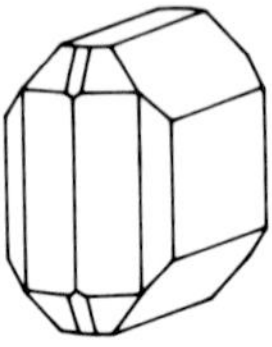
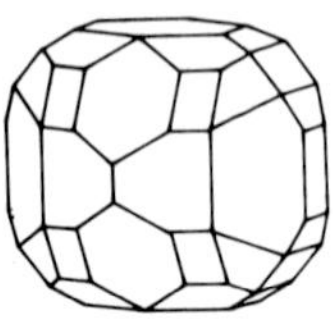

Eigenschaften: Kristalle kommen eingewachsen oder lose vor, sind prismatisch oder dicktafelig, oft flächenreich, häufiger aber in unregelmäßigen Körnern. Pseudohexagonale Zwillinge an mikroskopischen Kristallen. Der Flächenreichtum führt zu einer kugeligen Erscheinung, besonders der meteoritischen Olivine. Spaltbarkeit: deutlich; Dichte: mit dem Eisengehalt zunehmend von 3,27–4,20; Farbe: ölgrün, flaschengrün, gelblich, braun, rotbraun, selten grau oder farblos. Olivin ist der Name für einen Mischkristall, der sich aus den Endgliedern Forsterit (Mg_2SiO_4) und Fayalit (Fe_2SiO_4) zusammensetzt; beide kommen in der Natur nicht chemisch rein vor. Zonarbau ist dadurch zu erklären, daß zunächst ein magnesiumreicher Olivin gewachsen ist, dadurch verarmte die Schmelze an Magnesium, und mit der Zeit lagerten sich immer eisenreichere Schichten an den Kristall an.

Bildung und Vorkommen: Olivin ist eines der ersten Mineralien, die beim Erstarren der Schmelze in der Magmakammer auskristallisieren, dabei bildet er Peridotite und Dunite (fast monomineralische Gesteine), ist aber auch wesentlicher und viel verbreiteter Gemengteil vieler Gabbros, Diabase, Melaphyre und Basalte. Vorwiegend in kleinen Kristallen oder Körnern bzw. in vulkanischen Sanden, manchmal als nuß- bis kopfgroße Einschlüsse in Basalten (Olivinbomben). Forstberg bei Mayen, Mosenberg, Dreiser Weiher bei Daun/Eifel; Finkenberg/Siebengebirge; Hoher Hagen, westlich von Göttingen; Kapfenstein/Steiermark. Peridotite und Dunite sind oft verknüpft mit Chromit und gediegen Platin wie z. B. im Ural; Bushveld/Südafrika. In hochmetamorphen kristallinen Schiefern, in körnigen Kalksteinen und Dolomiten, auf Magnetitlagerstätten eingelagert. Berühmt sind geschliffene Peridotite, die aus einem 1749 in Ostsibirien niedergegangenen Meteorit stammen (Pallaseisen, sehr flächenreiche Kristalle). Aus körnigem Olivin bestehen u. a. Meteorite aus Chassiny/Frankreich (3. 10. 1815), Roda in Aragonien (1871), Heinholz bei Minden in Westfalen (1856). Material von Edelsteinqualität stammt von der Vulkaninsel Zebirget am Roten Meer (seit 3500 Jahren ausgebeutet). Von hier stammt der größte geschliffene Peridot von 310 ct. Alle Olivine neigen dazu, sich mit der Zeit durch atmosphärischen Einfluß zu zersetzen; charakteristische Pseudomorphosen entstehen, wie die von Snarum und vom Findelengletscher bei Zermatt.

Bedeutung und Verwendung: Kreuzfahrer brachten Peridot nach Mitteleuropa. Im Mittelalter wurde er viel für kirchliche Zwecke verwendet, in der Zeit des Barocks war er Lieblingsstein dieser Epoche. Der Name »Chrysolith« findet sich schon bei Plinius, der damit aber wohl unseren heutigen Topas meinte. Das Wort Peridot stammt vom griechischen *peri* = *ringsum* und *dona* = *Gabe*; es bezieht sich auf den Flächenreichtum vieler Kristalle. Magnesiumreiches Material wird zur Herstellung hochfeuerfester Steine oder zur Magnesiumgewinnung abgebaut, klare Kristalle als Edelsteine verschliffen. Von wirtschaftlicher Bedeutung sind auch die Olivinfelse und aus ihnen entstandene Serpentine, die oft Nickel, Chrom und Platin enthalten.

o.: Olivin
Vesuv/Italien; 26× 19 mm
u.: Olivin in Basalt
Vogelsberg/BRD; 80× 59 mm

Granat $A_3^{2+}B_2^{3+}[SiO_4]_3$ (allgemeine Formel)

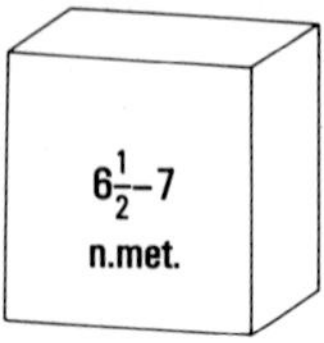

Eigenschaften: Kristalle sind oft sehr groß (in Norwegen bis zu 700 kg), meist sehr flächenreich und erscheinen kugelig, dabei ist die Form des Rhombendodekaeders (Granatoeder) und des Ikositetraeders typisch. Einzeln aufgewachsen oder in Aggregaten, manchmal schalig strukturiert, derbe, körnige bis dichte, auch kryptokristalline Massen sind bekannt, lose in Geröllen. Spaltbarkeit: sehr unvollkommen; Dichte: 3,4–4,6; Farbe: farblos und in allen möglichen Farben, ausgenommen blau; smaragdgrün über hellgrün, gelb, bräunlich, orangerot, blutrot, violettrot. Granat ist der Name für eine Gruppe von Mineralien, deren einzelne Glieder sehr ähnlich aussehen, die sich aber in ihrer chemischen Zusammensetzung deutlich unterscheiden. In die allgemeine Formel können für »A« kleine, für »B« größere Atome eingesetzt werden. Die reinen Endglieder kommen in der Natur praktisch nicht vor, immer sind kleinere oder größere Anteile eines anderen Gliedes mit in das Kristallgitter eingebaut. Die einzelnen Endglieder führen eigenständige Namen:

Pyrop	$Mg_3Al_2[SiO_4]_3$
Almandin	$Fe_3Al_2[SiO_4]_3$
Spessartin	$Mn_3Al_2[SiO_4]_3$
Grossular	$Ca_3Al_2[SiO_4]_3$
Andradit	$Ca_3Fe_2[SiO_4]_3$
Uwarowit	$Ca_3Cr_2[SiO_4]_3$

Seltenere Varietäten sind: *Goldmanit, Hydrogrossular, Calderit, Knorringit, Skiagit.*
Hieraus ergibt sich eine geradezu unübersehbare Zahl von Mischungsgliedern. Ändert sich während des Wachstums eines Kristalls die chemische Zusammensetzung seiner Umgebung, so bildet er im Laufe seines weiteren Wachstums den für Granate typischen Zonarbau aus.

Bildung und Vorkommen: Die Minerale der Granatgruppe sind ganz besonders charakteristisch für metamorphe Gesteine. Typisch sind Gneis, Glimmerschiefer, Eklogit, kristalline Kalke und Dolomite, Pegmatite und helle vulkanische Gesteine; wegen ihrer großen Widerstandsfähigkeit gegen chemische und mechanische Einflüsse (Verwitterung) reichern sie sich in Sanden und Schwermetallseifen an (z. B. westlicher Shereik bei Khartum/Sudan, im Abbau).

Varietäten: Der durch Eisen und Chrom blutrot bis schwarzrot gefärbte *Pyrop* ist der inzwischen legendäre »Böhmische Granat«. Rundliche Körner bis Kirschgröße wurden seit alten Zeiten im Serpentin von Morowić, in den Seifen von Triblitz und Podselitz gefunden. Als typischer Begleiter von Diamanten tritt er sozusagen als Abfallprodukt beim Abbau des Kimberlits und der Diamantseifen Südafrikas auf. Wegen seiner leuchtenden Farbe bezeichnete man ihn als »Kaprubin«. Weitere Vorkommen sind: Sibirien; Zöblitz/Sachsen; Makonde/Ostafrika; Ceylon. Name vom griechischen Wort *pyropos = von feurigem Ansehen.*

Am häufigsten ist der *Almandin,* meist als Mischkristall mit Anteilen von Pyrop und Spessartin. Diese Granatmischkristalle sind meist rot, braun, fast schwarz, blutrot mit einem Stich ins Blau. Oft in beträchtlicher Größe eingewachsen in Chlorit- und Glimmerschie-

o.: Granat (Andradit)
Dognáska, Banat/Rumänien; 55× 40 mm

u.: Granat (Grossular)
Val d'Ala, Piemont/Italien; 21× 15 mm

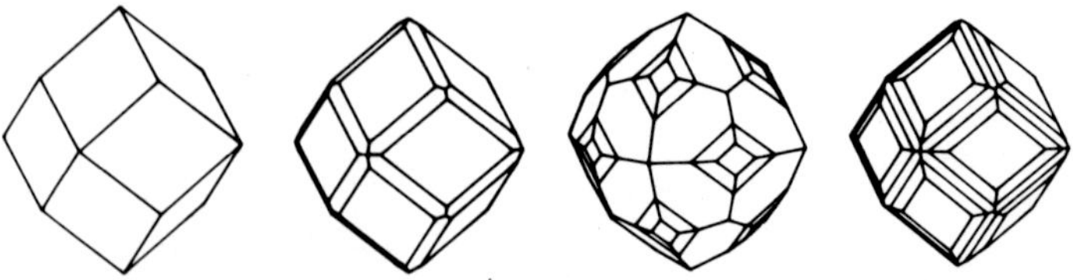

fern, in Gneisen. Obergurgel im Ötztal; Falun in Schweden; große Kristalle im Pegmatit von Irchenrieth in Bayern; Olgiasca, am Timmelsjoch/Österreich; Kristalle von Edelsteinqualität findet man in den Seifen von Ceylon und Indien. Plinius bezeichnete diesen Granat nach der kleinasiatischen Stadt Alabanda als *carbunculus alabandicus.*

Bei Aschaffenburg im Spessart wurde der ansonsten recht seltene *Spessartin* zum erstenmal gefunden. Seine Farbe variiert von schwarz nach rot, braun und gelblichorange. Seine Entstehung ist an manganreiche Gesteine gebunden. Bis zu 7 cm große Kristalle stammen aus den Turmalin-Pegmatiten von San Diego County, Kalifornien/USA; klare orangegelbe Kristalle von Antsirabe/Madagaskar; Bestandteil der Wetzschiefer von Viel Salm/Ardennen. Schleifwürdig in Ceylon, Indien und Madagaskar.

Der *Grossular* wurde nach seiner meist grünen Farbe nach dem lateinischen *grossularia* = *Stachelbeere* benannt; die braunorange Varietät heißt »Hessonit«, die farblose »Leukogranat«, auch bernsteinfarbig; der dichte, undurchsichtige, grüne »Hydrogrossular« aus Südafrika wird oft fälschlich als Transvaal-Jade oder Granat-Jade bezeichnet. Bildung durch Metamorphose von Kalksteinen zusammen mit Calcit, Wollastonit, Vesuvian, Diopsid und Skapolith. Auerbach an der Bergstraße; Alatal in Piemont; Elba; Monte Somma/Italien; Banater Gebirge/Rumänien; Wilui/Ostsibirien; die seltenen schleifwürdigen Qualitäten stammen aus Pakistan, Tansania und Kanada. Ein smaragdgrüner Grossular, der die Handelsbezeichnung »Tsavorit« erhielt, wurde 1968 in Tansania und 1971 auch in Kenia gefunden. Er ist inzwischen zu einem teuren Edelstein geworden, da die Lagerstätten mit guten Qualitäten bereits zur Neige gehen. Feinstkristalliner, dichter grüner und durch Mangan rosa gefärbter Grossular wird seit 1925 in Transvaal/Südafrika gefunden. Grossular kann Vesuvian sehr ähnlich sein und kommt mit diesem zusammen vor.

Andradit (nach dem portugiesischen Mineralogen I. D. d'Andrada) ist in den gleichen Gesteinen zu finden wie Grossular und ist oft zonar mit ihm verwachsen. Meist braun, auch farblos, grün oder schwarz. Der zitronengelbe »Topazolith« findet sich als meist nur kleine Kristalle bei Wurlitz im Fichtelgebirge, Totenköpfel im Pinzgau; Val d'Ala, Piemont/Italien; Zermatt/Schweiz. Der als Edelstein geschätzte gelb- bis smaragdgrüne »Demantoid« (= der Diamantähnliche) wurde erstmals 1868 durch Goldgräber in der Nähe von Nishnij-Tagilsk im Ural auf Goldseifen entdeckt; auch schön vom Val Malenco/Piemont, Italien. Der titanhaltige, schwarze Andradit vom Kaiserstuhl wird als »Melanit« (griechisch *melas* = schwarz) bezeichnet, früher als Trauerschmuck verwendet. Auch von Rieden am Laacher See. Besonders dunkle Varietäten sind »Schorlomit«, »Iwaarit«.

Uwarowit ist der seltenste Granat. Hauptsächlich in Serpentinen, oft zusammen mit Chromit und in metamorph umgewandelten Tonen. Die Kristalle oder körnigen Aggregate sind dunkelsmaragdgrün. Die wenigen Vorkommen: Syssertsk im Ural; Bushveld/Transvaal; besonders schöne Kristalle stammen aus Outukumpu/Finnland; Türkei; Val Malenco, St. Marcel/Italien.

Bedeutung und Verwendung: Granat gehört von alters her zu denjenigen Steinen, die die Phantasie der Menschen beflügelt, ihr Interesse angeregt, ihren Aberglauben vertieft und ihr Bedürfnis nach Schönem gestillt haben. Bei Plinius war *carbunculus* eine Sammelbezeichnung für verschiedene rote Edelsteine, im Mittelalter wurde der Granat zum »Geschlecht der Carfunckel« gezählt. Um 1250 erkannte Albertus Magnus darunter den »Granatus« (lateinisch *granum* = Korn). Granat ist einer der 29 Steine, denen im Altertum und Mittelalter magische und heilende Kräfte zugesprochen wurden, noch heute befindet er sich unter den Planetensteinen und den Monatssteinen.

o. l.: Granat (Melanit)
Gardiner Plateau/Grönland; 38 × 52 mm
o. r.: Granat (Uwarowit)
Outukumpu/Finnland; 9 × 12 mm
u.: Granat (Grossular)
Dognáska, Banat/Rumänien; 20 × 14 mm

Eulytin *Agricolit* $Bi_4[SiO_4]_3$

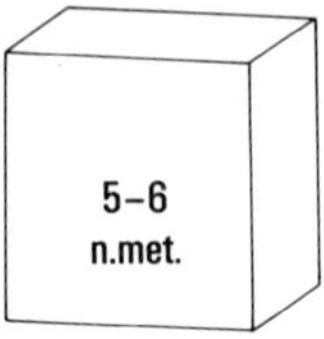

Kristalle sind klein, tetraedrisch, stets aufgewachsen, auch als radiale Kugeln. Durchkreuzungszwillinge erscheinen sternförmig, scheinbare Drillinge sind nur zufällige Verwachsungen. Spaltbarkeit: undeutlich; Dichte: 6,1; Farbe: meist rötlichbraun, auch weingelb, selten farblos und schwarz. Eulytin ist eine seltene Verwitterungsbildung auf Wismuterzen und findet sich als mit Quarz verwachsene Kristalle in Johanngeorgenstadt und Schneeberg/Sachsen zusammen mit gediegen Wismut. Name vom griechischen *eulytos = gut gelöst*, da das Mineral sehr leicht schmelzbar und durch Salzsäure zu zersetzen ist.

Eulytin
Schneeberg, Sachsen/BRD; 6× 8 mm

Mullit $Al_8[O_3|OH|AlSi_3O_{16}]$

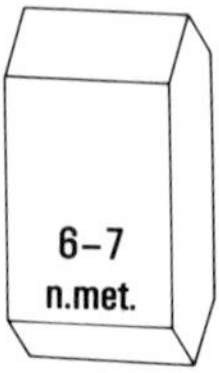

Meist stengelige, feinstrahlige, faserige, verfilzte Aggregate, sehr ähnlich in allen Eigenschaften dem Sillimanit. Beide Mineralien lassen sich nur mit komplizierten Methoden unterscheiden. Spaltbarkeit: deutlich; Dichte: 3,14–3,26; Farbe: meist farblos oder weiß, auch gelb, rosa bis rot. Bei sehr starkem Erhitzen von Sillimanit, Andalusit, Kyanit und Topas zerfallen diese in Mullit und Quarzglas. Daher ist das Mineral als synthetisches Produkt auch Komponente keramischer Massen; natürlich in Tonbrocken, die in Basaltlaven aufgeschmolzen wurden, Insel Mull/ Schottland (daher der Name); Eifel.

Mullit
Nickenich, Eifel/BRD; 6× 8 mm

Zirkon $Zr[SiO_4]$

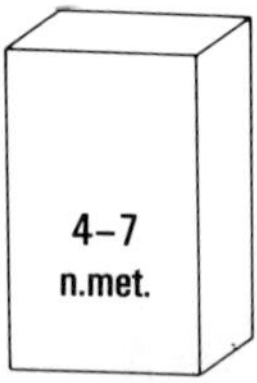

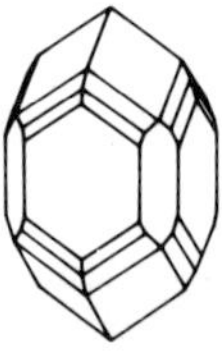

Eigenschaften: Kristalle sind kurze, gedrungene vierseitige Prismen mit Pyramiden. Fast immer gut ausgebildete Kristalle, selten aufgewachsen, häufig in losen, abgerollten Körnern. Spaltbarkeit: unvollkommen; Dichte: 4,67; Farbe: meist braun, braunrot, gelb, seltener grün, blau, farblos. Der immer vorhandene Thorium- und Urangehalt zerstört mit der Zeit das Kristallgitter des Zirkons. Härte, Dichte, Doppelbrechung sinken, der Kristall wird trüb. Varietäten: »Hyazinth«: gelbrot, rotbraun; »Jargon«: farblos, blaß strohgelb, Ceylon; »Starlit«: blau, Pailin/Kambodscha. Durch Brennen kann die Farbe verändert werden, bleicht aber mit der Zeit wieder aus.

Bildung und Vorkommen: Weit verbreitet in Magmatiten, kristallinen Schiefern und Sandstein; darin Hauptträger natürlicher Radioaktivität. Siebengebirge, Niedermendig/Eifel; Pfitsch; in Laacher-See-Auswürflingen und in Bomben des Somma-Vesuvs/Italien; Norwegen; Ural; 20 cm lange, feine Nadeln von Mellen in Wisconsin; 7 kg schwere Kristalle von Brudenell, North Burgess, Ontario/Kanada. Lose auf Edelsteinseifen, Ceylon; Indien; Tasmanien; Australien.

Bedeutung und Verwendung: Als Edelstein seit der Antike bekannt. In der Industrie für feuerfeste Steine, Keramik, Pigmente, Glasuren, Schleifmittel, Fasern, als Rohstoff zur Herstellung von Zirkoniumdioxid. Der radioaktive Zerfall im Zirkon kann zur Altersbestimmung von Gesteinen benutzt werden.

l.: Zirkon
Nassarsuk/Grönland; 35× 48 mm
r.: Zirkon
Miask, Ural; 25× 35 mm

Andalusit $Al_2[O|SiO_4]$

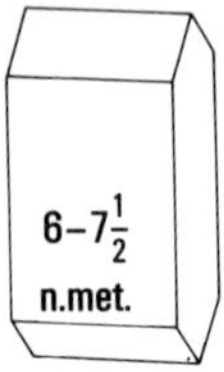

Eigenschaften: Im allgemeinen einfache, dicksäulige, eingewachsene Kristalle, mit fast quadratischem Querschnitt, oberflächlich oft umgewandelt in Glimmerschüppchen; in stengelig-strahligen und körnigen Aggregaten. Durch orientiert (kreuzförmig) eingelagerte, kohlige Substanz entsteht der »Chiastolith« (Kreuzstein), eingewachsene, lange und dünne Kristalle im Tonschiefer. Spaltbarkeit: deutlich; Dichte: 3,1–3,2; Farbe: grau oder fleischrot, seltener violett, stark rot-grün-pleochroitisch. »Viridin« (lat.: *viridis* = grün) intensiv grüne, manganreiche Varietät des Andalusits.

Bildung und Vorkommen: Als typisches kontaktmetamorphes Mineral massenhaft überall dort, wo Granite in Schiefer eingedrungen sind. Meist vergesellschaftet mit Sillimanit, Kyanit, Cordierit und Korund. Die größten Andalusitlagerstätten sind White Mountain/Kalifornien; Transvaal; die Kristalle von Lisenzalpe/Stubaital, Österreich sind bereits vollkommen in Glimmer und Quarz umgewandelt; Edelsteinqualität kommt von Almeria/Andalusien, Spanien; Brasilien; Ceylon; Mankoba/Ural; Chiastolith in Gefrees im Fichtelgebirge; San Jago di Compostela in Galizien; in den französischen Pyrenäen, in der Bretagne, auf turmalinhaltigen Gängen der Insel Elba. Viridin von Darmstadt, Vestanå in Schonen/Schweden; Ultevis/Lappland.

Bedeutung und Verwendung: Andalusit gewann in den letzten Jahren große Bedeutung für hochwertige technische Feuerfestkeramik.

l.: Andalusit
Lisenz, Tirol/Österreich; 27× 37 mm
r.: Andalusit (Chiastolith)
Lancaster, Massachusetts/USA; 17×23 mm

Kyanit *Disthen* $Al_2[O|SiO_4]$

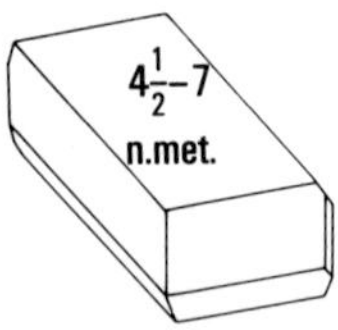

Eigenschaften: Kristalle sind eingewachsen, breitstengelig, die Enden der Prismen oft unvollständig ausgebildet oder zerbrochen, oft wellig oder gedreht, quergestreift. Verbreitet sind durcheinandergewachsene, strahlig blättrige Aggregate. Zwillingsverwachsungen sind häufig. Spaltbarkeit: vollkommen; Dichte: 3,6–3,7; Farbe: fleckig verteilt, himmelblau, graublau, farblos, weiß, gelb, grün, bräunlich. Auffallend ist die unterschiedliche Ritzhärte in verschiedenen Richtungen: Längsrichtung 4–4,5, Querrichtung 6–7; aus diesem Grunde erhielt das Mineral den vom griechischen *dis = zweimal, sthenos = Stärke* abgeleiteten Namen.

Bildung und Vorkommen: Typisches Mineral der Regionalmetamorphose und Leitmineral für den Metamorphosegrad von Gesteinen. Lagerstätten befinden sich bei Horssjöberg in Wermland; im Kejwy-Gebirge auf Kola. Besonders schöne Kristalle neben Staurolith von der Alpe Sponda, Pizzo Forno im Tessin; Pfitsch in Tirol; Prilepeč/ehem. Jugosl.; riesige blaue Kristalle stammen aus Minas Gerais/Brasilien; Machakos/Kenia liefert bis zu 30 cm große grüne Kristalle. Technisch wichtige Vorkommen sind: Hirvivaara/Finnland; Assam/Indien; Baker Mountain, Virginia/USA.

Bedeutung und Verwendung: Lange Zeit benutzte man den Namen »Talc bleu«, bis Werner 1790 das Mineral wegen seiner kornblumenblauen Farbe als »Kyanith« bezeichnete, abgeleitet vom griechischen *kyanos = dunkelblau*. Als Rohmaterial für hochfeuerfeste Stoffe sind besonders die Korund-Disthen-Verwachsungen aus Indien begehrt; auch Isolierstoffe der Elektrotechnik und extrem säurefeste Keramiken werden daraus hergestellt. Als Edelstein nur selten verschliffen.

Disthen (blau) und Staurolith
Pizzo Forno, Tessin/Schweiz; 88× 65 mm

Staurolith *Kreuzstein* $(Fe,Mg)_2(Al,Fe)_9O_6[O|OH|(SiO_4)_2]_2$

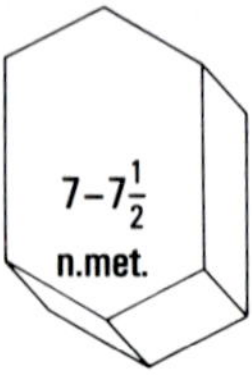

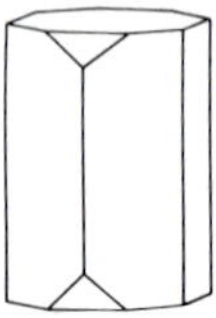
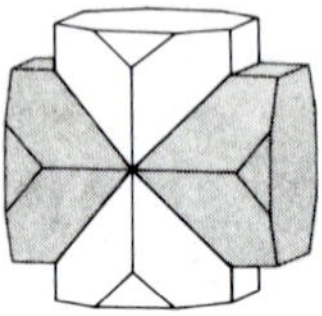
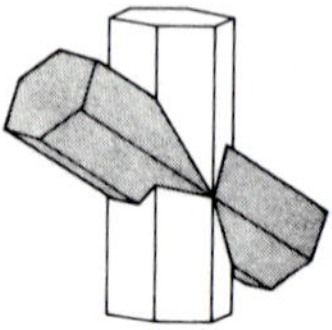

Eigenschaften: Flächenarme, meist sehr gut ausgebildete kurzprismatische Kristalle mit rautenförmigem Querschnitt, eingewachsen, manchmal lose, herausgewittert. Besonders typisch sind die Durchkreuzungszwillinge, die dem Mineral seinen Namen gaben. Charakteristische orientierte Verwachsungen von Disthen und Staurolith. Spaltbarkeit: deutlich; Dichte: 3,7–3,8; Farbe: rötlich- bis schwärzlichbraun, häufig rauhe oder erdige Beläge.
Bildung und Vorkommen: Typisches Mineral der Regionalmetamorphose zusammen mit Disthen und Granat; Leitmineral für den Metamorphosegrad. Berühmt sind die braunroten, durchscheinenden Kristalle zusammen mit blauem Disthen von Pizzo Forno, Tessin/Schweiz; große Kristalle kommen aus Goldenstein/ehem. ČSSR; Aschaffenburg/Bayern; Schottland; Prilepeč/ehem. Jugosl.; Monte Legnone, Veltlin/Italien. Durchkreuzungszwillinge u. a. von Morbihan/Frankreich.
Bedeutung und Verwendung: Staurolith vom griechischen *stauros* = *Kreuz*. Manchmal als Amulett getragen, klare Steine werden als seltene Schmucksteine geschliffen.

l.: Staurolith
Minas Gerais/Brasilien; 43× 58 mm
r.: Staurolith
Pizzo Forno, Tessin/Schweiz; 30× 41 mm

Humit $Mg_7[(OH,F)_2|(SiO_4)_3]$

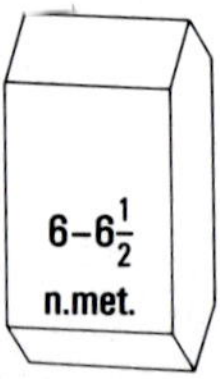

Kleine Kristalle in wechselnder Ausbildung, sehr flächenreich. Spaltbarkeit: deutlich; Dichte: 3,1–3,2; Farbe: farblos, gelblichweiß, lichtgelb, honiggelb, kastanienbraun, rotbraun. Kommt hauptsächlich im Kontakt mit Ton und Dolomit vor, auch in Gängen. Typisch in der Tilly-Foster-Iron-Mine bei Brewster, Putnam County, New York/USA; zusammen mit Klinohumit in den Auswürflingen des Monte Somma, Vesuv und in den Kalken von Los Llanos de Januar in der Sierra de Ronda, Andalusien/Spanien; bei Fillipstad/Schweden; an verschiedenen Orten in Finnland.

Långbanit *Ferrostibian* $Mn_7[O_8|SiO_4]$

Kristalle sind dicksäulig oder tafelig nach der Basis. Spaltbarkeit: deutlich; Dichte: 4,9; Farbe: eisenschwarz. Einzige Fundstellen sind Långbanshyttan in Wermland und Örebro/Schweden. Kristalle selten größer als 2 mm, meist viel kleiner; sind einzeln oder in kleinen Gruppen in körnigem Kalk eingewachsen oder sitzen an und in Magnetit, manchmal auch auf Rhodonitkristallen.

Humit
Vesuv/Italien; 18× 25 mm

Långbanit (braun), Magnetit und Rhodonit
Långban/Schweden; 24× 33 mm

Topas $Al_2[(F,OH)_2|SiO_4]$

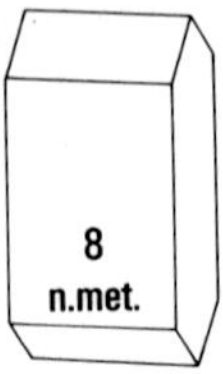

Eigenschaften: Die Kristalle sind meist nach der c-Achse gestreckt, einseitig aufgewachsen, einzeln oder in Drusen, meist vertikal gestreift; mehr als 140 verschiedene Flächenformen bekannt; die Erscheinungsform der Kristalle scheint typisch für ihren Fundort zu sein. Auch derb, in stengeligen Aggregaten (»Pyknit«), selten ganz dicht, jaspisartig; als Körner in Geröllen. Spaltbarkeit: vollkommen; Dichte: 3,5–3,6; Farbe: farblos (»Silbertopas«), weingelb, meerblau, -grün, violett, gelbrot, rosenrot. Ursache für die verschiedenen Färbungen sind Spurenbeimengungen von Metallen: Eisen färbt gelb und blau, Chrom rosa. Auch die Farbe ist meist charakteristisch für den jeweiligen Fundort. Durch »Brennen« können bestimmte goldgelbe brasilianische Topase eine lachsrote bis purpurne Färbung erhalten. Bereits durch die Einwirkung von Sonnenlicht kann die Farbe von Topasen verblassen oder farblose Topase können sich blau färben. Bestimmte asiatische, durch radioaktive Bestrahlung blau gefärbte Topase verlieren mit der Zeit ihre Farbe.

Bildung und Vorkommen: Topas ist ein Leitmineral für pneumatolytische Bildungen. In den Restlösungen, die bei der Kristallisation des Plutons übrigbleiben, sind größere Mengen des Elementes Fluor enthalten. Diese Lösungen durchdringen das Nebengestein, verändern es und bilden Tonerdesilikate und Topas. Auf diese Weise wird Topas zur Hauptkomponente von Zinnerz führenden Greisen. In Ergußgesteinen ist er nur lokal angereichert, Thomas Range, Utah/USA. Zusammen mit Quarz, Fluorit, Turmalin, Beryll, Cassiterit, Muskowit und Zinnwaldit oft in Drusen und Gängen. Im 18. Jahrhundert war der Schneckenstein im sächsischen Erzgebirge die berühmteste Lagerstätte: eine etwa 24 m hohe Felsklippe lieferte wunderschöne weingelbe Topaskristalle, von denen 485 der schönsten Steine in die englische Königskrone eingearbeitet wurden. Dieser Topasfels steht heute unter Naturschutz. 1965 soll ein blauer Topas von nahezu 100 kg in der Ukraine gefunden worden sein, Kristalle bis 80 kg sind von Iveland/Norwegen bekannt, kopfgroße Kristalle sind auch von anderen Fundorten nicht selten. Die bedeutendsten Vorkommen: Alabaschka bei Mursinsk (bläulich); Sanarka (rosenrot); Miask; Nertschinsk; Volin in der Ukraine; San Louis Potosi/Mexiko; Kleine Spitzkopje, SWA/Namibia; Ramona/Kalifornien; Ouro Preto, Ferros/Brasilien (gelb, durch Brennen rot, braun, beliebte Edelsteine). Bei der Verwitterung bleibt Topas praktisch unverändert im Schutt von Lagerstätten (Seifen); *Pingas de aqua* (Wassertropfen) am Rio Belmonte/Brasilien (farblos, bläulich, grünlich); Ceylon.

Bedeutung und Verwendung: Es ist wohl das Schicksal dieses Minerals, ständig Verwechselungen zu unterliegen. Der Sage nach wurde auf der Insel Cytis im Roten Meer von schiffbrüchigen Piraten ein Stein gefunden, den sie auf arabisch *topazas = gesucht und gefunden* nannten, tatsächlich hat es sich wohl um einen grünen Peridot gehandelt. Der im portugiesischen Staatsschatz befindliche 1680-karätige »Braganza-Diamant« ist in Wirklichkeit ein farbloser Topas. Im Handel wird der Citrin und der gelbe gebrannte Amethyst irreführend als Gold- oder Madeiratopas bezeichnet. Seit alters her sagt man dem Topas kühlende und heilende Wirkung nach, er soll Männern Schönheit und Intelligenz verleihen. »Er löschet die Brunst der Unkeuschheit«, schreibt Adamus Lonicerus 1679 in seinem *Kräuterbuchs Siebender Theil.*

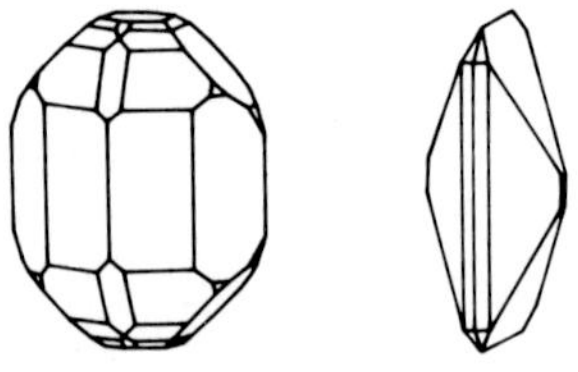

o.: Topas
Alabaschka, Ural; 105 × 78 mm
u.: Topas
Schneckenstein, Vogtland/BRD; 30 × 22 mm

Titanit *Sphen* $CaTi[O|SiO_4]$

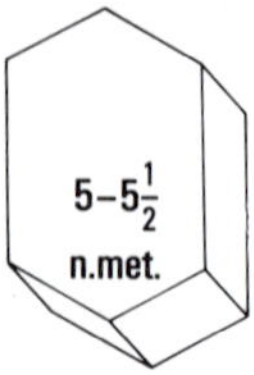

Eigenschaften: Kristalle in sehr vielen Erscheinungsformen, je nach dem Gestein, in dem sie gewachsen sind. Für Magmagesteine sind flachbriefkuvertförmige, eingewachsene Kristalle (»Grothit«) typisch, in alpinen Klüften aufgewachsene, häufig tafelig oder stark prismatisch; auch körnige oder schalige Aggregate, Durchkreuzungs- oder Berührungszwillinge häufig. Spaltbarkeit: deutlich; Dichte: 3,4–3,6; Farbe: gelb, grün, braun, schwarz, seltener grau, rosenrot. Im Kristallgitter kann Calcium durch z. T. beträchtliche Mengen von Yttrium und Cer ersetzt werden (»Yttriotitanit«, »Keilhauit«), oder durch Mangan (»Greenovit«, rötlich).

Bildung und Vorkommen: Titanit ist der Haupttitanträger im Mineralreich und weit verbreitet in magmatischen Gesteinen und kristallinen Schiefern. St. Gotthard; Val Maggia, Tessin/Schweiz; Ahrntal/Italien; Sulzbachtal, Zillertal/Österreich; Miask/GUS; neben Hornblende bei Dresden; Laacher See/Eifel.

Bedeutung und Verwendung: Klaproth wies 1795 das Element Titanium in dem Mineral nach und nannte es deshalb Titanit; die typische keilförmige Ausbildungsform erhielt später nach dem griechischen *sphän = Keil* den Namen Sphen. Als Titanerz selten in konzentrierten Mengen, Halbinsel Kola.

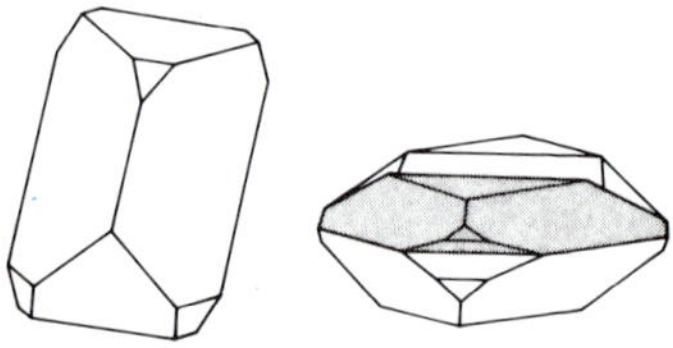

l.: Titanit
Pfitsch/Tirol; 18 × 25 mm
r.: Titanit
Gardiner Plateau/Grönland; 18 × 25 mm

Thaumasit
$Ca_3[CO_3|SO_4|Si(OH)_6] \cdot 12H_2O$

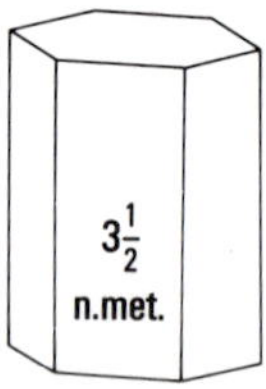

Schneeweiße Aggregate von kleinen, z. T. hauchfeinen, wasserhellen, Kristallstengelchen, lockere Anhäufungen von Nädelchen; radialstrahlige Büschel; oft derb und dicht, alabasterartig oder erdig. Meist zusammen mit Apophyllit. Zusammen mit Spurrit oder Ettringit in Crestmore, Kalifornien/USA; als kleine Kristalle und große Kristallaggregate zusammen mit Prehnit bei Centreville, Virginia/USA; Haslach in Baden; Schellkopf bei Brenk/Eifel; Kallskirchspiel, Bjelkes-Grube bei Åreskutan, Ljusnarsberg, Långban/Schweden; Sulitelma/Norwegen; Halap/Ungarn. Thaumasit ist sehr wasserempfindlich.

Thaumasit
Klöch, Steiermark/Österreich; 2 × 3 mm

Uranophan *Uranotil*
$CaH_2[UO_2|SiO_4]_2 \cdot 5H_2O$

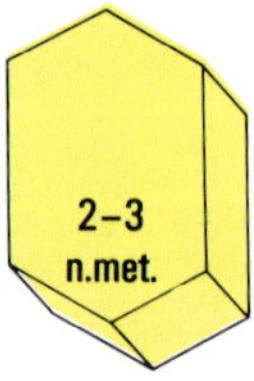

Bis zu 8 mm lange, prismatische Kristalle mit nahezu quadratischem Querschnitt, auch feinster Filz, radialstrahlige Kugeln, Krusten, Anflüge. Spaltbarkeit: vollkommen; Dichte: 3,9; Farbe: honiggelb bis sattgelb. Kristalle fluoreszieren schwach gelblichgrün unter ultraviolettem Licht. Häufigstes Uransilikat; als Neubildung aus Pechblende (Pseudomorphosen nach Uraninit), z. T. in abbauwürdigen Mengen. Im Stinkspat von Wölsendorf/Bayern; mm-lange Büschel bei Menzenschwand/Baden; schöne Kristalle von Shinkolobwe/Zaïre; radialstrahlige Aggregate von der Faraday Uran Mine, Bancroft/Ontario, Kanada.

Uranophan
Les Bois Noires, Loire/Frankreich; 12 × 17 mm

Melilith $(Ca,Na)_2(Mg,Al,Fe)[Si_2O_7]$

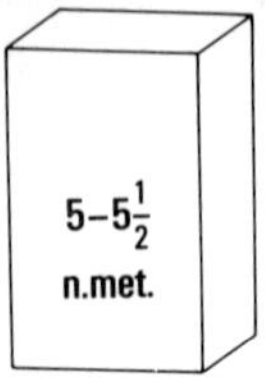

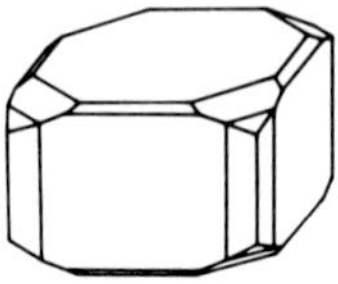

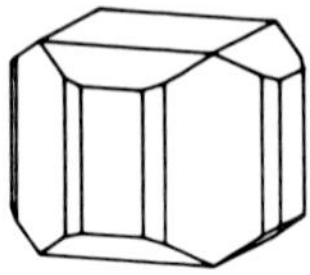

Eigenschaften: Melilith ist der Name für eine Mischkristallreihe mit den zwei Endgliedern Åkermanit und Gehlenit. Die meist kleinen Kristalle sind eingewachsen oder auf Drusenräumen aufgewachsen; formenarm, dicktafelig, kurzsäulig, manchmal langsäulig, kreuzförmige Zwillinge, die nahezu einen rechten Winkel miteinander bilden, sind bekannt. Spaltbarkeit: deutlich; Dichte: 2,9–3,0; Farbe: weiß bis blaßgelb, honig- oder grünlichgelb, rötlichbraun bis braun. Mikroskopisch ist oft ein schöner Zonarbau zu erkennen.

Bildung und Vorkommen: Häufiger Gemengteil in sehr dunklen, meist geologisch jungen Erguß- und Kontaktgesteinen, fast nie in Tiefengesteinen zu finden; immer mit Perowskit vergesellschaftet. Monzoni im Fassatal, Monte Somma/Italien (»Humboldtilith«); in den Polzeniten/Böhmen große Kristalle; Kaiserstuhl/Eifel; Kola-Halbinsel.

Bedeutung und Verwendung: Das Vorkommen von Capo di Bove/Italien wurde zuerst von Fleurien de Bellevue 1790 untersucht und nach der Honigfarbe (im Griechischen: *meli* = Honig, *lithos* = Stein) benannt. Die Melilithe spielen in der Industrie eine wichtige Rolle als Bestandteile von Schlacken und Zementen.

Melilith
Üdersdorf, Eifel/BRD; 10× 7 mm

Axinit $Ca_2(Fe,Mg,Mn)Al_2B[OH|O|(Si_2O_7)_2]$

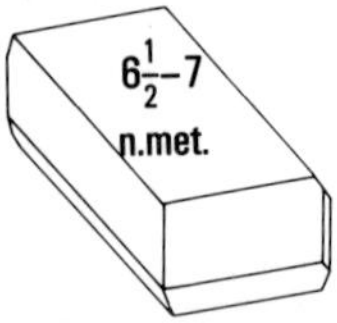

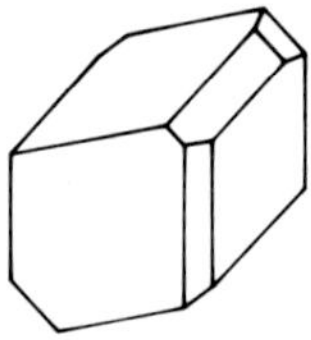

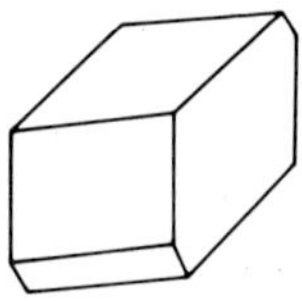

Eigenschaften: Axinit ist der Name für eine Mineralgruppe, deren drei Glieder unterschiedlich viel Eisen, Magnesium und Mangan enthalten: *Ferroaxinit, Magnesio-Axinit, Manganaxinit, Tinzenit.* Kristalle sind einzeln aufgewachsen oder in Drusen vereinigt, sehr scharfkantig, keilförmig, flächenreich; auch derb, in schaligen und breitstengeligen bis spätigen Aggregaten. Spaltbarkeit: deutlich; Dichte: 3,3; Farbe: nelkenbraun, grau, violett, pflaumenblau, grünlich, selten pfirsichblütenrot. Sehr deutlich pleochroitisch.

Bildung und Vorkommen: Pneumatolytische Bildung, ähnlich wie Turmalin, an kalkreiche Gesteine gebunden. Seltener, aber in sehr schönen Kristallen hydrothermal auf Klüften und in Drusen zu finden. Schwarzenberg in Sachsen; Le Bourg-d'Oisans, Isère/Frankreich; Scopi/Schweiz; St. Just, Cornwall/England; Tinzen/Schweiz (»Tinzenit«); Ligurien, Baveno, Sardinien, Fassatal/Italien; große violette Kristalle von Edelsteinqualität findet man bei Course Gold, Madera County, Nevada/USA.

Bedeutung und Verwendung: Der Name kommt vom griechischen *axinä* = *Axt,* wegen der scharfkantigen und keilförmigen Ausbildung der Kristalle. Von Bedeutung nur für Mineraliensammler und als Rarität unter den Edelsteinen.

Axinit
Dauphiné/Frankreich; 33× 24 mm

Zoisit $Ca_2Al_3[O|OH|SiO_4|Si_2O_7]$

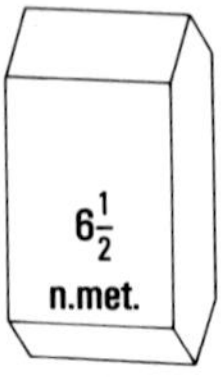

Eigenschaften: Kristalle sind meist säulenförmig, die Flächen oft gestreift, eingewachsen, oft gebogen, geknickt, zerbrochen, Endflächen selten. Gewöhnlich in derben, kryptokristallinen Massen, auch spätig bis faserig. Spaltbarkeit: vollkommen; Dichte: 3,2–3,4; Farbe: meist grau, braungrau, grünlich, rosenrot (Mangangehalt, »Thulit«), grün (»Anyolith«), blau bis violett (in Edelsteinqualität »Tansanit«). Der starke Pleochroismus ist ein gutes Erkennungsmerkmal des Tansanits. Um die natürlichen Steine zu »veredeln«, erhitzt man gelbliche bis braune Varietäten auf ca. 400° C, man erhält so die immer seltener und teurer werdende ultramarine bis saphirblaue Varietät.

Bildung und Vorkommen: Typischer Bestandteil der mittelgradigen Regionalmetamorphose und meist vergesellschaftet mit Granat, Feldspat, Biotit und Hornblende (Zoisit-Amphibolit). Zoisit ist oft Hauptbestandteil des »Saussurits«, der durch die hydrothermale Veränderung von Feldspäten in dunklen Gesteinen entsteht. Fundorte: Telemark/Norwegen; Saualpe/Österreich; Rauris/Salzburg; Zermatt, Wallis/Schweiz; grüner Zoisitfels mit großen Rubinkristallen von Longido/Tansania.

Bedeutung und Verwendung: Erst Mitte der 60er Jahre wurde aus einem bis dahin unbedeutenden Stein ein teurer Edelstein. Die amerikanische Juwelierfirma Tiffany, New York, gab dem saphirblauen Zoisit, der nur im ostafrikanischen Staat Tansania gefunden wird, den Namen Tansanit und mit einer geschickten Geschäftspolitik seinen Wert. Die dichte rote Varietät, der Thulit, wie auch der grüne Zoisit finden Verwendung als Cabochons oder Ornamentsteine.

Zoisit
Achental/Österreich; 60 × 44 mm

Epidot *Pistazit* $Ca_2(Fe,Al)Al_2[O|OH|SiO_4|Si_2O_7]$

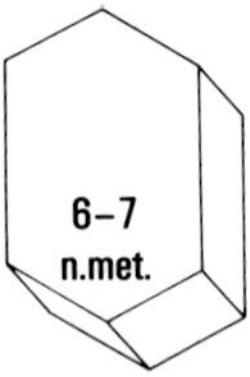

Eigenschaften: Charakteristisch ist besonders der Formenreichtum der Kristalle (über 200 Formen). Meist in großer Zahl als Kristallrasen oder Drusen vereinigt, auch faserig-strahlige Aggregate, in denen die Nadeln zu Büscheln gruppiert sind, und dicht oder als Anflug. Lamellare Zwillingsbildung ist häufig. Spaltbarkeit: sehr gut; Dichte: 3,3–3,5; Farbe: dunkelgrün, blaugrün, schwärzlichgrün, auch hellgelb, pistaziengrün, gelbgrün, selten rot (Glencoe/Schottland). Starker Pleochroismus.

Bildung und Vorkommen: Weltweit verbreitet im Bereich der Kontakt- und Regionalmetamorphose, als Zersetzungsprodukt hauptsächlich von Plagioklas, Skapolith, Granat, Pyroxen. Ganze Gesteinsmassive sind so durch wandernde Lösungen in Epidotfelse umgewandelt worden, die bekannten Pseudomorphosen entstanden auf diese Weise. Hervorragende Kristalle finden sich an der Knappenwand, Untersulzbachtal/Österreich; Le Bourg-d'Oisans, Isère/Frankreich; Fassatal, Val Codera und Malenco/Italien; Arendal/Norwegen; Ural/GUS; Elba.

Bedeutung und Verwendung: Lange wurde das Mineral für eine Varietät des »Schörl« gehalten, bis Haüy 1801 es als selbständiges Mineral charakterisierte und ihm wegen des Flächenreichtums seinen Namen nach dem griechischen *epidosis* = *Zugabe* verlieh. Die pistaziengrüne Farbe brachte ihm den zweiten Namen ein. Interessant für Mineraliensammler und als seltener Edelstein.

Epidot mit Apatit
Knappenwand/Österreich; 20 × 28 mm

Epidot mit Amiant
Knappenwand/Österreich; 25 × 34 mm

Vesuvian *Idokras* $Ca_{10}(Mg,Fe)_2Al_4[(OH)_4|(SiO_4)_5|(Si_2O_7)_2]$

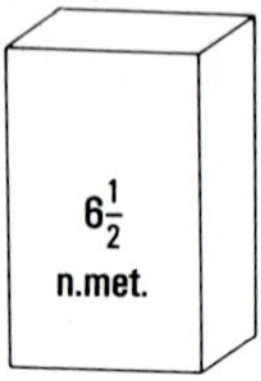

Eigenschaften: Oft schöne Kristalle, kurz- und dicksäulig, selten Doppelender, langsäulig oder nadelförmig. Durch bestimmte Flächenkombinationen granatähnlich, jedoch gestreifte Prismenflächen. Auch derb, oft in strahligen Aggregaten. Spaltbarkeit: undeutlich; Dichte: 3,27–3,45; Farbe: braun, stachelbeergrün, gelb, rotbraun, schwarzbraun, rosenrot. Der Chemismus dieses Minerals ist sehr kompliziert, da die Metallatome durch andere vertreten werden können.

Bildung und Vorkommen: Hauptsächlich an kontaktmetamorphe Kalke geknüpft; Auswürflinge vom Mt. Somma, Vesuv; Monzoni/Italien; Auerbach/Bergstraße; riesige Kristalle von Conzeption del Oro/Mexiko. Auf Klüften in den Alpen, in Skandinavien und im Ural. Blauer »Cyprin« aus Arendal/Norwegen; gelber »Xantit« aus Amity/USA; weiß und gesprenkelter »Californit« aus Kalifornien und Oregon/USA; Pakistan.

Bedeutung und Verwendung: 1795 benannte Werner das Mineral Vesuvian, Haüy wählte 1801 die Bezeichnung Idokras (griechisch: *eidos* = *Gestalt*, *krasis* = *Mischung*), »weil die Formen der mannigfach ausgebildeten Kristalle gewissermaßen aus denen anderer Mineralien gemischt seien«).

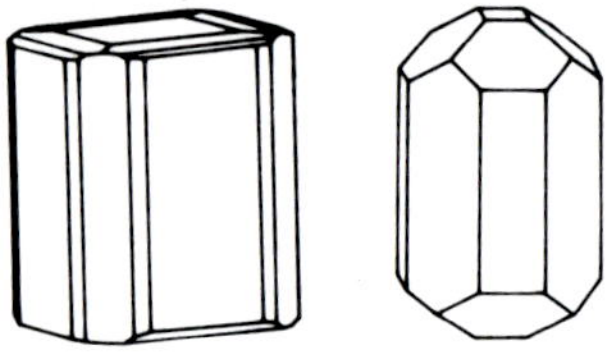

l.: Vesuvian
Achmatowsk, Ural; 26 × 36 mm
r.: Vesuvian
Monte Somma, Vesuv/Italien; 15 × 21 mm

Chrysokoll *Kieselkupfer, Kieselmalachit* $Cu[SiO_3] \cdot nH_2O$

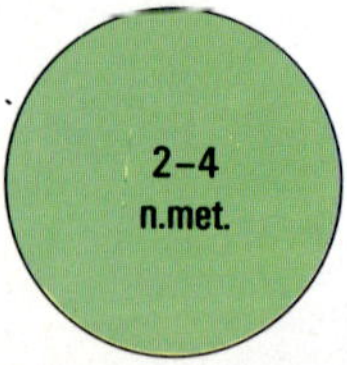

Eigenschaften: Dicht und derb in traubigen, nierigen und stalaktitischen Formen und Krusten, mikrokristallin, auch erdig. Spaltbarkeit: keine; Dichte: 2–2,2; Farbe: smaragdgrün, bläulichgrün, blau.

Bildung und Vorkommen: In der Oxidationszone von unzähligen Kupfererzlagerstätten zusammen mit Malachit, Azurit, Cuprit und Limonit. Lizard, Cornwall/England; Bogoslowsk/Ural, Kolywan/Altai, ehem. UdSSR; Zaïre; Sambia; Kalifornien; Mexiko; Chile usw. In der Clifton-Morenci Mine, Arizona/USA, wird Chrysokoll als Kupfererz abgebaut. Ausnahmsweise fand man bei Makay in Idaho/USA kristalline Nädelchen des Minerals. Als »Eilatstein« bezeichnet man eine Verwachsung von Chrysokoll mit Türkis und Malachit, der u. a. nördlich von Eilat/Israel gefunden wird, ebenso in Mexiko. Chrysokollquarz ist eine Verwachsung von Chrysokoll mit Quarz.

Bedeutung und Verwendung: Der Name *chrysokolla* findet sich bei den Griechen, abgeleitet von *chrysos* = *Gold*, *kolla* = *Leim*, wird aber zu dieser Zeit für viele verschiedene Substanzen gebraucht, u. a. für ein Mineral, das in Kupfer- und Silberbergwerken zu finden ist, außerdem wohl auch meist für Malachit. Im Mittelalter wurde mit Chrysokoll jedes Lötmaterial, z. B. auch Borax, bezeichnet. Als Schmuckstein, besonders seit Einführung des Eilatsteines, wird Chrysokoll immer beliebter.

Verwechselungsmöglichkeiten: Türkis, Variscit.

Chrysokoll
Ilmenau, Thüringen/BRD; 82 × 60 mm

Beryll $Be_3Al_2[Si_6O_{18}]$

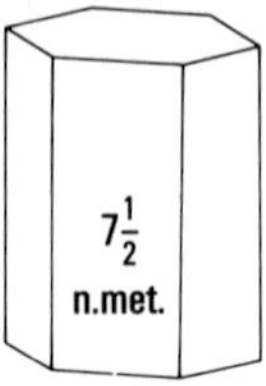

Eigenschaften: Ein 48,5 cm langer und 110,5 kg schwerer Aquamarinkristall (1910 in Minas Gerais/Brasilien) ist der größte bisher gefundene Beryll von Edelsteinqualität. Kleinste bis sehr große Kristalle sind ein- und aufgewachsen, lange sechsseitige Prismen, selten tafelig. Auch in mächtigen derben Massen, als körnige oder stengelige Aggregate. Spaltbarkeit: undeutlich; Dichte: 2,63–2,80; Farbe: farblos, gelb, rot, grün, blau in allen Nuancen.

Bildung und Vorkommen: Das Beryllium-Atom ist zu klein, um in den meisten anderen Silikatstrukturen einen Platz zu finden, daher reichert es sich in den Restlösungen von magmatischen Gesteinen an. In Rissen und Spalten des Nebengesteins bilden diese Lösungen große, klare Kristalle, meist zusammen mit Quarz, Feldspat, Muskowit, Lepidolit, Topas, Turmalin, Spodumen, Kassiterit, Columbit und Tantalit (Pegmatite). Die Berylle in Pegmatiten sind z. T. riesig: Keystone/Süd-Dakota: 9 m Länge, 61 t. Den gelblich-weißen, trüben sog. gemeinen Beryll findet man z. B. in Zwiesel/Bayerischer Wald; Maschendorf/Mähren; Iveland/Norwegen; Südafrika; Westaustralien. Die klaren und schön gefärbten »Edelberylle« sind teure Edelsteine, man unterscheidet verschiedene Farbvarietäten. *Smaragd:* Name vom griechischen *smaragdos* = grüner Stein, durch Chrom tief smaragdgrün gefärbt. Vorkommen der seltenen Edelsteine meist in metamorphen Gesteinen. Kristalle klein, als Ausnahme ein ca. 12 cm großer Salbenkrug, der aus einem einzigen Smaragd geschnitten wurde (Wiener Schatzkammer). Die Smaragde der Cleopatra aus den Gruben von Zabarah in Oberägypten waren im Altertum berühmt. Nach Europa kam dieser Stein durch die spanischen Eroberer Südamerikas, denen außer Gold der immense Reichtum an Smaragden in die Hände fiel. Den Indios galt dieser Stein als heilig. Chivor, Muzo/Kolumbien liefern seitdem die begehrtesten Smaragde der Welt. Von hier stammt auch der »Trapiche«-Stein, der im Querschnitt einen charakteristischen Sektorenbau aufweist. Swerdlowsk, Ural; Gravelotte/Nordosttransvaal; Sandawana/Rhodesien; Kenia; Sambia; Habachtal/Österreich; von hier stammen begehrte Sammlerstücke. Klare, nahezu einschlußfreie, geschliffene kolumbianische Smaragde sind die teuersten Edelsteine überhaupt. *Aquamarin;* hell- bis tiefblau grünlichblau. Ural, Nertschinsk/GUS; Elba; Irland; Kleine Spitzkopje, SWA/Namibia; Bahia, Esperito Santo in Minas Gerais/Brasilien. *Goldberyll:* zitronengelb bis goldgelb, Ceylon; SWA/Namibia; Minas Gerais/Brasilien. *Goshenit:* farblos, Goshen in Massachusetts/USA; Brasilien. *Heliodor:* durch Uranoxid hellgelbgrün gefärbt, von SWA/Namibia, unter UV-Licht blaue Fluoreszenz. *Morganit:* rosa bis violett. Minas Gerais/Brasilien; Antsirabe/Madagaskar; San Diego/Kalifornien; SWA/Namibia. *Bixbit:* stachelbeerrot, Thomas Range, Utah/USA.

Bedeutung und Verwendung: Der Beryll wurde von alters her als Schmuck, Amulettstein und Medizin benutzt: Symbol der Reinheit, für erleuchtete Augen, das Tor zur Zukunft, als Schutz der ehelichen Liebe, gegen Vergiftungen und zur Behandlung von Nieren- und Blasensteinen. Unser Wort »Brille« entstand aus dem griechischen Wort *beryllos,* weil aus farblosem Beryll Augengläser gefertigt wurden. Kaiser Nero soll solche getragen haben. Aus Beryll wird das technisch wichtige Beryllium gewonnen, etwa 10 000 t pro Jahr: Raketenbau, Elektronik, Reaktortechnik, für säurefeste Legierungen.

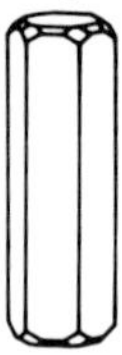

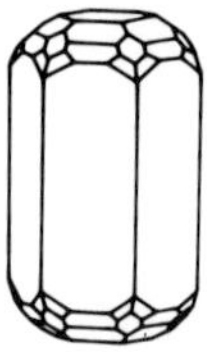

o. l.: Beryll (Aquamarin)
San Piero in Campo, Elba/Italien; 30×41 mm
o. r.: Beryll
Ehrenfriedersdorf, Sachsen/BRD; 14×20 mm
u.: Beryll (Smaragd)
Habachtal/Österreich; 13×9 mm

Turmalin $AB_9[(OH)_4|(BO_3)_3|Si_6O_{18}]$ (allgemeine Formel)

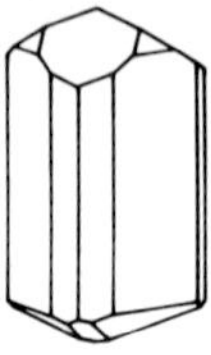

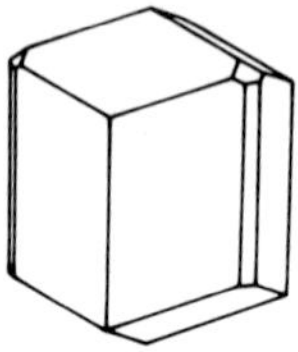

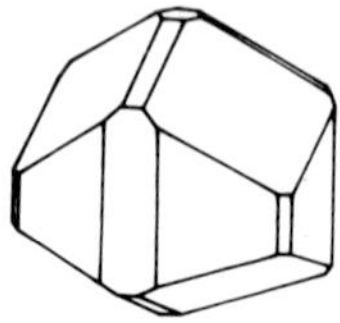

Eigenschaften: Feinste Nadeln bis große Kristalle kommen ein- oder aufgewachsen vor; sie sind meist nach der Vertikalachse gestreckt. Charakteristisch ist der dreieckig erscheinende Querschnitt der Kristalle. Bei Doppelendern sind beide Enden typischerweise unterschiedlich ausgebildet. Auch radialstrahlige Aggregate (Turmalinsonnen) finden sich oft. Spaltbarkeit: keine; Dichte: 3,0–3,25; Farbe: farblos und alle nur denkbaren Farben und Farbtöne, typisch sind unterschiedliche Farben innerhalb eines Kristalls. Der sehr stark ausgeprägte Pleochroismus ist ebenfalls ein unverwechselbares Erkennungsmerkmal des Turmalins: blickt man in verschiedenen Richtungen durch den Stein hindurch, erscheinen die jeweiligen Farben in der einen Richtung hell, in der anderen dunkel. Durch Erwärmen oder Reiben mit einem Tuch werden Turmalinkristalle elektrostatisch aufgeladen, dabei erhalten die beiden Enden des Kristalls eine unterschiedliche Ladung; Holländer, die den Turmalin erstmals nach Europa brachten, kannten diesen Effekt und benutzten ihn, um Asche aus ihren Meerschaumpfeifen herauszuziehen *(Aschentrecker* = Aschenzieher). Wie der Quarz zeigt auch der Turmalin piezoelektrische Eigenschaften.

Die Turmaline sind eine Mineralgruppe mit sehr unterschiedlicher chemischer Zusammensetzung. In die Formel können für A und B verschiedene Metallatome eingesetzt werden, wodurch mehrere Endglieder dieser Mischkristallreihe entstehen: *Elbait* = Lithium-Turmalin (viele verschiedene Farben), *Schörl* = Eisen-Turmalin (schwarz), *Dravit* = Magnesium-Turmalin (braun), *Buergerit* = Eisen-Turmalin (fast schwarz), *Uvit* = Calcium-Magnesium-Turmalin (braun), *Liddicoatit* = Calcium-Lithium-Turmalin.

Bildung und Vorkommen: Typisches Mineral von hellen Pegmatiten, pneumatolytischen Gängen und in Kontaktzonen von aufsteigenden, heißen Gesteinsmassen (Plutonen). Häufig aber auch auf Erzgängen, in Drusen, auf alpinen Zerrklüften und in Seifen zu finden. Beachtenswerte Fundorte: Im Granit des Brokkens/Harz; Eibenstock/Sachsen; San Piero in Campo/Elba; Kragerö, Kaatiala/Norwegen (Kristalle von 5 m Länge); Luxullian, Cornwall/England; SWA/Namibia; Madagaskar; St. Gotthard/Schweiz; Monte Mulatto/Italien. Klare Kristalle von Edelsteinqualität liefern u. a. Lagerstätten in SWA/Namibia und Madagaskar, vor allem Brasilien (Minas Gerais, Bahia), rote und zweifarbige Steine aus Mozambique, Kenia, Tansania, Kalifornien.

Bedeutung und Verwendung: Beliebter Edelstein. Verschliffen werden hauptsächlich die verschiedenen Farbvarietäten des Elbait: »Achroit«, farblos; »Rubellit«, rot; »Indigolith«, blau; »Verdelith«, grün. »Mohrenköpfe« sind nahezu farblose Kristalle mit schwarzem Kopfende, »Türkenköpfe« heißen grüne Kristalle mit rotem Kopfteil, »Melonensteine« haben einen roten Kern und eine äußere grüne Schicht oder umgekehrt. Besonders einige afrikanische Turmaline werden durch »Brennen« bei 650° C »farbveredelt« und erhalten so die beliebteste, smaragdähnliche Farbe. Intensiv gefärbte Steine wurden früher zur Erzeugung von polarisiertem Licht benutzt (Turmalinzangen).

o. l.: Turmalin
Campolungo, Tessin/Schweiz; 18 × 25 mm
o. r.: Turmalin (Schörl)
Grotta d'Oggi, Elba/Italien; 28 × 38 mm
u.: Turmalin mit Quarz
Grotta d'Oggi, Elba/Italien; 33 × 24 mm

Ilvait *Lievrit* $CaFe_3[OH|O|Si_2O_7]$

Kristalle sind aufgewachsen, langsäulig bis nadelig, mit Streifung auf der Prismenfläche; auch strahlige, seltener körnige Aggregate. Spaltbarkeit: deutlich; Dichte: 4,1; Farbe: samtschwarz, bräunlich-, grünlichschwarz (gelbbraune Verwitterungsrinde). Typisches Produkt der Kontaktpneumatolyse. Rio Marina/Elba; Campiglia/Toscana; Trepča/ehem. Jugoslawien; Kupferberg in Schlesien, Herbornseelbach in Hessen, Clausthal im Harz; Laxey Mine, Idaho/USA (8 cm); Seriphos/Griechenland. 1806 entdeckte Lelièvre bei einem Aufenthalt auf Elba das Mineral, das zunächst nach ihm benannt wurde. *Ilva* dagegen ist das lateinische Wort für Elba.

Ilvait
Rio Marina, Elba/Italien; 22× 30 mm

Pektolith $Ca_2NaH[Si_3O_9]$

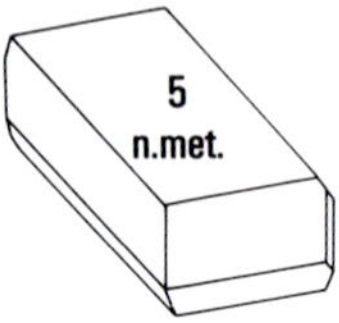

Säulenförmige und tafelige Kristalle, gewöhnlich faserig, radialstrahlige Aggregate oder ganz dicht und derb. Spaltbarkeit: deutlich; Dichte: 2,8; Farbe: farblos, weiß, grau. Hauptsächlich als hydrothermale Bildung in Basalthohlräumen, vergesellschaftet mit Zeolithen, Prehnit, Calcit usw.; selten in metamorphen Gesteinen. Hervorragende Stücke vom Steinbruch Rauschermühle, Niederkirchen/Pfalz; Insel Skye/Schottland; Böhmen; Halbinsel Kola: Erste Bestimmungen machte Kobell 1828 an Material vom Monte Baldo, Trentin/Italien. Wegen seiner äußeren Erscheinungsform bekam das Mineral seinen Namen (*päktos* = festgefügt).

Pektolith
Rauschermühle, Pfalz/BRD; 42× 57 mm

Osumilith
$(K,Na,Ca)(Mg,Fe)_2(Al,Fe)_3[Al_2Si_{10}O_{30}]$

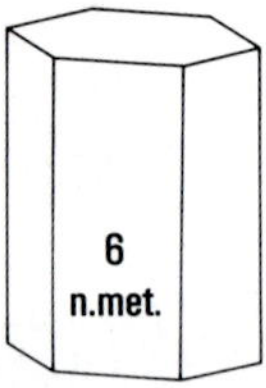

Kristalle sind kurzprismatisch, parallel der c-Achse gestreckt oder tafelig. Meist sehr klein von weniger als 1 mm bis 5 mm. Spaltbarkeit: keine; Dichte: 2,64; Farbe: dunkelblau bis schwarz. Ist dem Cordierit in seinen Eigenschaften sehr ähnlich und deshalb sicher oft übersehen worden. In Drusen vulkanischer Gesteine: Sakkabira, Osumi/Japan (Typlokalität); Oregon/USA; Herchenberg, Bellerberg, Laacher Vulkangebiet. Schöne Kristalle aus Sardinien.

Osumilith
Sardinien/Italien; 8× 11 mm

Milarit
$KCa_2AlBe_2[Si_{12}O_{30}]$

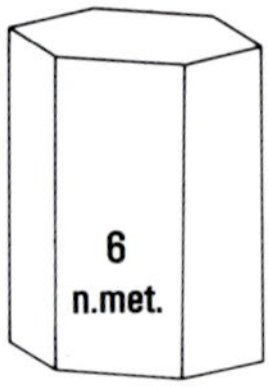

Bis zu 4 cm lange, prismatische Kristalle mit typischen Endflächen. Spaltbarkeit: keine; Dichte: 2,46–2,61; Farbe: farblos, hellgrün, gelblichgrün. In alpinen Klüften und Pegmatiten im Granit. Val Giuf bei Sedrun, Graubünden/Schweiz; in einem Pegmatit bei Wizna/ehem. ČSSR. In hydrothermalen Gängen bei Henneberg/Thüringen; Guanajuato/Mexiko. Schöne Kristalle von Edelsteinqualität findet man bei Swakopmund, SWA/Namibia. Neuerdings sehr schöne Kristalle aus Brasilien. Kola-Halbinsel. Als seltener Schmuckstein und für Mineraliensammler interessant. Nach dem Val Milar/Schweiz benannt.

Milarit
Val Giuf/Schweiz; 20× 28 mm

Pyroxene $AB[Si_2O_6]$ (allgemeine Formel)

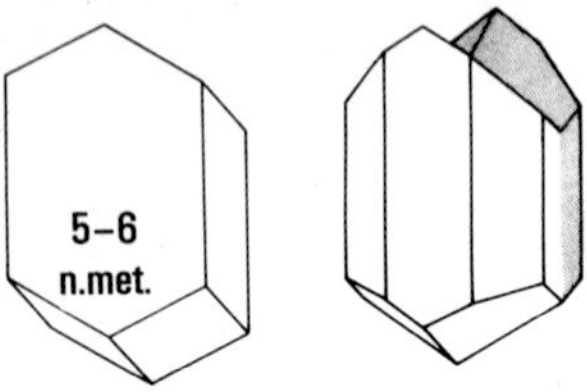

Eigenschaften: Die Pyroxene sind eine sehr große Gruppe von besonders wichtigen gesteinsbildenden Mineralien. Für die in der allgemeinen Formel angegebenen Positionen A und B können eine Vielzahl von Metallatomen eingesetzt werden. Hauptsächlich A: Calcium, Lithium, B: Magnesium, Eisen, Aluminium. Nur die wichtigsten der so entstehenden End- und Mischungsglieder können im folgenden beschrieben werden. Allen Pyroxenen gemeinsam ist die nahezu rechtwinklige Spaltbarkeit, an der sie immer eindeutig von den Amphibolen unterschieden werden können. Beide Gruppen sind chemisch, kristallographisch und nach Art ihrer Vorkommen sehr nahe verwandt. Viele ihrer Glieder sind charakteristisch für magmatische Gesteine, andere für kristalline Schiefer, einige auch für kontaktmetamorphe Bildungen. Verhältnismäßig selten finden sich Kristalle pneumatolytisch oder hydrothermal in Klüften oder Drusen gebildet. Vollständig ausgebildete Kristalle werden manchmal in vulkanischen Tuffen gefunden; Laacher See/Eifel; Rhön; Böhmen. Den Namen leitete Haüy vom griechischen *pyr* = *Feuer* und *xenos* = *fremd* ab, weil er der Meinung war, daß sich das Mineral bei seinen vulkanischen Vorkommen nicht im Augenblick der Eruption gebildet hatte.

Die reinen Endglieder dieser Gruppe sind *Enstatit, Ferrosilit, Hedenbergit, Diopsid.*

Augit ist ein Mischkristall, der unterschiedliche Anteile der vier Endglieder beinhaltet. Kurzsäulige Kristalle mit achtseitigem Umriß, Zwillinge, nach der Querfläche verwachsen, häufig auch Durchkreuzungszwillinge, derb, eingesprengt, in einzelnen Körnern und körnigen Aggregaten, nadelförmig (Eifel). Grün, grünlichschwarz, schwarz. Kristalle von Firmerisch bei Daun/Eifel; Kaiserstuhl; Boreslav/Böhmen; Auvergne/Frankreich. Weit verbreitet, wesentlicher Gemengteil der meisten magmatischen Gesteine, auch in Meteoriten.

Enstatit, $Mg_2[Si_2O_6]$, rhombisch: meist derb, prismatisch. Grauweiß, gelblich, grünlich, bräunlich, dunkelgrün. In den Apatitgängen von Kragerö bis 172 m lange Kristalle; Donegal/Irland; Schottland; Norwegen; Harz, Eifel.

Hedenbergit, $CaFe[Si_2O_6]$, monoklin: Kristalle mit fast quadratischem Querschnitt, spätige Massen, häufiger in bündelartigen, strahligen Aggregaten; schwarz. Rio Marina und Calamita-Mine/Elba; Arendal/Norwegen; Nordmarken/Schweden.

Diopsid, $CaMg[Si_2O_6]$, monoklin: oft gut entwickelte Kristalle, säulenförmig, rechtwinkliger Querschnitt, häufig körnige, stäbchenförmige, faserig-strahlige Aggregate. Weiß, gelb, bräunlich, hellgrün, blau. »Violan« ist violett, »Jeffersonit«, »Chromdiopsid«, »Lawrowit« sind dunkelgrün. Val d'Ala, Val d'Ossola/Italien; Binntal/Schweiz; Zillertal/Österreich; Ural/GUS; Nordmarken/Schweden. Klare, meist grüne Steine werden als Edelsteine verschliffen, die schwarzen, undurchsichtigen zeigen oft einen vierstrahligen Stern (Sterndiopsid).

Jadeit, $NaAl[Si_2O_6]$, monoklin: selten gute Kristalle, meist völlig dicht, mikrokristallin in verfilzten, körnigen oder faserigen Aggregaten. Ähnlich dem Nephrit und wird zusammen mit diesem als Jade gehandelt. Meist lichtgrün. Birma; China; Japan; ganz selten in Italien (Piemont, Turin).

Spodumen, $LiAl[Si_2O_6]$, monoklin: bis zu 16 m lange, einige Tonnen schwere, längsgestreifte Kristalle sind bekannt. Weiß, gelb, grau, rosarot (»Kunzit«), smaragdgrün (»Hiddenit«). Etta und Tin Mountains, South Dakota/USA; Schottland; Kärnten/Österreich; Schweden; Brasilien; Afghanistan. Klare Kristalle werden als Edelsteine verschliffen.

Außerdem gehören zur Pyroxengruppe: *Aegerin, Bronzit, Hypersthen, Diallag.*

o.: Pyroxen (Diopsid) mit Hessonit
Val d'Ala, Piemont/Italien; 28 × 20 mm
u. l.: Pyroxen
Nickenich, Eifel/BRD; 11 × 15 mm
u. r.: Pyroxen (Augit)
Böhmen; 24 × 33 mm

Amphibole $A_2B_5[(OH,F)|Si_4O_{11}]_2$ (allgemeine Formel)

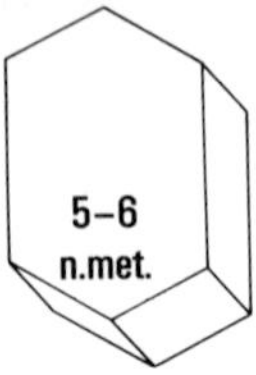

Eigenschaften: Zur Reihe der Amphibole gehört eine Vielzahl sehr wichtiger gesteinsbildender Mineralien. Ihre chemische Zusammensetzung schwankt stark und ist kompliziert. Die Amphibole sind seit Jahrzehnten Objekt intensiver wissenschaftlicher Forschungstätigkeit. In der allgemeinen Formel können für A und B verschiedene Metallatome eingesetzt werden. A: Calcium, Natrium, Kalium; B: Magnesium, Eisen, Aluminium, Mangan, Titan; an die Stelle von Silizium kann auch z.T. Aluminium treten. Von den vielen verschiedenen möglichen Mischkristallreihen werden hier nur die Calcium-Amphibole beschrieben. Sie enthalten die gleichen chemischen Bestandteile wie die Pyroxene, ein Unterschied besteht jedoch in der Kristallstruktur. Dies wird deutlich durch den charakteristischen Spaltwinkel von 124° bei den Amphibolen im Gegensatz zu den Pyroxenen (87°). Der Querschnitt durch Amphibole ist sechsseitig, der durch Pyroxene achtseitig. Das Vorkommen der Amphibole ist sehr weit gestreut, ihre Erscheinungsformen sind, auch wegen des schwankenden Chemismus, sehr unterschiedlich. Faserige, undurchsichtige Aggregate heißen Asbest.

Tremolit (Grammatit), $Ca_2Mg_5[(OH)|Si_4O_{11}]_2$: lange, linealartige Stengel und strahlige Aggregate, weiß bis grau. In körnigen Kalken und Dolomiten im Kontakt mit heißen, aufsteigenden Gesteinsmassen, in kristallinen Schiefern und Serpentinen. Campolungo, Tessin/Schweiz; Zillertal/Österreich; in den USA und der ehem. UdSSR bergmännisch abgebaut.

Aktinolith (Strahlstein), $Ca_2(Mg,Fe)_5[(OH)|Si_4O_{11}]_2$: prismatische Kristalle, breitstengelig, faserig, wirre und verfilzte Aggregate. Dunkelgrün. In Talk- und Chloritschiefer eingewachsen; Zillertal/Österreich; Val Malenco, Val Germanasca/Italien. – »Smaragdit«, gras-, smaragdgrün, kleine kurze Nadeln, zuweilen als Cabochons verschliffen. – »Amiant«, asbestartige Rasen; dichte Filze heißen »Bergleder«, »Bergkork«, »Bergholz«. Wird zu unverbrennbaren Geweben verarbeitet. In den Alpen und im Gebiet der italienischen Seen. – »Nephrit«, mikrokristallin, verfilzt, völlig dicht. Lauchgrün bis grünlichgrau. Baikalsee (spinatgrün, »Russische Jade«), Ostturkestan; Neuseeland; knollen- und gangartig in Schlesien; im Harz. In vorgeschichtlicher Zeit als Werkzeuge und Waffen benutzt, heute zu Schmuck, Zier- und Kulturgegenständen verarbeitet.

Hornblende $(Ca,Na,K)_{2-3}(Mg,Fe^{2+},Fe^{3+},Al)_5[(OH,F)Si_3(Si,Al)O_{11}]_2$: grün- bis rabenschwarz. Kristalle sind ein- und aufgewachsen, meist kurzsäulig, flächenarm. Derb, stengelig, faserig, seltener körnige Aggregate; oft Parallelverwachsungen mit Augit und Diallag; Pseudomorphosen nach Augit von faseriger Struktur heißen »Uralit«. Hornblende ist ein Amphibol-Mischkristall, in dessen Kristallstruktur alle oben erwähnten Metallatome in wechselnden Verhältnissen eingebaut werden können. Weltweit verbreitet, hauptsächlich in magmatischen und metamorphen Gesteinen. Pargas, Pernio/Finnland. Die basaltischen Hornblenden beschränken sich auf vulkanische Gesteine: Basalttuffe von Borislav/Böhmen; Andesite im Siebengebirge. Weitere Vertreter der Amphibolgruppe sind: Der blaue *Glaukophan,* der violettrote bis gelbe *Richterit,* der dunkelblaue *Riebeckit* (asbestartig: *Krokydolith),* der hellblaugrüne *Antophyllit.*

u. l.: Amphibol (Hornblende)
Drachenfels, Siebengebirge/BRD; 30×41mm

o.: Amphibol (Aktinolith)
Lappland/Finnland; 170× 120 mm
u. r.: Amphibol (Tremolit)
Campolungo, Tessin/Schweiz; 30× 41 mm

Inesit $Ca_2Mn_7[Si_5O_{14}OH]_2 \cdot 5H_2O$

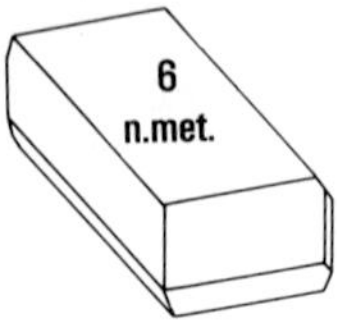

Einzelne Kristalle sind prismatisch oder tafelig, gestreckt, zwischen 1 und 15 mm Länge, meist jedoch nur radialstrahlige Aggregate und faserige Massen. Spaltbarkeit: vollkommen; Dichte: 3,1; Farbe: verschiedene Rosatöne, orangebraun, Kanten scheinen durch. Aus der Manganerzlagerstätte von Nanzenbach bei Dillenburg, von Pajsberg, Jakobsberg, Långban/Schweden (bis 10 cm lange Stengel), Schemnitz/Slowakei; Baia Mare/Rumänien; auf Goldgängen in Idzu/Japan; Broken Hill/Australien.

Inesit
Nanzenbach bei Dillenburg/BRD; 40×55 mm

Rhodonit $CaMn_4[Si_5O_{15}]$

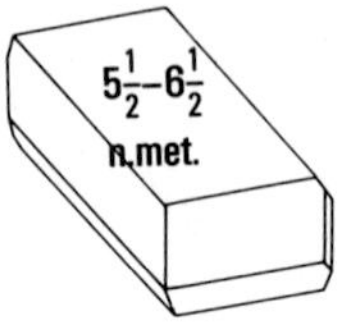

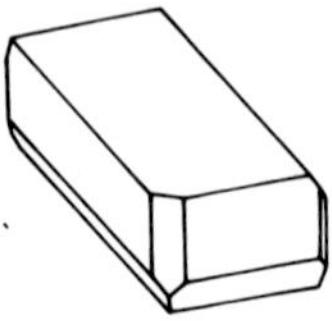

Die Ausbildung der Kristalle ist sehr vielseitig, meist tafelig oder säulig mit gerundeten Ecken; überwiegend jedoch derb, grobspätig oder als dichtes Gestein. Spaltbarkeit: vollkommen; Dichte: 3,73; Farbe: fleischrot, rosenrot, oft braunrot. Schwarze dendritische Einlagerungen von Manganoxid durch beginnende Verwitterung (schwarzer Mangankiesel). Dichtes Material von Ssedelnikówaja/Ural wird als Schmuckstein verschliffen. Prachtvolle Kristalle von Pajsberg, Långban/Schweden; Harz; Westfalen; Italien.

Rhodonit
Pajsberg, Wermland/Schweden; 12×17 mm

Prehnit $Ca_2Al[(OH)_2|AlSi_3O_{10}]$

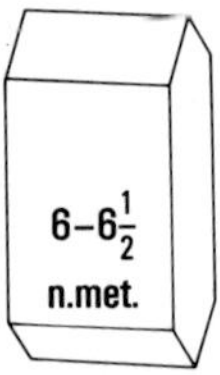

Eigenschaften: Kristalle sind selten, meist tafelig, auch prismatisch, oft gekrümmt, meist zu fächer- und hahnenkammartigen oder völlig kugeligen Gruppen vereint. Auch schalige, nierige, kugelförmige Aggregate sind bekannt. Spaltbarkeit: deutlich; Dichte: 2,8–3,0; Farbe: farblos, weiß, meist leicht grün und gelblichgrün.

Bildung und Vorkommen: Ähnlich den Zeolithen als sekundäres oder hydrothermales Produkt in Blasenhohlräumen, Klüften, Drusen und Gangtrümmern von basischen Gesteinen und kristallinen Schiefern. Harzburg; Oberstein; Steinbruch Rauschermühle, Niederkirchen/Pfalz; Haslach im Schwarzwald; Hessen; Sterzing; Fassatal/Tirol; Bourg d'Oisans, Dauphiné; Barèges in den Pyrenäen/Frankreich; Montecatini/Italien; Schottland; gesteinsbildend im Trapp von New Jersey/USA; mit Zeolithen und gediegen Kupfer am Oberen See/USA. Klare Kristalle von Edelsteinqualität findet man in Neusüdwales/Australien; China; Schottland; Südafrika; USA.

Bedeutung und Verwendung: Die erste nachweisbare Erwähnung findet das Mineral bei Sage (1777), der eine durchsichtige Chrysolithmasse vom Kap der Guten Hoffnung beschreibt. 1783 brachte der holländische Oberst von Prehn das Mineral aus Südafrika nach Deutschland, wo Werner es als ein neues erkannte und nach ihm benannte. Klare Kristalle werden heute als Edelsteine verschliffen.

Verwechslungsmöglichkeiten: Wavellit, Staffelit, Thomsonit, Stilbit, Heulandit können ähnlich aussehen; als Cabochons verschliffen ähnlich wie Chrysopras, Jade, Peridot.

Prehnit
Herborn-Seelbach/BRD; 40× 29 mm

Apophyllit $KCa_4[(F,OH)|(Si_4O_{10})_2] \cdot 8H_2O$

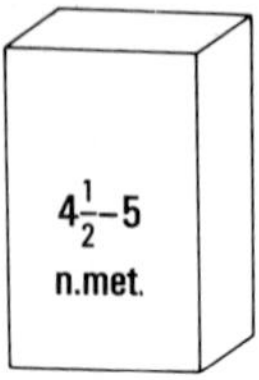

Eigenschaften: Kristalle sind fast stets aufgewachsen, entweder dipyramidal, würfelähnlich oder tafelig; die Flächen sind vertikal gestreift; auch blättrige, selten strahlige Aggregate. Spaltbarkeit: sehr vollkommen; Dichte: 2,3–2,4; Farbe: farblos, weiß, gräulich, rosa, gelblich, grünlich, bläulich.

Bildung und Vorkommen: Hauptsächlich als sekundäres Mineral in Hohlräumen im Basalt zu finden, zusammen mit Prehnit, Calcit, Analcim, Stilbit. Sasbach am Kaiserstuhl, Haslach in Baden, Aussig/Böhmen; Fassatal, Seiseralm/Italien; Island; prachtvolle, große, kräftig grüne Kristalle, aufgewachsen auf Natrolith, kommen in großen Mengen aus Poonah/Indien. Hydrothermal gebildet, manchmal in Gängen von Sulfidlagerstätten. Rosarote Kristalle in St. Andreasberg; Kongsberg/Norwegen; Nagyág, Siebenbürgen/Rumänien. Auf Zerrklüften vieler Lagerstätten: Sulitelma/Norwegen.

Bedeutung und Verwendung: Vor dem Lötrohr blättert Apophyllit auf, deshalb gab ihm Haüy 1805 seinen Namen, den er vom griechischen *apophyllein* = *abblättern* ableitete. Auf Natrolith aufgewachsen, stellt Apophyllit sehr dekorative Sammlerstufen dar (besonders von Poonah). Klare Kristalle werden auch verschliffen und bedeuten dann eine besondere Edelsteinrarität.

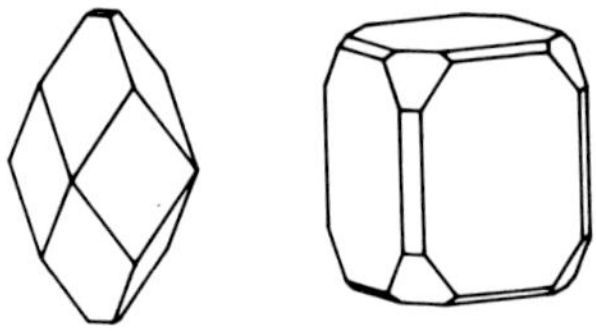

Apophyllit
Teigrarhorn/Island; 64 × 48 mm

Talk *Steatit* $Mg_3[(OH)_2|Si_4O_{10}]$

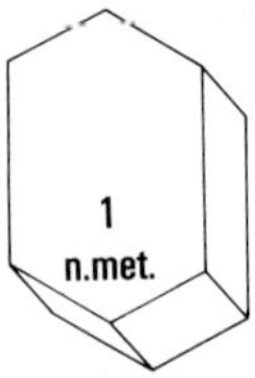

Eigenschaften: Kristalle sind selten, im allgemeinen liegen blättrige, schuppige, auch stengelige Aggregate vor, zuweilen mit rundlichen bis hexagonalen Umrissen. Dichte Massen heißen *Speckstein.* Spaltbarkeit: sehr vollkommen; Dichte: 2,7–2,8; Farbe: helle Töne, weiß, grünlich bis bläulich, gelb, rötlich bis braun. Alle Varietäten fühlen sich fettig an. Dünnere Blätter kann man leicht umknicken.

Bildung und Vorkommen: Weit verbreitet als sekundäres Mineral, das sich hauptsächlich durch hydrothermale Umwandlung aus dunklen Gesteinen oder Metamorphose von verunreinigten Dolomiten gebildet hat. Zöblitz/Sachsen; Lampersdorf bei Frankenstein/Schlesien; Zöptau/Mähren; Zillertal/Österreich; am St. Gotthard bei Hospental wurden Kristalle gefunden; auf den Erzlagern von Sala und Falun/Schweden als *Skököl* sehr verbreitet; Frankreich; Norwegen. Bei Göpfersgrün/Fichtelgebirge Pseudomorphosen von Speckstein nach Quarz.

Bedeutung und Verwendung: Der Name ist wahrscheinlich vom arabischen *talq* abgeleitet und in seiner lateinischen Form *talcus* = *Fett* später ins mittelalterliche Europa übernommen worden. Talk findet sich unter den *Recepten Serapions des Älteren* im 9. Jahrhundert. Von afrikanischen Eingeborenen im vergangenen Jahrhundert wird berichtet, daß sie aus Speckstein Pfeifenköpfe arbeiteten. Auch heute noch wird er für Schnitzarbeiten verwendet, als Pulver für Puder, Füllmasse von Papier, Zusatz zu Seifen und Appreturen, als Schmiermittel für Türdichtungen. In der Industrie ist Talk ein wichtiger Magnesiumträger und wird zum Binden von Cordieritkeramik benötigt.

Talk
Hospental, Sankt Gotthard/Schweiz; 75 × 55 mm

Glimmer-Gruppe $AB_{2-3}[(OH,F)_2|AlSi_3O_{10}]$ (allgemeine Formel)

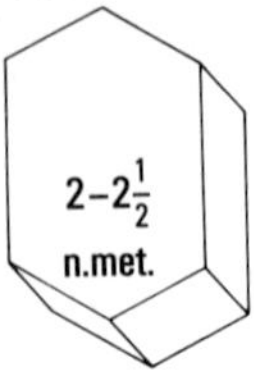

Die physikalischen Eigenschaften aller Glimmer ähneln sich sehr: höchst vollkommene Spaltbarkeit nach der Basis, die beste überhaupt bekannte Spaltbarkeit im Mineralbereich; die Spaltblättchen sind elastisch biegsam. Die Ritzhärte ist unterschiedlich je nach Richtung. Die chemische Zusammensetzung schwankt stark. In die allgemeine Formel können für A eingesetzt werden: Kalium, Natrium, Calcium, für B: Aluminium, Magnesium, Eisen, das Silizium im Kristallgitter kann z. T. durch Aluminium ersetzt werden. Man hat daher den Glimmer in drei Reihen unterschiedlicher chemischer Zusammensetzung aufgeteilt: helle Glimmer (*Muskovit, Paragonit, Glaukonit*), dunkle Glimmer (*Phlogopit, Biotit, Zinnwaldit, Lepidolith*), Sprödglimmer (*Margarit, Clintonit, Xantophyllit*).

Die Glimmer sind überaus wichtige gesteinsbildende Mineralien und als solche zu finden in magmatischen Gesteinen (Granite, Pegmatite, Peridotite, Gänge), in metamorphen Gesteinen (Schiefern, Gneisen, Dolomiten), in manchen Sedimenten (Grünsande).

Muskovit, $KAl_2[(OH,F)_2|AlSi_3O_{10}]$

Die Kristalle sind meist tafelförmig, es kommen auch spitzpyramidale Formen vor (Ilmengebirge/UdSSR). Ein- und aufgewachsen, mit hexagonalem Umriß, blättrig-rosettenartige Aggregate, feinste Schüppchen (Sericit) oder dicht. Dichte: 2,78–2,88; Härte: 2–2,5; Farbe: farblos, gelblich, grünlich, rötlich. Muskovit ist zusammen mit Biotit der am weitesten verbreitete Glimmer, regionalmetamorph, teils durch Umwandlung anderer Silikate. St. Gotthard/Schweiz; Zillertal/Österreich; große Tafeln aus dem Ural; Nordamerika; Tansania; Miami Mica Field/Rhodesien; Platten von 3–5 qm aus Ontario/Kanada. Ein Einkristall von 2,50 m Durchmesser, 3,80 m Länge und 25 t Gewicht wurde aus der Inikurti Mine, Nellore/Indien zutage gefördert. Der grasgrüne Fuchsit, eine Chrom-Varietät, wird in Schwarzenstein in Tirol gefunden. Seine hervorragenden Eigenschaften als Isolator für elektrischen Strom und Wärme haben den Muskovit zu einem wichtigen industriellen Rohstoff gemacht. Geringer Eisengehalt. Muskovit und auch Phlogopit sind die transparentesten Glimmer und werden daher als Fenster besonders für Öfen und Lampen verwendet. Hiervon leitet sich auch der Name ab: *Vitrium Moscoviticum = Glas aus Moskau.*

Phlogopit, $K(Mg,Fe)_3[(OH,F)_2|AlSi_3O_{10}]$

Kristalle wie Biotit. Stets fluorhaltig. Farbe: rotbraun, gelblich, grünlich, auch farblos. Pneumatolytisches und pegmatitisches Mineral. Pargas/Finnland; Åker/Schweden; Campolungo/Schweiz; Fassatal/Italien; riesige Kristallplatten aus Sydenham, Ontario/Kanada; ähnlich aus Madagaskar; Ceylon; das größte Vorkommen ist Slyudjanka/GUS. Technische Verwendung wie bei Muskovit.

Biotit, $K(Mg,Fe)_3[(OH)_2|(Al,Fe)Si_3O_{10}]$

Tafelige, ein- und aufgewachsene Kristalle mit hexagonalem Umriß, blättrige Aggregate, meist schlechte Randbegrenzung. Durch wechselnde chemische Zusammensetzung oft gut erkennbarer Zonarbau. Farbe: dunkelbraun, dunkelgrün, schwarz. Biotit ist der am meisten verbreitete Glimmer; meist in magmatischen Gesteinen, auch in Gneisen und Glimmerschiefern. In Sedimenten verwittert er sofort. Gut ausgebildete Kristalle vom Mt. Somma, Vesuv, Albaner-Gebirge/Italien; Laacher See/Eifel. Nach dem Mineralogen J. B. Biot benannt.

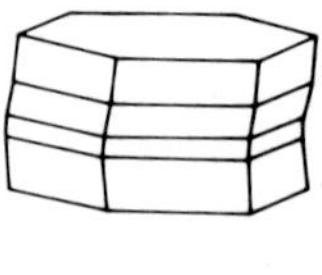

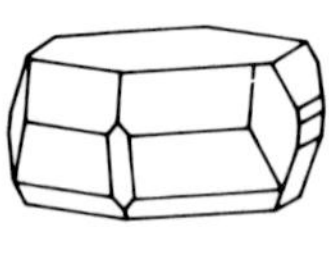

o.: Glimmer (Muskovit)
Binntal/Schweiz; 21 × 15 mm

u. r.: Glimmer (Phlogopit)
Nickenich, Eifel/BRD; 12 × 17 mm

u. l.: Glimmer (Biotit)
Cornwall/England; 25 × 35 mm

Chloritgruppe $A_6[(OH)_8|(Al,Si)_4O_{10}]$ (allgemeine Formel)

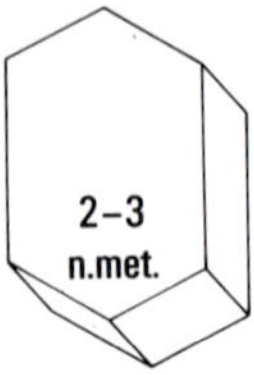

Dieser Gruppe gehören mindestens 20 selbständige Mineralien an, die sich ergeben, wenn man für den Buchstaben A in der oben angegebenen allgemeinen Formel die Elemente Magnesium, 2- und 3wertiges Eisen, Mangan in unterschiedlichen Verhältnissen einsetzt. Alle Chlorite sind nach der Basis glimmerähnlich spaltbar, die Spaltblättchen sind biegsam, aber nicht elastisch; die Farbe ist im allgemeinen dunkelgrün mit einem Stich ins Blaugrün (griechisch: *chloros* = hellgrün). Die selten vorhandenen, gut ausgebildeten Kristalle sehen hexagonal aus, was auf häufige Zwillingsbildung zurückzuführen ist. Im Chloritschiefer z. B. tritt diese Mineralgruppe gesteinsbildend auf, hydrothermal entstanden finden sich Chlorite auf Klüften vieler Gesteine, sehr oft sind sie auch Umwandlungs- und Verwitterungsprodukt von Biotit, Augit, Hornblende, wodurch sehr viele Pseudomorphosen entstehen.

Klinochlor $(Mg,Fe)_5Al[(OH)_8|(Si,Al)_4O_{10}]$ Grünblau, selten gelb oder weiß. Kristalle sind blättrig, pseudohexagonal, selten prismatisch, tönnchenförmig, manchmal sehr flächenreich, schuppig. Val d'Ala/Italien; Zillertal/Österreich; Achmatowsk im Ural.

Pennin, pseudotrigonale Varietät des Klinochlor; dunkelgrün. Tafelige Kristalle mit hexagonalem Umriß, blättrige, schuppige, strahlige oder derbe Aggregate. Härte: 2,5! Zermatt/Schweiz; Val Malenco, Val d'Ala/Italien; Zillertal/Österreich.

Bestimmung und Unterscheidung beider und auch anderer Chlorite ist optisch oft sehr schwer.

Chlorit (Pennin)
Rimpfischwäng, Zermatt/Schweiz; 10×14 mm

Chlorit (Klinochlor), Diopsid, Hessonit
Val d'Ala, Piemont/Italien; 16× 22 mm

Pyrosmalith
$(Mn,Fe)_8[(OH,Cl)_{10}|Si_6O_{15}]$

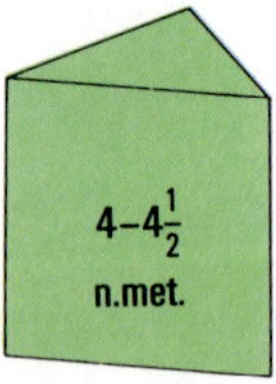

Kristalle bilden dicke, hexagonale Prismen oder Tafeln, sind aufgewachsen, auch derb und in körnigen Aggregaten. Spaltbarkeit: vollkommen; Dichte: 3,32; Farbe: pistaziengrün bis schwärzlichgrün, grünlichgelb bis braungelb. Kommt zusammen mit Calcit, Pyroxen, Apophyllit und Magnetit in Eisenlagerstätten von Dannemora bei Upsala und Nordmarken/Schweden vor; Namibgrube bei Swakopmund, SWA/Namibia; die besten Kristalle kommen von Broken Hill/Australien. Name aus dem Griechischen: *pyr* = *Feuer, osmä* = *Geruch, lithos* = *Stein*, wegen der beim Erhitzen entstehenden Dämpfe.

Pyrosmalith
Filipstad, Nordmarken/Schweden; 14×20 mm

Kämmererit
$(Mg,Fe,Cr)_6[(OH)_8|(Si,Al)_4O_{10}]$

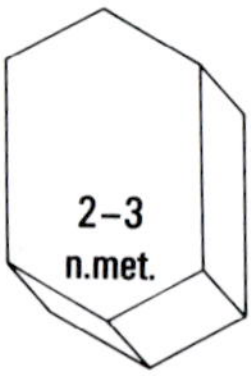

Pseudohexagonale Kristalle, die von steilen sechsseitigen Pyramiden umgeben werden; gelegentlich bis 3 cm groß. Meist dünne Häute und Harnische. Spaltbarkeit: sehr gut, glimmerähnlich; Dichte: 2,65; Farbe: rot bis rotviolett, pfirsichblütenrot. In allen Chromitgebieten zu finden, meist zusammen mit Uwarowit, wie z. B. in Syssertsk bei Swerdlowsk/GUS; Guleman/Anatolien; Shetland-Inseln. Außerordentlich schöne, bis 3 cm große Kristalle kommen seit einigen Jahren aus Kop Daglan/Türkei. Name zu Ehren des Ober-Berg-Apothekers Kämmerer in St. Petersburg (1841).

Kämmererit
Kop Dagları, Anatolien/Türkei; 18× 25 mm

Nephelin *Eläolith* $KNa_3[AlSiO_4]_4$

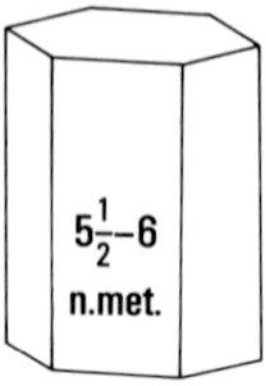

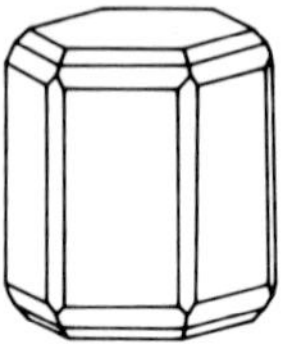

Eigenschaften: Meist einfache hexagonale Prismen, oft mit rauher Oberfläche, kurzsäulig; ein- und aufgewachsen. Spaltbarkeit: unvollkommen; Dichte: 2,60–2,65; Farbe: farblos, grau, gelblich, grünlich, bläulich, dunkelgrün, bräunlichrot. Die in der Formel angegebene theoretische Zusammensetzung schwankt in der Natur sehr, deshalb trüben sich die Kristalle bei langsamer Abkühlung, bei schneller bleiben sie klar.

Bildung und Vorkommen: Hauptsächlich in dunklen Tiefen- und Ergußgesteinen und deren Pegmatiten; selten in kleinen Kristallen aufgewachsen auf Poren vulkanischer Auswürflinge; z. B. Mt. Somma, Vesuv/Italien; Laacher See/Eifel. Kaiserstuhl; Larvik, Frederiksvärn/Norwegen; Alnö, Almunge/Schweden; technisch genutzt und abgebaut werden die Vorkommen der Halbinsel Kola und der Insel Sternoy/Norwegen.

Bedeutung und Verwendung: 1801 leitete Haüy den Namen dieses Minerals vom griechischen *nephelä* = *Wolke* ab, weil sich klare Kristalle bei der Behandlung mit Salpetersäure trüben. Als Fettstein = Eläolith bezeichnete Werner im Jahre 1808 das norwegische Mineral, abgeleitet vom griechischen *elaion* = *Öl*. Es wird in der Glas-, Keramik-, Gummi-, Textil- und Ölindustrie verwendet.

Nephelin
Vesuv/Italien; 10× 14 mm

Nephelin
Üdersdorf, Eifel/BRD; 6× 8 mm

Analcim $Na[AlSi_2O_6] \cdot H_2O$

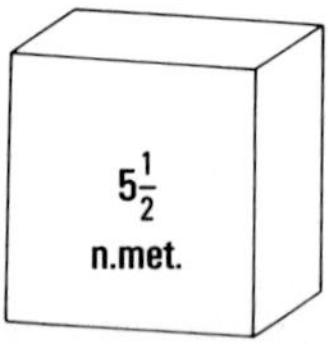

Eigenschaften: Kristalle sind einzeln oder in Drusen aufgewachsen, es kommen Größen bis 10 cm vor. Die ikositetraedrischen kubischen Kristalle sind nahezu ideal ausgebildet. Auch derb, in körnigen, dichten, erdigen Aggregaten; lamellare Zwillingsbildung; Pseudomorphosen nach Leucit, Nephelin, Sodalith. Spaltbarkeit: undeutlich; Dichte: 2,2–2,3; Farbe: weiß, rosa, grau, gelb, fleischrot.

Bildung und Vorkommen: Entsteht hydrothermal hauptsächlich in dunklen, magmatischen Gesteinen, vergesellschaftet mit Mineralien wie Prehnit und den Zeolithen. Auch als Umwandlungsprodukt von Nephelin und Sodalith. Besonders schöne, klare Kristalle gibt es auf den Cyclopeninseln vor Catania/Sizilien; im Fassatal, auf der Seiseralm (bis 10 cm groß), in Montecchio Maggiore/Italien; im böhmischen Mittelgebirge; Bülten/Peine; im Steinbruch Rauschermühle, Niederkirchen/Pfalz, wurden sehr schöne Analcime gefunden, die auf Prehnit aufgewachsen sind. Auf Erzgängen von St. Andreasberg/Harz; Arendal/Norwegen; Gora Blagodat, Ural. Duingen/Hannover. gen/Hannover.

Bedeutung und Verwendung: Zuerst beschrieben wurde Material von den Cyclopeninseln von Dolomieu 1784; er hielt es für einen Zeolith. Den Namen Analcim veröffentlichte Haüy 1801, er leitete ihn vom griechischen *analceiä* = *Kraftlosigkeit* ab.
Von Mineraliensammlern begehrt.

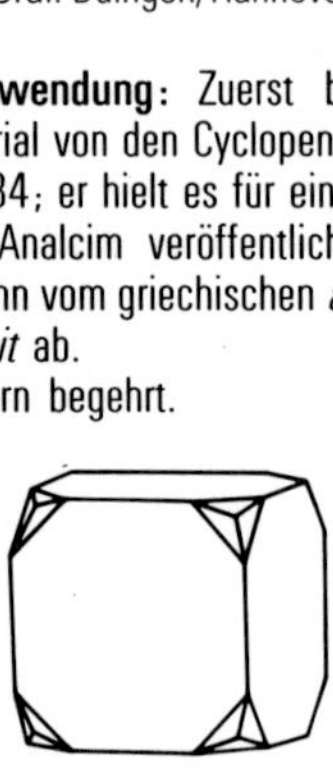

Analcim
Ciamol Alp/Italien; 23× 17 mm

Leucit $K[AlSi_2O_6]$

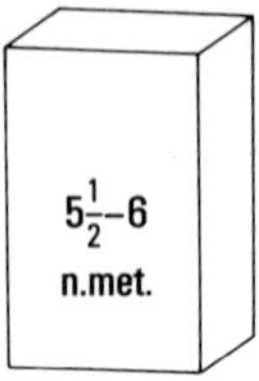

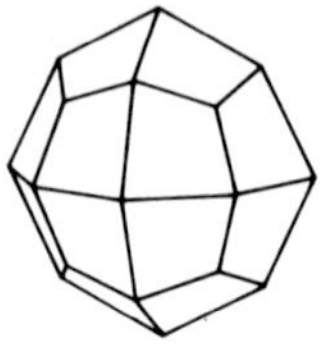

Eigenschaften: Die Kristalle sind regelmäßig ausgebildete Ikositetraeder, weshalb man diese Form auch als »Leucitoeder« bezeichnet. Meist eingewachsen und rundherum sehr gut ausgebildet, selten aufgewachsen oder derb. Die Flächen sind rauh, oft gestreift, Wiederholungszwillinge sind typisch. Spaltbarkeit: keine; Dichte: 2,5; Farbe: farblos, weiß, grau. Bei Temperaturen über 600° C liegt der kubische Hoch-Leucit vor, sinkt die Temperatur, entsteht der tetragonale Tief-Leucit.
Bildung und Vorkommen: Stets in dunklen Ergußgesteinen auskristallisiert und als Hoch-Leucit ausgebildet. In jungen erstarrten Laven kristallisiert er mit der Zeit mikroskopisch fein aus und bildet z. B. »Leucitbasalt«. Leucitoeder findet man lose in der Lava der Albaner Berge und den Tuffen des Vesuvs/Italien; Rieden am Laacher See/Eifel; Kaiserstuhl; ausgezeichnete Kristalle finden sich bei Vancouver/Britisch-Kolumbien.
Bedeutung und Verwendung: Die ersten Kristalle dieses Minerals wurden im 18. Jahrhundert vom Vesuv bekannt. Wegen ihrer auffallenden Kristallform glaubte man, es handele sich um einen »weißen, durch saure Dämpfe oder vulkanische Feuer gebleichten« Granat. Werner erkannte 1791 den Irrtum und nannte das Mineral nach seiner Farbe, griechisch *leukos = weiß*, Leucit. Aufgrund seines Kaliumgehaltes wurde Leucit früher zur Herstellung von kalihaltigen Düngemitteln verwendet.

Leucit
Resina/Italien; 60 × 44 mm

Helvin $Mn_8[S_2|(BeSiO_4)_6]$

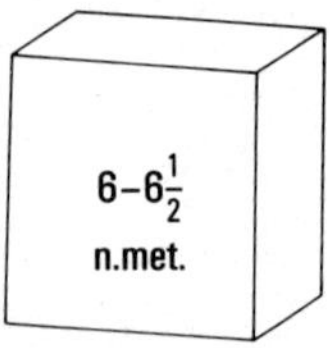

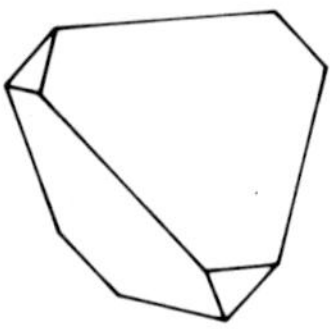

Meist tetraedrisch, manchmal oktaedrisch, einige Zentimeter groß, auch körnige Aggregate, selten kugelig. Spaltbarkeit: deutlich; Dichte: 3,1–3,66; Farbe: gelb und grün, seltener gelbrot bis braunrot. Hauptsächlich in granitischen Pegmatiten, Gneisen, hydrothermalen Gängen. Schwarzenberg/Sachsen; Kap̌nic/Rumänien; Hörtekollen bei Oslo/Norwegen (5 mm Größe); Yxsjö/Schweden; Bayerischer Wald. Das Mineral wurde 1817 von Werner wegen der gelben Farbe des sächsischen Vorkommens (griechisch: *hälios = Sonne*) benannt.

Helvin
Schwarzenberg, Sachsen/BRD; 9 × 12 mm

Skapolith

Marialith $Na_3[Al_3Si_9O_{24}] \cdot NaCl$
Mejonit $Ca_3[Al_6Si_6O_{24}] \cdot CaCO_3$

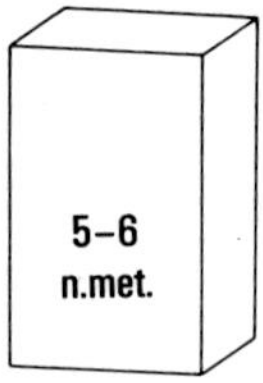

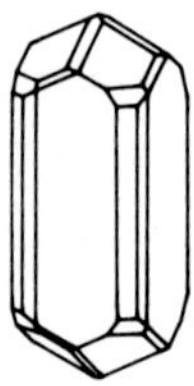

Meist aufgewachsen, säulenförmig, gedrungene Prismen, oft langgestreckt; großkörnig, stengelig, strahlig, auch dichte Massen. Spaltbarkeit: vollkommen; Dichte: 2,54–2,77; Farbe: farblos, weiß, blau, rosarot. Pneumatolytisch entstanden, typisch für Kontaktlagerstätten. 50 cm lange Kristalle in Rossie, Pierrepoint, New York/USA; Val Malenco, Monte Somma/Italien. Schleifwürdige Kristalle aus Madagaskar; Tansania; Brasilien.

Skapolith
Arendal/Norwegen; 55 × 75 mm

Kalifeldspat $K[AlSi_3O_8]$

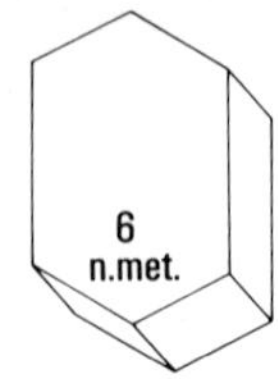

Eigenschaften: Die Kristalle sind meist kurzprismatisch, nach einer kristallographischen Richtung gestreckt und wirken blockig; sie können ein- und aufgewachsen sein und Größen von mehreren Metern erreichen. Die Ausbildungsformen der Kristalle sind je nach Vorkommen verschieden: Eingewachsene sind dicktafelig oder auch säulig, in Drusen und Klüften aufgewachsene sind oft flächenreich. Unverwechselbar werden die Feldspäte durch ihre typischen Zwillingsbildungen: Zwei parallel gewachsene Individuen durchdringen sich zum Teil (Karlsbader Zwilling), zwei oder mehrere Individuen berühren sich entlang einer Fläche (Bavenoer Zwilling, Manebacher Zwilling). Auch in derben, spätigen bis körnigen, seltener blättrigen Aggregaten. Spaltbarkeit: deutlich in zwei Richtungen, die senkrecht aufeinander stehen (hierher der Name Orthoklas, griechisch *orthos = rechtwinklig, klaein = spalten*); Dichte: 2,53–2,56; Farbe: farblos, weiß, rötlich-, gelblichweiß, blaßgelb, fleischrot, grau, spangrün. Entsteht ein Kalifeldspat bei Temperaturen wesentlich über 500° C, so verteilen sich die Aluminium- und Siliziumatome im Kristallgitter ungeordnet auf die vorhandenen Plätze, es entsteht ein monokliner Kristall, der *Sanidin*. Bei Temperaturen unter 500° C nehmen die Aluminium- und Siliziumatome genau vorgeschriebene Plätze im Gitter ein, der trikline *Mikroklin* entsteht. Der *Orthoklas* steht zwischen diesen beiden, in seinem Kristallgitter ist eine beginnende Ordnung zu beobachten, er ist sozusagen ein »verhinderter Mikroklin«. Ein Sanidin kristallisiert bei höheren Temperaturen, während der extrem langsamen Abkühlung des Tiefengesteins verändert sich die innere Struktur, die äußere Form jedoch bleibt erhalten, die Folge ist eine Trübung des Kristalls. Meist sind in das Kristallgitter geringe Mengen von Natriumatomen anstelle der Kaliumatome eingebaut, ein solcher Mischkristall ist der *Adular*; durch Spuren von Kupfer »verunreinigt« ist der grüne *Amazonit*; auch der bläulich schimmernde *Mondstein* ist eine Varietät des Orthoklas.

Bildung und Vorkommen: Feldspäte sind der häufigste Gemengteil von magmatischen Gesteinen, ihr Auftreten wird sogar zur Klassifikation der entsprechenden Gesteine benutzt. Auch in Pegmatiten als riesige Einkristalle und in Sedimenten zu finden. Sanidin: Eifel, Drachenfels; Insel Pantelleria, Elba/Italien. Mikroklin: Hagendorf; Fichtelgebirge; bis Tausende von Tonnen schwere Kristalle in Pegmatiten von Iveland, Tysfjord/Norwegen, Finnland; Amazonit aus Colorado/USA. Orthoklas: Baveno, Elba/Italien; Karlsbad; Gilpatrick/Schottland; ehem. UdSSR; Spanien; Hunderte von Fundorten in den alpinen Zentralmassiven. Bei der Verwitterung entsteht u. a. Kaolin.

Bedeutung und Verwendung: Wird hauptsächlich für keramische Zwecke abgebaut (Porzellan, Glasuren, Isolatoren). Jahresproduktion 1975: 2,6 Mio t. Klare und schön gefärbte Varietäten werden als Schmucksteine verarbeitet.

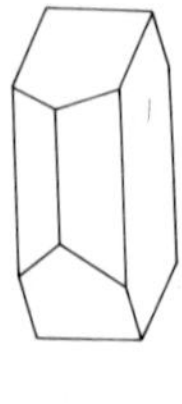
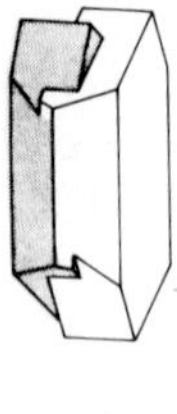
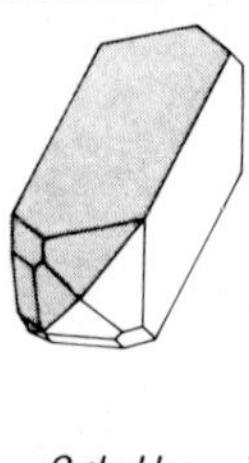
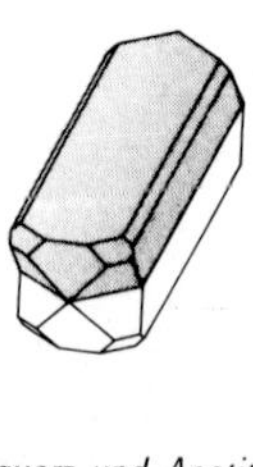

o.: Orthoklas mit Rauchquarz und Apatit
Epprechtstein, Fichtelgebirge/BRD; 45×33 mm

u. l.: Orthoklas
Baveno/Italien; 37× 50 mm

u. r.: Sanidin
Drachenfels, Siebengebirge/BRD; 40×55 mm

Plagioklase *Albit* $Na[AlSi_3O_8]$ *Anorthit* $Ca[Al_2Si_2O_8]$

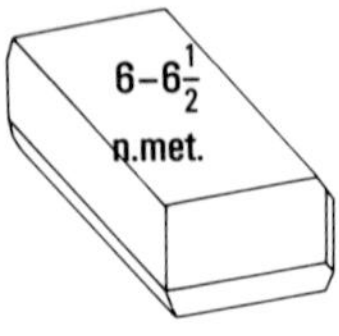

Eigenschaften: Meist tafelig, ein- und aufgewachsen, selten größer als 1-2 cm. Der »Albittyp« ist in Richtung der Vertikalachse gestreckt, dicktafelig; der »Periklintyp« hat dagegen eine stark verkürzte Vertikalachse. Die eingewachsenen Kristalle bilden Tafeln mit leistenförmigem Querschnitt. Zwei typische Zwillingsbildungen (Albit- und Periklinzwillinge), dabei wachsen Individuen mit einer Fläche zusammen und bilden einen einspringenden Winkel. Durch vielfache Wiederholung erscheinen die Flächen längsgestreift. Die beim Kalifeldspat erwähnten Zwillingsbildungen treten auch hier auf. Spaltbarkeit: vollkommen; Dichte: 2,61–2,77; Farbe: farblos, weiß, matt grüngrau, grün, rot.
Der Natronfeldspat heißt *Albit.* Baut man in sein Kristallgitter anstelle des Natriumatoms und eines Siliziumatoms ein Calciumatom und ein Aluminiumatom ein, so erhält man den Feldspat *Anorthit.* Zusammen mit diesem bildet der Albit eine vollständige Mischkristallreihe. Diese Mischkristalle haben eigene Namen erhalten. Mit steigendem Calciumanteil sind dies: *Oligoklas, Andesin, Labradorit, Bytownit.* Die gesamte Mischkristallreihe heißt **Plagioklase**. Bei Kristallisation entsteht der typische Zonarbau, wobei der Kern des Kristalls meist anorthitreich und die äußeren Zonen albitreicher sind. Die bisher beschriebene chemische Zusammensetzung stellt einen Idealfall dar. In der Natur sind die Plagioklase oft mit einem Anteil von Kalifeldspat vermischt. Sinkt nach der Kristallisation dieser komplizierten Mischkristalle die Temperatur langsam ab, so entmischen sich Plagioklas und Kalifeldspat; äußerlich ist dies durch eine feine Lamellierung zu erkennen (Perthit). Sind diese Lamellen unsichtbar fein, wird das Licht an ihnen gebrochen und reflektiert, die Kristalle schillern farbig (Labradorisieren, Adularisieren).

Bildung und Vorkommen: Plagioklase sind Bestandteil der meisten magmatischen Gesteine. In den metamorphen Gesteinen ist ihre Zusammensetzung ein guter Hinweis auf den Grad der Metamorphose. Perikline hat man u. a. gefunden in Rauris, Salzburg; Tirol/Österreich; Graubünden/Schweiz. Der Albit ist auf den Klüften von Striegau in Schlesien, im Fichtelgebirge, in den Dolomiten/Alpen und den Pyrenäen verbreitet. Die Plagioklase findet man in Eruptivgesteinen und metamorphen Gesteinen von Labrador/Kanada; Ojamo/Finnland; Korsika; Cyclopeninseln/Italien. Die Plagioklase verwittern leicht zu Kaolin.

Bedeutung und Verwendung: Ihren Namen haben die Plagioklase erhalten, weil ihre beiden Spaltbarkeiten nicht ganz genau senkrecht aufeinander stehen, abgeleitet vom griechischen *plagios = schief.* Einige Vertreter aus dieser Mischkristallreihe stellen begehrte Edelsteine dar: Labradorit, Aventurin (Sonnenstein), Andesin, selbst klare Kristalle von Peristerit und Bytownit werden verschliffen. Bereits im Jahre 1823 hat man große Teile des komplizierten Feldspatsystems aufgeklärt und den Zusammenhang unter den Gliedern der Albit-Anorthit-Mischkristallreihe erkannt. Der bläulich-grünlich schillernde Labradorit wird als Zierstein bei Fassadenverkleidungen und Fensterbänken verwendet, sowie für Grabsteine. Die Verwitterungsprodukte der Plagioklase werden ähnlich wie die der Kalifeldspäte für die keramische und Porzellanindustrie abgebaut.

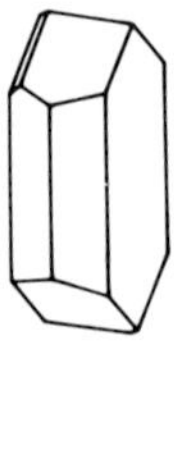

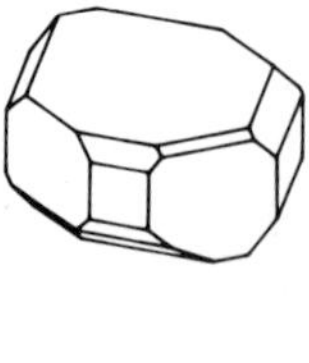

o.: Albit
Dauphiné/Frankreich; 41 × 30 mm
u.: Periklin
Pfitsch/Tirol; 52 × 38 mm

Nosean $Na_8[SO_4|(AlSiO_4)_6]$

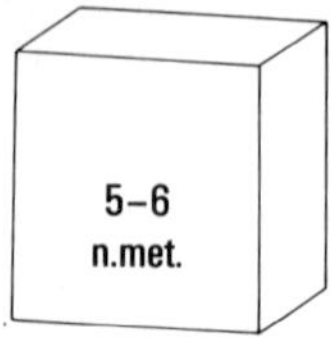

Kristalle von Nosean und Haüyn sind meist gleich ausgebildet. Ein- und seltener aufgewachsen, meist rhombendodekaedrisch; gewöhnlich als runde Körnchen und Aggregate; Zwillingsbildung ist häufig. Spaltbarkeit: deutlich; Dichte: 2,3–2,4; Farbe: grau, braun, blau. Sodalith, Nosean und Haüyn bilden die *Sodalith-Reihe*, die zu den Feldspatvertretern gehört. Unterscheidungsmerkmale sind Farbe und z.T. Vorkommen. Nosean tritt fast nur in jungen nephelin- oder leucitführenden Ergußgesteinen auf. Laacher See, Schellkopf bei Brenk/Eifel; Mt. Somma, Vesuv; Albaner Gebirge/Italien; Hegau, Kaiserstuhl/Baden. Name nach dem Mineralogen K. W. Nose.

Nosean
Laacher See, Eifel/BRD; 30 × 41 mm

Haüyn $(Na,Ca)_{4-8}[(SO_4)_{2-1}|(AlSiO_4)_6]$

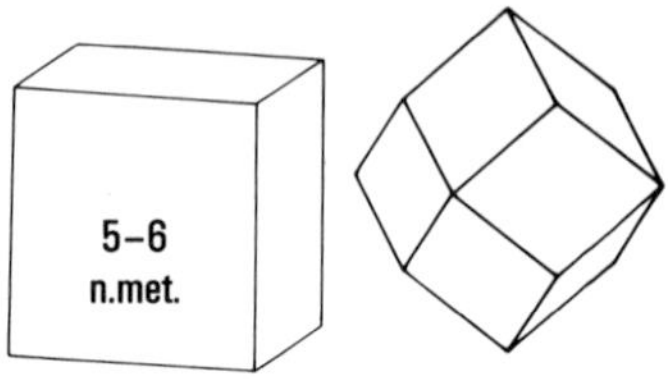

Kristalle sind ganz ähnlich denen des Nosean; rhombendodekaedrisch oder oktaedrisch, meist gerundete Körner; Zwillingsbildung nach der Oktaederfläche, auch Durchdringungs-, polysynthetische und Kontaktzwillinge. Spaltbarkeit: deutlich; Dichte: 2,44–2,50; Farbe: weiß, grau, grün oder blau. Kommt, genau wie Nosean, fast nur in nephelin- oder leucitführenden Ergußgesteinen vor. Laacher See, Niedermendig/Eifel; im »Haüynophyr« von Monte Vulture bei Melfi/Italien.

Haüyn
Campagna di Roma/Italien; 13 × 18 mm

Natrolith $Na_2[Al_2Si_3O_{10}] \cdot 2H_2O$

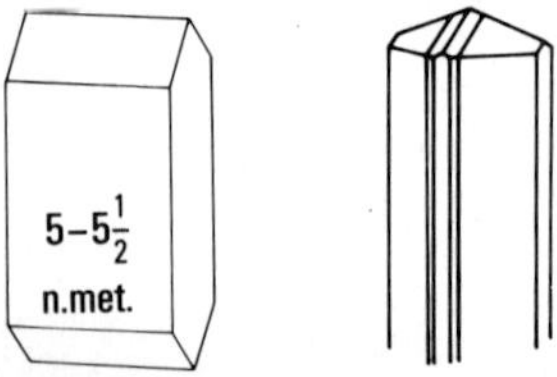

Eigenschaften: Meist einseitig aufgewachsen, langprismatisch, dünn, nadel- und haarförmig, Bündel, Büschel und radialstrahlige, kugelige Aggregate. Spaltbarkeit: vollkommen; Dichte: 2,2; Farbe: farblos, weiß, grau-, gelblich-, rötlichweiß.

Allgemeines: Zeolithe sind Silikate mit besonders weitmaschigem Kristallgitter. In den Hohlräumen und Kanälen können sich fremde Atome und ganze Moleküle aufhalten. Durch Erhitzen ausgetriebenes Kristallwasser wird sofort wieder aufgenommen. Da in die Gitterhohlräume wegen ihrer Größe nur ganz bestimmte Atome oder Moleküle passen, eignen sich die Zeolithe als »Molekular-Sieb«, um z.B. verschiedene Edelgase voneinander zu trennen. Sie können auch Ionen aus »hartem Wasser« aufnehmen und andere gegen sie austauschen, so also als »Ionenaustauscher« wirken. Nach diesem natürlichen Vorbild stellt man heute künstliche Stoffe her, die vergleichbare Eigenschaften haben.

Bildung und Vorkommen: In Hohlräumen von Basalt, auf hydrothermalen Gängen. Riesige Kristalle (1 m lang, 10 cm dick) aus Asbestos/Kanada; Aussig, Teplitz/Böhmen; Vogelsberg/Hessen; Norwegen; Lauban/Schlesien; Montecchio Maggiore, Altavilla, rosarot im Fassatal/Italien. Wunderschöne Stufen aus Poonah/Indien. Auch als Edelstein facettiert.

l.: Natrolith
Roth, Westerwald/BRD; 8 × 11 mm

r.: Natrolith
Ahrensberg, Zilsdorf, Eifel/BRD; 18 × 25 mm

Thomsonit $NaCa_2[Al_5Si_5O_{20}] \cdot 6H_2O$

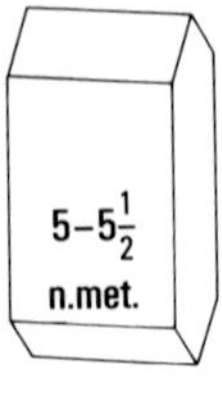

Säulenförmig, meist fächerförmige, stengelige oder kugelförmige Aggregate, faserig. Zwillinge in Form von kreuzförmig verwachsenen Individuen sind bekannt. Spaltbarkeit: vollkommen; Dichte: 2,3–2,4; Farbe: farblos, weiß, gräulich, gelblich, rötlich, grün. Auf Blasenräumen basaltiger Ergußgesteine sehr verbreitet. Sasbach/Kaiserstuhl; Böhmen; Pflasterkaute bei Eisenach; Roßberg bei Darmstadt; Monte Somma, Cyclopeninseln/Italien; Färöer-Inseln (radialfaserige Kugeln). Das strahlige Vorkommen von Gilpatrick/Schottland wurde von Brooke 1829 zu Ehren von Thomas Thomson benannt. Auch als Edelstein facettiert.

Thomsonit
Ahrensberg, Zilsdorf, Eifel/BRD; 18 × 25 mm

Gonnardit $Na_2Ca[(Al,Si)_5O_{10}]_2 \cdot 6H_2O$

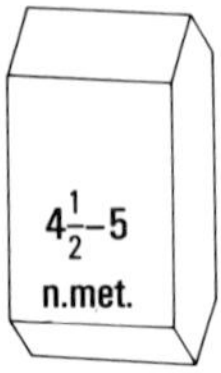

Dichte, faserige Massen, radialstrahlige Aggregate, selten Kristalle. Spaltbarkeit: keine; Dichte: 2,26; Farbe: weiß. Kommt zusammen mit Wollastonit und Pyrit vor in Crestmore, Riverside County, Kalifornien/USA; in Hohlräumen im Basalt bei Chaux de Bergonne, Puy-de-Dôme/Frankreich; mit Thomsonit bei Aci Castello, Aci Trezza/Sizilien; bei Capo di Vove, Rom/Italien; Vogelsberg; Steiermark/Österreich; Langesundfjord/Norwegen. Aggregate bis 4 mm Durchmesser von Brenk/Eifel.

Gonnardit
Schellkopf bei Brenk, Eifel/BRD; 9 × 12 mm

Heulandit $Ca[Al_2Si_7O_{18}] \cdot 6H_2O$

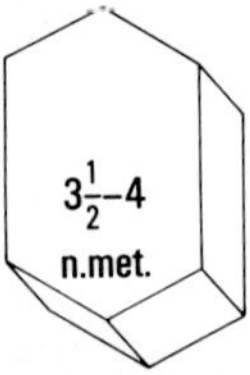

Eigenschaften: Tafelförmig, nach einer Achse gestreckt, meist einzeln aufgewachsen; auch schalige, blättrige und spätige Aggregate. Spaltbarkeit: sehr vollkommen; Dichte: 2,2; Farbe: weiß, grau, gelb, braun, durch Goethitschuppen ziegelrot.
Allgemeines: Die Zeolithe lassen sich, abgesehen von Ausnahmen, einteilen in *Faserzeolithe* (pseudotetragonal), *Blätterzeolithe* (pseudohexagonal), *Würfelzeolithe* (kubisch oder pseudokubisch). Eine Eigenschaft fast aller Zeolithe ist das Aufschäumen bzw. Aufblähen vor dem Lötrohr. Daher auch ihr vom griechischen *zeo* = *wallen* abgeleiteter Name. Zeolithe sind im allgemeinen rezent (jetztzeitlich) gebildet durch thermale Wässer, dabei entweder unmittelbar aus der Lösung auskristallisiert oder pseudomorph nach anderen Mineralien (besonders Feldspäte). Durch sehr schwache Metamorphose (Diagenese) entstehen Natrolith und Laumontit. Zeolithe bilden sich auch in eindampfenden Salzseen.
Bildung und Vorkommen: Heulandit ist meist in Mandelräumen und sonstigen Höhlungen jungvulkanischer Gesteine und deren Tuffen, in Drusen und Klüften älterer Tiefengesteine und kristalliner Schiefer aufgewachsen. In Drusen bei Idar-Oberstein/Hunsrück; auf Zerrklüften von Giebelbach bei Fiesch im Wallis/Schweiz; Purulund/Norwegen; auch auf einigen Erzgängen von St. Andreasberg/Harz und Kongsberg/Norwegen. Rote Kristalle vom Fassatal/Italien; bei Borév/Siebenbürgen. Besonders schöne Kristalle vom Berufjord/Island; Färöer-Inseln.
Bedeutung und Verwendung: Brooke benannte 1822 das Mineral zu Ehren des Sekretärs der geologischen Gesellschaft in London, H. Heuland.

Heulandit
Teigrarhorn/Island; 70 × 52 mm

Gismondin $Ca[Al_2Si_2O_8] \cdot 4H_2O$

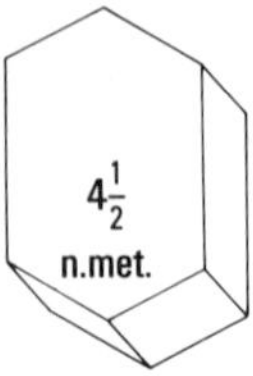

Kristalle bilden pseudotetragonale Bipyramiden, die durch Zwillingsbildung entstehen. Tafelig, meist in halbkugeligen oder garbenförmigen Aggregaten, oft trübe. Spaltbarkeit: deutlich; Dichte: 2,27; Farbe: farblos, weiß, bläulich, gräulich- oder rötlichweiß. Zu finden in basaltischen Laven von Island; Antrim/Irland; Capo di Bove, Vesuv, Aci Castello auf Sizilien/Italien; Groschlattengrün/Bayern, Schiffenberg bei Gießen; auf Basalthohlräumen von Nikolstadt bei Liegnitz/Polen; Brenk/Eifel. Name nach dem italienischen Wissenschaftler Gismondi, der als erster Material der Lava von Capo di Bove untersuchte.

Laumontit $Ca[Al_2Si_4O_{12}] \cdot 4H_2O$

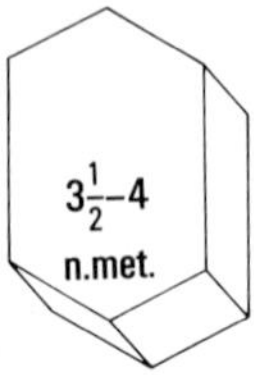

Säulenförmig, stengelig, faserig, radialstrahlig. Zwillingsbildung, manchmal »schwalbenschwanzähnlich«. Spaltbarkeit: vollkommen; Dichte: 2,25–2,35; Farbe: weiß, gelblich-, gräulich-, rötlichweiß. An der Luft verliert Laumontit sein Kristallwasser und zerfällt. Durch Aufbewahren in Wasser läßt sich das verhindern. Auf Klüften und Blasenräumen magmatischer Gesteine und auf manchen Erzgängen. Oberstein/Hunsrück; Bozen/Italien; Nagyág/Siebenbürgen; 30 cm lange Kristalle von Bishop, Kalifornien/USA; Pyrenäen; Ardennen; Nordnorwegen. Name zu Ehren des Entdeckers Gillet-Laumont (1785).

Gismondin
Schellkopf bei Brenk, Eifel/BRD; 3× 4 mm

Laumontit
Herborn-Seelbach/BRD; 28× 38 mm

Stilbit, *Desmin* $Ca[Al_2Si_7O_{18}] \cdot 7H_2O$

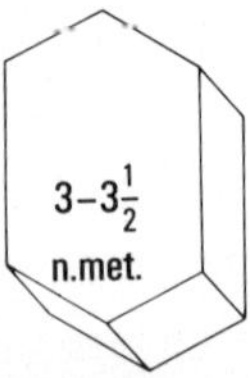

Eigenschaften: Niemals einzelne Kristalle, immer Durchkreuzungszwillinge, garbenförmige Bündel, stengelige Aggregate, verworren oder radialstrahlig, kugelig. Spaltbarkeit: vollkommen; Dichte: 2,1–2,2; Farbe: farblos, weiß, grau, gelblich, honigbraun, braunrot.

Bildung und Vorkommen: Recht häufiger Zeolith, hauptsächlich in Hohlräumen von Mandelsteinbasalten: Staffa, Argyleshire/Schottland; Berufjord/Island (überkrustet Calcit); Fassatal/Italien; Poonah/Indien. In Granitdrusen findet sich Stilbit in Striegau; Baveno/Italien. Auf Klüften in kristallinem Schiefer: Val Maggia im Tessin/Schweiz; Bourg d'Oisans/Frankreich; häufig und gut ausgebildet auf Erzgängen von St. Andreasberg; Kongsberg/Norwegen. Besonders prachtvolle Kristalle kommen von Coonabarabran/Australien.

Bedeutung und Verwendung: Die Unterscheidung der einzelnen Zeolithe ist schwierig, da sie sich häufig nur durch den Wassergehalt unterscheiden. Erste Analysen von Stilbiten unterschiedlicher Herkunft ergaben z.T. unterschiedliche chemische Zusammensetzungen, so daß man geneigt war, unterschiedliche Mineralien darin zu sehen. Erst modernere Verfahren machen es heute möglich, die genaue Kristallstruktur festzustellen und auch den Wassergehalt exakt zu analysieren: Auf diese Weise wurde festgestellt, daß zwei zunächst für unterschiedlich gehaltene Zeolithe dieselben sind, deshalb hat das Mineral zwei Namen.

Stilbit
Färöer; 45× 62 mm

Stilbit, Orthoklas und Quarz
Grube Pilgramshain, Striegau/Polen; 42× 57 mm

Phillipsit $(\frac{1}{2}Ca,Na,K)_3[Al_3Si_5O_{16}] \cdot 6H_2O$

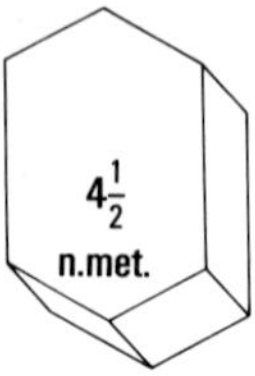

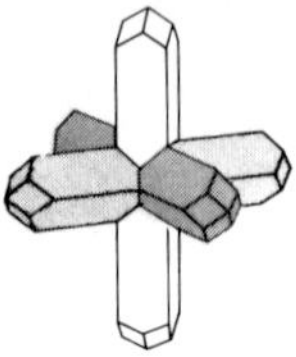

Klein, stets aufgewachsen. Meist Zwillingsbildung, die orthorhombische, tetragonale oder kubische Symmetrie vortäuscht. Spaltbarkeit: schlecht; Dichte: 2,2; Farbe: farblos, weiß, gräulich, gelb, rötlich, bläulich. Gebildet aus zersetzten Feldspäten. Nidda am Vogelsberg, Sasbach am Kaiserstuhl, Roßberg bei Darmstadt, Hauenstein und Salesel in Böhmen; Antrim/Irland; Vesuv/Italien; Island; Brenk, Zilsdorf/Eifel. Name nach dem englischen Mineralogen W. Phillips.

Phillipsit
Böhmen/ČSSR; 30× 41 mm

Gmelinit $(Na_2,Ca)[Al_2Si_4O_{12}] \cdot 6H_2O$

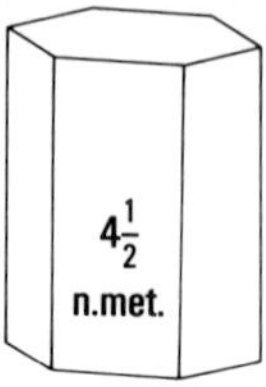

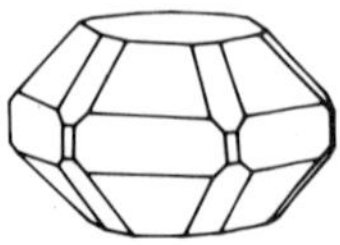

Scheinbar hexagonale Dipyramiden mit gestreifter Prismenfläche. Durchdringungszwillinge sind häufig. Spaltbarkeit: deutlich; Dichte: 2,03; Farbe: gelblich-, rötlichweiß bis fleischrot, selten farblos. Zusammen mit anderen Zeolithen in Hohlräumen von Basaltlaven. Antrim/Irland; Insel Skye/Schottland; bis 3 cm lange und 4 cm breite Kristalle bei Vicenza/Italien; rosa Kristalle von der Insel Flinders/Australien; Herdorf/Siegerland, Grube Samson bei St. Andreasberg/Harz.

Gmelinit
Mahlscheid bei Herdorf, Sieg/BRD;
30× 48 mm

Chabasit $Ca[Al_2Si_4O_{12}] \cdot 6H_2O$

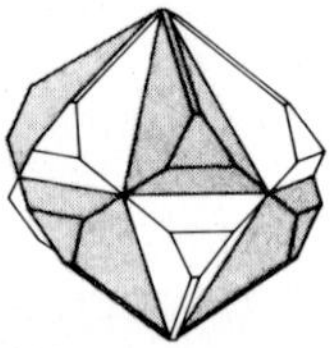

Eigenschaften: Typischer *Würfelzeolith* aus würfelähnlichen Rhoboedern, die manchmal auch abgeflacht sind; die Kanten sind oft abgerundet und gestreift; sehr häufig Durchdringungszwillinge mehrerer Individuen. Durch Flächenkrümmung linsenförmig erscheinende Kristalle heißen »Phakolith«. Spaltbarkeit: deutlich; Dichte: 2,08; Farbe: farblos bis weiß, gelblich- und rötlichweiß bis fleischrot.

Bildung und Vorkommen: Kommt zusammen mit anderen Zeolithen, Calcit und Quarz in Drusenhohlräumen magmatischer Gesteine vor, auch in Klüften von Schiefern und kristallinen Kalken. Neubildungen sind die Chabasit-Absätze der Thermalquellen von Plombières, Vogesen/Frankreich. Ein klassisches Vorkommen ist die Straße zwischen Oberstein und Idar/Hunsrück, in Drusen wurden neben Amethyst und Calcit prachtvolle Kristalle gefunden. Nidda/Vogelsberg und Richmond bei Melbourne/Australien liefern sehr schöne, große Phakolith-Kristalle; in Quarzgeoden auf Rauchquarz bei Freisen/Saarland; im Granit von Striegau/Schlesien und Baveno, Cyclopeninseln, Elba/Italien. Als Neubildung hat man Chabasit in römischem Beton von Wasserleitungen gefunden. Bedeutung und Verwendung: 1788 führte Bosc d'Antic für das Vorkommen von Oberstein den Namen *Chabasie* ein, abgeleitet von dem griechischen Wort *chabasios* = *irgendein Stein.*

Chabasit
Färöer; 60× 43 mm

Bernstein *(fossiles Harz)*

Entstanden vor etwa 50 Millionen Jahren. Unregelmäßig rundliche, stumpfe Knollen, Körner, geflossene Formen, Krusten. Kopfgroße Steine von über 10 kg wurden gefunden; Einschlüsse von Insekten und Pflanzenteilen. Spaltbarkeit: keine; Dichte: 1,05–1,09; Farbe: sehr verschieden, hauptsächlich honiggelb, bräunlich, rötlich, rot, blau (Hisporniola/Haiti). Elektrostatisch aufladbar durch Reiben mit einem Tuch. Größte Lagerstätte der Welt bei Königsberg in Ostpreußen. Riesige Braunkohlebagger förderten im Jahr 500 t. Name vom niederdeutschen *Bernen* = *Brennen*, da der Stein mit einem Streichholz entzündbar ist.

Bernstein
Handorf bei Peine/BRD; 44 × 60 mm

Whewellit $CaC_2O_4 \cdot H_2O$

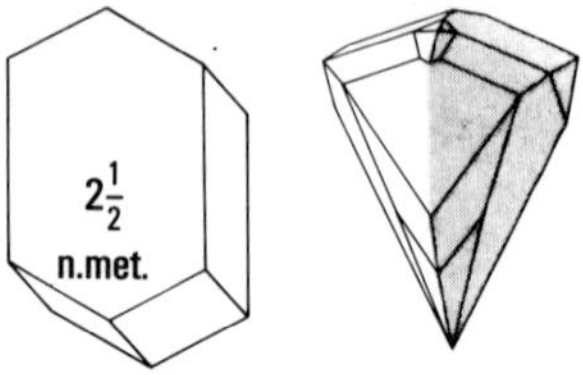

Einfache Kristalle sind meist seltener als Zwillinge; gestreckt, tafelförmig. Spaltbarkeit: deutlich; Dichte: 2,21–2,23; Farbe: farblos, weiß, gelblich, bräunlich. Als Salz einer organischen Säure (Calciumoxalat) an eine »lebende Umwelt« gebunden (Kohleflöze, Erdölgebiete, menschlicher Körper). Im Liegenden eines Steinkohleflözes von Burgk bei Dresden, bei Freiberg/Sachsen; auf Erdöllagerstätten im Kaukasus bei Maikop/ehem. UdSSR; auf Braunkohle in der Toscana; Nieren- und Harnsteine.

Whewellit
Burgk bei Dresden/BRD; 26 × 36 mm

Mellit *Honigstein* $Al_2C_6(COO)_6 \cdot 18H_2O$

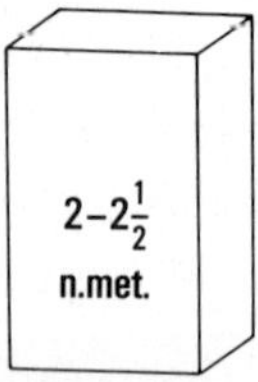

Eigenschaften: Die Kristalle sind klein, die Rhomboederfläche ist gewöhnlich deutlich ausgeprägt, selten lang und säulig, Flächen häufig gewölbt, rauh, die Kanten abgerundet; körnige Aggregate, eingesprengt, als Krusten. Spaltbarkeit: sehr schlecht; Dichte: 1,6; Farbe: weingelb bis dunkelorange, honiggelb, manchmal rötlich oder bräunlich, selten weiß. Unter kurzwelligem ultraviolettem Licht fluoresziert Mellit blau.

Bildung und Vorkommen: Als Aluminiumsalz der organischen Mellitsäure ist das Mineral an eine kohlenstoffreiche Umgebung gebunden. So findet man es gewöhnlich auf Klüften in der Braunkohle als sekundäre Bildung. Bei Artern in Thüringen als 1–2 mm dünner kristalliner Anflug; Dransfeld bei Göttingen in Klüften von bituminösem Holz als mikroskopisch erkennbare pyramidenförmige Kristalle; ziemlich große Kristalle wurden bei Malowka/ehem. UdSSR gefunden; im Pariser Becken/Frankreich.

Allgemeines: Organische Verbindungen bestehen hauptsächlich aus dem Element Kohlenstoff. Viele Millionen solcher Verbindungen kennt man, und immer mehr werden künstlich hergestellt (Kunststoffe). Einige wenige von ihnen entstehen in der Erdkruste und dürfen deshalb als Mineral bezeichnet werden. Dazu gehören Salze organischer Säuren, Kohlenwasserstoffe (Paraphine, Naturasphalt) und fossile Harze.

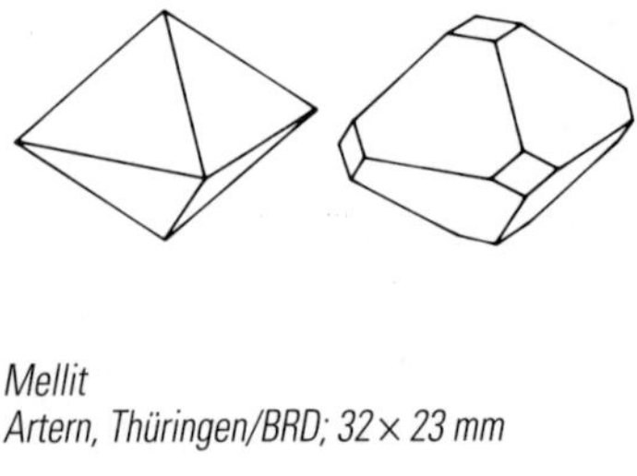

Mellit
Artern, Thüringen/BRD; 32 × 23 mm

Bestimmungstafeln: Metallisch glänzende Mineralien

Name	Seite	Härte	Glanz	Farbe	Strich	Spaltbarkeit; Bruch	Kristallsystem; Aggregate	ähnliche Mineralien
Covellin	58	1½-2		stahlblau bis schwarz, Anlauffarben	bläulichschwarz bis schwarz	sehr vollkommen	hexagonal; tafelig, blättrig; derb, Anflug	
Kupfer	34	2½-3		kupferrot, schwarz anlaufend, grün überkrustet	kupferrot	keine; hakig, hämmerbar	kubisch; derb, skelettartig, Bleche	
Nickelin	56	5-5½		lichtkupferrot, grau, Anlauffarben	bräunlich schwarz	keine; muschelig, uneben	hexagonal; derb, tafelig, körnig, dicht	Breithauptit, Maucherit, Pyrrhotin
Gold	30	2½-3		goldgelb, silberreich: hellgelb	goldgelb glänzend	keine; hakig, hämmerbar	kubisch; Bleche, Drähte, dentritisch, körnig	Pyrit, Chalkopyrit
Bornit	42	3		bronzegelb bis rot, typ. Anlauffarben: violett, blau, rot	schwarz	keine; muschelig	tetragonal; derb, körnig, dicht, Überzüge, Imprägnationen	
Argentopyrit	44	3-4		stahlgrau bis zinnweiß	schwarz	vollkommen	rhombisch; dünntafelig, kurzsäulig, blättrig, büschelig	Pyrrhotin
Millerit	58	3½		messinggelb, matt, schwärzlich	grünlichschwarz	vollkommen	hexagonal; büschelig, nadelig, radialstrahlig, haarig	
Chalkopyrit	48	3½-4		messinggelb, grünlicher Stich	grünlichschwarz, schwarz	deutlich	tetragonal; derb, körnig, dicht, Zwillinge	Pyrit, Pyrrhotin, Gold

Metallisch glänzende Mineralien

Name	Seite	Härte	Glanz	Farbe	Strich	Spaltbarkeit; Bruch	Kristallsystem; Aggregate	ähnliche Mineralien
Pyrrhotin	56	4		bronzegelb, kupferrot	grau schwarz	gut; muschelig, uneben	hexagonal; grobblättrig, rosettenartig, schalig, körnig	Pentlandit Bornit Argentopyrit
Markasit	68	6-6½		messinggelb, grünlich	schwarz, grünlicher Stich	deutlich	rhombisch; radial, faserig, hahnenkammartig, nierig, knollig	Pyrit
Pyrit	64	6-6½		messinggelb, braune Anlauffarben	grünlichschwarz, schwarz	schlecht; muschelig	kubisch; derb, körnig, radialstrahlig, nierig, knollig	Markasit Arsenopyrit
Quecksilber	34	flüssig; unter −39° C kristallin		zinnweiß	–	–	– Tröpfchen	
Graphit	38	1		stahlgrau eisenschwarz	grau bis schwarz	sehr vollkommen	hexagonal; derb, blättrig, schuppig, radialstrahlig, erdig	Molybdänit
Molybdänit	70	1-1½		bleigrau, blauer Stich	bleigrau, dünn: lauchgrün	höchst vollkommen	hexagonal; blättrig, schuppig, dicht, gebogen	Graphit
Nagyagit	60	1-1½		bleigrau, eisenschwarz	grauschwarz	sehr vollkommen	monoklin; blättrig, derb	

Metallisch glänzende Mineralien

Name	Seite	Härte	Glanz	Farbe	Strich	Spaltbarkeit; Bruch	Kristallsystem; Aggregate	ähnliche Mineralien
Sylvanit	60	1½-2		stahlgrau, zinnweiß, bronzegelb	grau, gelblich-grau	vollkommen	monoklin; hieroglyphenartig, tafelig, blättrig, skelettartig	Tellur Calaverit
Antimonit	62	2		bleigrau, Anlauffarben	bleigrau	sehr vollkommen	rhombisch; stengelig, radialstrahlig, büschelig	Bismuthinit
Freieslebenit	76	2-2½		bleigrau, stahlgrau	grau	unvollkommen	monoklin; derb, feinkörnig, prismatisch	
Stephanit	76	2-2½		bleigrau, eisenschwarz	schwarz	undeutlich	rhombisch; Rosetten, derb, eingesprengt, Anflüge	Argentit Chalkosin
Argentit	44	2-2½		schwarz, eisengrau	dunkelgrau	keine; uneben, hakig	monoklin; pseudokub., dentritisch, plattig, blechartig, derb	Chalkosin Stephanit
Wismut	36	2-2½		silberweiß, rötlich, Anlauffarben	bleigrau, silberweiß	vollkommen	trigonal; skelettartig, gestrickt, federartig, dentritisch	Cobaltit Linneit Nickelin Breithauptit
Proustit	72	2-2½		leuchtendrot bis bleigrau, durch Licht dunkler	rot, zinnoberrot	deutlich; muschelig bis splittrig	trigonal; säulig, spießig, pyramidal	Cinnabarit Cuprit Pyrargyrit

Metallisch glänzende Mineralien

Name	Seite	Härte	Glanz	Farbe	Strich	Spaltbarkeit; Bruch	Kristallsystem; Aggregate	ähnliche Mineralien
Pyrargyrit	72	2-2½		bleigrau, grauschwarz	dunkelrot	deutlich; muschelig bis splittrig	trigonal; spießig, säulig, pyramidal	Proustit Cuprit Cinnabarit Miargyrit
Miargyrit	56	2½		stahlgrau, eisenschwarz	braunrot, dunkelrot	keine; kleinmuschelig	monoklin; tafelig, spießig, säulig	Proustit Pyrargyrit Tetraedrit Tennantit
ged. Silber	32	2½-3		silberweiß	silberweiß	keine; hakig, hämmerbar	kubisch; Bleche, Drähte, Locken, Skelette	
Galenit	54	2½-3		bleigrau	grauschwarz	sehr vollkommen	kubisch; körnig, spätig, Zwillinge	Antimonit Molybdänit Ullmannit
Andorit	78	2½-3½		stahlgrau, schwarz	schwarz	keine	rhombisch; tafelig, prismat., flächenreich	
Bournonit	78	2½-3		stahlgrau, bleigrau	grau	undeutlich; muschelig	rhombisch; Zwillinge, säulig, körnig, zahnradähnlich	Boulangerit Fahlerz
Boulangerit	80	2½-3		bleigrau, grau	schwarz bis bräunlich	deutlich	monoklin; nadelig, faserig, federart.	Bournonit Jamesonit Antimonit
Seligmannit	76	3		bleigrau, grau	grauschwarz	keine	rhombisch; gestreift, Zwillinge	

Metallisch glänzende Mineralien

Name	Seite	Härte	Glanz	Farbe	Strich	Spaltbarkeit; Bruch	Kristallsystem; Aggregate	ähnliche Mineralien
Jordanit	80	3		bleigrau, Anlauffarben	schwarz	vollkommen	monoklin; pseudohexagonal, dicktafelig, dünntafelig, Zwillinge	
Landsbergit	34	3		silberweiß	grau	keine; muschelig	kubisch; körnig, plattig	
Arsen	36	3½		bleigrau, zinnweiß	schwarz	vollkommen	trigonal; krummschalig, nierig, derb	
Cuprit	96	3½-4		bleigrau bis rot	bräunlichrot	undeutlich; muschelig, uneben	kubisch; derb, körnig, dicht, nadelig, büschelig	Proustit Pyrargyrit Cinnabarit Hämatit
Dyskrasit	42	3½-4		silberweiß, rötlichweiß, gelblich	grau	deutlich	rhombisch; derb, eingesprengt, spätig	Silber Antimon
Tetraedrit	50	3½-4½		stahlgrau, eisenschwarz	grauschwarz, braun	keine; muschelig uneben	kubisch; derb, eingesprengt, körnig, Zwillinge	Tennantit Bournonit
Tennantit	50	3½-4½		stahlgrau, bleigrau	rötlichgrau	keine; muschelig, uneben	kubisch; eingespr., derb, körnig, Zwillinge	Tetraedrit
Eisen	36	4-5		stahlgrau, eisenschwarz	grau	vollkommen; hakig, hämmerbar	kubisch; derb, körnig, eingespr. in Meteoriten	

Metallisch glänzende Mineralien

Name	Seite	Härte	Glanz	Farbe	Strich	Spaltbarkeit; Bruch	Kristallsystem; Aggregate	ähnliche Mineralien
Safflorit	70	4½-5		zinnweiß bis grauweiß	grauschwarz	deutlich; uneben, muschelig	rhombisch; Drillinge, faserig, strahlig, derb	Skutterudit Arsenopyrit Löllingit
Linneit	60	4½-5½		stahlgrau, silberweiß	grauschwarz	gut; uneben	kubisch; derb, eingesprengt, körnig	Cobaltit
Maucherit	44	5		silbergrau, rötlich	schwarzgrau, bräunlich	keine	tetragonal; derb, stengelig, körnig	Nickelin Breithauptit Linneit
Ullmannit	66	5-5½		stahlgrau, zinnweiß	grauschwarz	vollkommen	kubisch; körnig, spätig, derb	Gersdorffit Galenit
Cobaltit	66	5½		stahlgrau, silberweiß	grauschwarz	vollkommen	kubisch; derb, körnig, spätig	Linneit Nickelin
Skutterudit	74	5½-6		stahlgrau, zinnweiß	grauschwarz	deutlich; muschelig, uneben	kubisch; derb, körnig, nierig	Safflorit Cobaltit Ullmannit Arsenopyrit
Arsenopyrit	70	5½-6		stahlgrau, zinnweiß	schwarz, grauschwarz	deutlich	monoklin; Zwillinge, stengelig, strahlig, derb	Löllingit Chloantit Pyrit Markasit
Hämatit	102	5½-6½		stahlgrau, eisenschwarz	blutrot, braunrot	keine	trigonal; Rosetten, derb, feinkörnig, blättrig, schuppig	Ilmenit Magnetit Chromit Wolframit
Pyrolusit	116	6½ o. niedr.		grauweiß, schwarz, silbergrau	schwarz	deutlich	tetragonal; strahlig, erdig, locker	

Metallisch glänzende Mineralien

Name	Seite	Härte	Glanz	Farbe	Strich	Spaltbarkeit; Bruch	Kristallsystem; Aggregate	ähnliche Mineralien
Polybasit	74	2-3		schwarz	schwarz, tiefrot	undeutlich	monoklin; tafelig, derb, pseudohexagonal	
Plagionit	78	2-3		eisenschwarz, grauschwarz	grauschwarz	gut	monoklin; tafelig, körnig, traubig, derb	Heteromorphit
Semseyit	80	2½-3		eisenschwarz	grauschwarz	deutlich	monoklin; tafelig, fächerförmig, gedreht	
Chalkosin	42	2½-3		schwarzgrau, bleigrau	dunkelgrau	keine; muschelig	monoklin; erdig, Anflüge, Überzüge	Tennantit Tetraedrit Argentit Bournonit
Manganit	124	4		schwarz, braunschwarz	dunkelbraun, rotbraun	vollkommen	monoklin; stengelig, radialstr., pyramidal	Pyrolusit Groutit
Wolframit	118	5-5½		eisenschwarz	schwarzbraun, rotbraun	vollkommen	monoklin; tafelig, strahlig, körnig, blättrig	Columbit Tantalit Cassiterit
Hausmannit	100	5-5½		schwarz, braunschwarz	rotbraun	vollkommen	tetragonal; pseudokub., körnig, spätig, derb, Zwillinge	Magnetit Braunit Franklinit
Chromit	100	5½		schwarz, braunschwarz	braun	keine; muschelig	kubisch; körnig, eingespr., derb	Magnetit
Magnetit	98	5½-6		schwarz, eisenschwarz	schwarz	keine; muschelig	kubisch; derb, körnig, dicht, massig	Chromit Hausmannit
Ilmenit	104	5-6		eisenschwarz, stahlgrau	schwarz, bräunlich	keine	trigonal; derb, körnig, Rosetten	Magnetit Hämatit Pseusobrookit

Nichtmetallisch glänzende Mineralien mit farbigem Strich

Name	Seite	Härte	Glanz	Farbe	Strich	Spaltbarkeit; Bruch	Kristallsystem; Aggregate	ähnliche Mineralien
Manganit	124	4	halbmet. Glanz	braunschwarz	dunkelbraun, rötlichbraun	vollkommen	monoklin; pseudorhombisch, stengelig, radialstr., prismatisch	Pyrolusit Groutit
Groutit	124	4	halbmet. Glanz	grauschwarz	braunschwarz	vollkommen	rhombisch; tafelig, prismatisch	Manganit Pyrolusit
Hauerit	66	4	halbmet. Glanz	rotbraun, braunschwarz	rotbraun, braunrot	vollkommen	kubisch; körnig, kugelig, stengelig	
Goethit	122	5-5½	Diamantgl., Seidengl.	braun, gelbbraun, schwarzbraun	braun, braungelb, gelb	vollkommen	rhombisch; faserig, krustig, strahlig, samtartig, glaskopfartig	
Hornblende	226	5-6	Glasglanz	braun, schwarz	gelbbraun, gelb	sehr vollkommen	monoklin; stengelig, prismatisch	Augit
Augit	224	5-6	Glasglanz	schwarz, braunschwarz	grau, farblos	vollkommen	monoklin; säulig, prismatisch, Zwillinge	
Columbit	118	6	Pechgl., Metallgl.	schwarz, bräunlich	braun, rotbraun, schwarzbr.	deutlich	rhombisch; säulig, tafelig	Allanit Fergusonit Gadolinit
Pseudobrookit	104	6	Diamantgl., halbmet. Glanz	schwarz, dunkelbraun	rotbraun, gelbbraun	deutlich	rhombisch; tafelig, prismatisch	Brookit
Långbanit	206	6-7	halbmet. Glanz	eisenschwarz	dunkelbraun, schwarzbr.	deutlich	trigonal; säulig, tafelig	

Nichtmetallisch glänzende Mineralien mit farbigem Strich

Name	Seite	Härte	Glanz	Farbe	Strich	Spaltbarkeit; Bruch	Kristallsystem; Aggregate	ähnliche Mineralien
Kermesit	60	1	Diamantgl.	rot	rot, braunrot	vollkommen	triklin; büschelig, radialfas., wirrfaserig	
Cinnabarit	52	2-2½	Metallglanz, halbmet. Glanz	zinnoberrot, braunrot, stahlgrau	zinnoberrot	vollkommen	trigonal; derb, körnig, dicht, erdig, Zwillinge	Proustit Pyrargyrit Cuprit
Proustit	72	2-2½	Diamantgl.	zinnoberrot	rot, zinnoberrot	deutlich	trigonal; spießig, pyramidal	Pyrargyrit Miargyrit Cuprit Cinnabarit
Pyrargyrit	72	2-2½	Diamantgl., halbmet. Glanz	rotgrau, grauschwarz	rot, blaurot	deutlich	trigonal; spießig, pyramidal	Proustit Cuprit Miargyrit Cinnabarit
Erythrin	184	2½	Perlmuttglanz, Glasglanz	rosa, rot	blaßrot	gut	monoklin; nadelig, haarig, Ausblühungen	
Cuprit	96	3½-4	halbmet. Glanz, Diamantglanz	rot, braunrot	braunrot	undeutlich	kubisch; körnig, dicht, nadelig, haarig, büschelig	Proustit Pyrargyrit Cinnabarit Hämatit
Hämatit	102	5½-6½	halbmet. Glanz	dunkelrot, stahlgrau, rotbraun	blutrot, braunrot	keine	trigonal; schuppig, faserig, dicht, Rosetten	Magnetit Cinnabarit Cuprit
Realgar	82	1½-2	Harzglanz, Fettglanz	rot, rotorange	orangegelb	vollkommen; muschelig, splittrig	monoklin; eingespr., derb, dicht, körnig	Cinnabarit Proustit
Auripigment	82	1½-2	Perlmuttglanz, Fettgl.	zitronengelb, orangegelb	zitronengelb, orangegelb	vollkommen	monoklin; tafelig, blättrig, radialstr.	

Nichtmetallisch glänzende Mineralien mit farbigem Strich

Name	Seite	Härte	Glanz	Farbe	Strich	Spaltbarkeit; Bruch	Kristallsystem; Aggregate	ähnliche Mineralien
Uranophan	210	2-3	Seidengl., Diamantglanz	zitronengelb, schwefelgelb	blaßgelb	vollkommen	monoklin; faserig, filzig, büschelig	
Autunit	190	2-2½	Perlmuttglanz, Glasglanz	schwefelgelb, gelbgrün	gelblich, grünlich	vollkommen	tetragonal; blättrig, schuppig, erdig, krustig	Chalkophyllit
Pyrostilpnit	74	2	Perlmuttglanz, Diamantgl.	rotbraun, rot	gelborange	vollkommen	monoklin; büschelig, Rosetten	
Krokoit	164	2½-3	Fettgl., Diamantglanz	gelbrot, orange	orangegelb	deutlich	monoklin; prismatisch, säulig, nadelig	Realgar Cinnabarit Wulfenit
Trögerit	192	2-3	Glasglanz	zitronengelb	blaßgelb	vollkommen	tetragonal; tafelig, schuppig	Zeunerit Autunit
Beraunit	186	3-4	Perlmuttglanz, Glasglanz	rot, rotbraun, Anlauffarben	gelb	deutlich	monoklin; tafelig, büschelig, radialstrahlig	
Kakoxen	186	3-4	Seidengl.	gelb, ockergelb, braun	strohgelb	keine	hexagonal; faserig, kugelig, nierig, haarig	
Greenockit	52	3-3½	Diamantglanz	gelb, orangegelb	gelb	deutlich	hexagonal; pulverige Anflüge, Zwillinge	Wurtzit
Wurtzit	52	3½-4	Diamantglanz, halbmet. Glanz	braun	braungelb	vollkommen	hexagonal; faserig, krustig, schalig, Zwillinge	Sphalerit Greenockit

Nichtmetallisch glänzende Mineralien mit farbigem Strich

Name	Seite	Härte	Glanz	Farbe	Strich	Spaltbarkeit; Bruch	Kristallsystem; Aggregate	ähnliche Mineralien
Sphalerit	46	3½–4	halbmet. Glanz, Fettglanz	hellgelb, braungelb, schwarz	gelblichweiß, gelb, braungelb	vollkommen	kubisch; spätig, faserig, krustig, schalig, gebändert	Tetraedrit Cassiterit Wurtzit
Strengit	180	3-4	Glasglanz	violett, rot, weiß, farblos	gelblichweiß	vollkommen	rhombisch; tafelig, prismatisch, radialstrahlig	Baryt
Lepidokrokit	122	5	Diamantgl.	rubinrot, gelbrot	braungelb, orangebraun	vollkommen	rhombisch; tafelig, Rosetten, locker, pulverig	
Goethit	122	5-5½	Diamantglanz	gelb, braun, schwarzbraun	gelb, braungelb	vollkommen	rhombisch; nadelig, strahlig, samtartig	
Chalkophyllit	188	2	Perlmuttglanz, Glasglanz	smaragdgrün, blaugrün	blaßbrün	sehr vollkommen	trigonal; blättrig, Rosetten, tafelig	
Torbernit	192	2-2½	Perlmuttglanz, Glasglanz	smaragdgrün, grasgrün	blaßgrün	sehr vollkommen	tetragonal; tafelig, schuppig, Rosetten	Autunit Trögerit Zeunerit
Liroconit	188	2-2½	Glasglanz, Fettglanz	grün, himmelblau	hellgrün, lichtblau	undeutlich	monoklin; linsenförm., kurzsäulig, eingespr., derb	
Annabergit	184	2½	Glasglanz	grün, grünweiß	blaßgrün	gut	monoklin; pulverig, erdig, nadelig, schuppig	

Nichtmetallisch glänzende Mineralien mit farbigem Strich

Name	Seite	Härte	Glanz	Farbe	Strich	Spaltbarkeit; Bruch	Kristallsystem; Aggregate	ähnliche Mineralien
Zeunerit	192	2½	Glasglanz	gelblichgrün, smaragdgrün	hellgrün	deutlich	tetragonal; tafelig, pyramidal	Torbernit
Caledonit	158	2½-3	Glasglanz, Fettglanz	dunkelgrün, blaugrün, blau	grünlich, bläulich, weiß	deutlich	rhombisch; gestreckt, prismatisch, nadelig, büschelig	
Olivenit	170	3	Glasglanz	lauchgrün, olivgrün, schwarzgrün	olivgrün, gelb	keine; muschelig	rhombisch; nierig, erdig, traubig	Libethenit
Chrysokoll	216	2-4	Glasglanz	grünblau	blaßgrün, blaugrün	keine; muschelig	amorph, kryptokristallin; nierig, traubig, stalaktit. krustig	
Malachit	146	3½-4	Fettglanz, seidig	grün, smaragdgrün, schwarzgrün	hellgrün	keine	monoklin; büschelig, faserig, Überzüge, Anflüge	Pseudomalachit
Beudantit	160	3½-4½	Glasglanz	dunkelgrün, braun, schwarz	grünlich, graugrün	deutlich	trigonal; pseudokubisch, tafelig	
Laubmannit	172	3½-4	Glasglanz	gelblichgrün, graugrün, grünbraun, braun	grün	deutlich	rhombisch; nierig, warzenförm., radialstrahl., parallelfas.	
Ludlamit	180	3-4	Glasglanz	hellgrün, apfelgrün, grünweiß, farblos	grünweiß	vollkommen	monoklin; tafelig, derb, körnig	

Nichtmetallisch glänzende Mineralien mit farbigem Strich

Name	Seite	Härte	Glanz	Farbe	Strich	Spaltbarkeit; Bruch	Kristallsystem; Aggregate	ähnliche Mineralien
Mixit	190	3-4	Glasglanz, Seidengl.	smaragdgrün, blaugrün, hellblau, hellgrün, weißlich	grün	keine	hexagonal; nadelig, radialstr., nierig-traubig	
Agardit	190	3-4	Glasglanz	blaugrün	grün	keine	hexagonal; faserig, nadelig, büschelig	
Libethenit	170	4	Fettglanz, Glasglanz	olivgrün, schwarzgrün	olivgrün	keine; muschelig	rhombisch; radialstr., büschelig, kugelig, nierig	Pseudomalachit Malachit
Pseudomalachit	172	4-5	Fettglanz, Glasglanz	smaragdgrün, schwarzgrün	dunkelgrün, grün	wenig deutlich	monoklin; nierig-traubig, faserig, strahlig	Malachit Libethenit
Konichalcit	178	4½	Glasglanz	pistaziengrün, smaragdgrün	grün	keine	rhombisch; prismatisch, radialstr., nierig-traubig	
Pyrosmalith	234	4-4½	Perlmuttglanz, Fettglanz	pistaziengrün, schwarzgrün, grüngelb, braungelb	hellgrün	vollkommen	trigonal; prismatisch, tafelig, derb, körnig	
Uraninit	120	4-6	Fettglanz, halbmet. Glanz	schwarz, grünschwarz	dunkelgrün	deutlich	kubisch; derb, dicht, nierig-traubig, schalig	Psilomelan Thorianit
Ilvait	222	5½-6	halbmet. Glanz, Fettglanz	schwarz, grünschwarz	dunkelgrün	deutlich	rhombisch; stenglig, strahlig, faserig, säulig	Turmalin Amphibol

Nichtmetallisch glänzende Mineralien mit farbigem Strich

Name	Seite	Härte	Glanz	Farbe	Strich	Spaltbarkeit; Bruch	Kristallsystem; Aggregate	ähnliche Mineralien
Serpierit	160	nicht feststellbar	Glasglanz	himmelblau	blau	vollkommen	rhombisch; tafelig, nadelig, krustig	
Cyanotrichit	160	nicht feststellbar	Seidengl.	himmelblau, azurblau	hellblau	keine	rhombisch; faserig, nadelig, radialstrahlig	
Vivianit	182	2	Perlmuttglanz, Glasglanz	farblos, blau, violett, grün	farblos, weißblau	vollkommen	monoklin; faserig, strahlig, kugelig, erdig	
Linarit	158	2½	Glasglanz	blau, dunkelblau	blaßblau	vollkommen	monoklin; strahlig, faserig, krustig, pulverig	Azurit Lasurit
Azurit	146	3½-4	Glasglanz	blau, dunkelblau, lasurblau	blau	vollkommen; muschelig	monoklin; kugelig, strahlig, nierig-traubig, erdig	Linarit Lasurit

Nichtmetallisch glänzende Mineralien mit farblosem Strich

Name	Seite	Härte	Glanz	Farbe	Strich	Spaltbarkeit; Bruch	Kristallsystem; Aggregate	ähnliche Mineralien
Talk	230	1	Perlmuttglanz, Fettglanz	weiß, grünweiß, grün, gelbweiß		sehr vollkommen	monoklin; blättrig, schuppig, dicht	Pyrophyllit Kaolinit Muskovit
Struvit	180	1½-2	Glasglanz, matt	gelblich, bräunlich, farblos		gut	rhombisch; pyramidal, tafelig, mehlig, zersetzt	
Gips	162	1½-2	Glasglanz, Seidengl., Perlmuttglanz	farblos, weiß, rot, gelb, braun		sehr vollkommen	monoklin; strahlig, spätig, körnig, faserig, schuppig	Muskovit
Schwefel	38	1½-2	Diamantglanz, Harzglanz, Fettglanz	schwefelgelb, honiggelb, wachsgelb, braun		keine; muschelig	rhombisch; derb, körnig, faserig, nierig, erdig	
Sideranatrit	164	1½-2½	Glasglanz	hellorange, strohgelb		deutlich	rhombisch; faserig, krustig, erdig	
Pharmakolith	186	2	Seidenglanz, matt	weiß, grau, rosa, grün		keine	monoklin; nadelig, haarig, faserig, seidig	
Aurichalcit	148	2	Seidenglanz, Perlmuttglanz	grün, blaugrün, himmelblau		vollkommen	rhombisch; nadelig, blättrig, Rosetten	
Vivianit	182	2	Perlmuttglanz, Glasglanz	farblos, blau, violett, grün		vollkommen	monoklin; strahlig, faserig, knollig, erdig, pulverig	

Nichtmetallisch glänzende Mineralien mit farblosem Strich

Name	Seite	Härte	Glanz	Farbe	Strich	Spaltbarkeit; Bruch	Kristallsystem; Aggregate	ähnliche Mineralien
Halit	86	2	Glasglanz	farblos, gelblich, orange, blau, violett		vollkommen	kubisch; körnig, spätig, dicht, parallelfaserig	Sylvin Anhydrit
Sylvin	88	2	Glasglanz, Fettglanz	glasklar, milchig trüb, grau, rötlich, gelblich		vollkommen	kubisch; grobkörn., feinkörn., spätig, dicht	Steinsalz Anhydrit
Pachnolith	90	3	Glasgl.	farblos, weiß		undeutlich	monoklin; prismatisch	Thomsenolith
Chalkanthit	160	2-2½	Glasglanz	blau, grünblau		unvollkommen	triklin; tafelig, säulig, krustig, faserig, körnig	
Bernstein	252	2-2½	Fettglanz	gelb, orange, braun, rot		keine; muschelig	amorph; knollig, zapfig, plattig, schichtig	Mellit
Mellit	252	2-2½	Fettglanz	wachsgelb, braun, weiß		gut	tetragonal; körnig, derb, eingesprengt	
Gaylussit	150	2½	Glasglanz	farblos, graugelb		vollkommen	monoklin	
Chlorit Pennin Klinochlor	234	2-3	Perlmuttglanz, matt	grün, blaugrün, gelbgrün, rosa		sehr vollkommen	monoklin; blättrig, schuppig, erdig, pulverig	Biotit Muskovit Chloritoid
Kämmererit	243	2-3	Perlmuttglanz, matt	rot, violett		sehr vollkommen	monoklin; blättrig, schuppig, erdig, pulverig	

Nichtmetallisch glänzende Mineralien mit farblosem Strich

Name	Seite	Härte	Glanz	Farbe	Strich	Spaltbarkeit; Bruch	Kristallsystem; Aggregate	ähnliche Mineralien
Ettringit	164	2-2½	Glasglanz	farblos, milchig weiß		vollkommen	hexagonal; radialstr., Fasern, nadelig	
Muskovit	232	2-2½	Perlmuttglanz	farblos, silberweiß		höchst vollkommen	monoklin; blättrig, schuppig, dicht	Phlogopit Brucit
Phlogopit	232	2½	Perlmuttglanz	braun, rotbraun, dunkelbraun		höchst vollkommen	monoklin; blättrig, schuppig, dicht	Muskovit Biotit Brucit
Biotit	232	2½	Perlmuttglanz	schwarz, dunkelbraun, dunkelgrün		höchst vollkommen	monoklin; tafelig, blättrig, schuppig	Chlorit Phlogopit
Brucit	120	2½	Glasglanz, Perlmuttglanz	farblos, graublau, grünlichweiß, braun		sehr vollkommen	trigonal; derb, blättrig, schuppig, feinfaserig	
Hydrozinkit	148	2½	matt	schneeweiß, gelbweiß		vollkommen	monoklin; schalig, krustig, nierig, erdig	
Whewellit	252	2½	Glasglanz	farblos, weiß, gelblich, bräunlich		deutlich	monoklin; Zwillinge, tafelig, gestreckt	
Matlockit	90	2½-3	Diamantgl., Harzglanz	gelblich, farblos		vollkommen	tetragonal; tafelig	
Valentinit	101	2-3	Diamantglanz, Perlmuttglanz	farblos, weiß, gelbgrau, gelb		gut	rhombisch; tafelig, strahlig, stengelig, körnig	

Nichtmetallisch glänzende Mineralien mit farblosem Strich

Name	Seite	Härte	Glanz	Farbe	Strich	Spaltbarkeit; Bruch	Kristallsystem; Aggregate	ähnliche Mineralien
Kryolith	90	3	Glasglanz	weiß, bräunlich, rötlich		keine	monoklin; pseudo-kubisch, derb, spätig, grobkörnig	
Vanadinit	178	3	Fettglanz, Diamantglanz	rötlichbraun, orange, braungelb		keine; muschelig	hexagonal; säulig, traubignierig, stengelig	Pyromorphit Mimetesit
Stolzit	164	3	Fettglanz	grau, braun, gelb, rot		unvollkommen	tetragonal; kugelig, eingespr.	Scheelit
Wulfenit	166	3	Fettglanz, Diamantglanz	gelb, orange, rot, grau, weiß		deutlich	tetragonal; tafelig, pyramidal, krustig, derb	
Calcit	128	3	Perlmuttglanz, Glasglanz	farblos, weiß, grau, schwarz, grün, gelb		sehr vollkommen	trigonal; spätig, parallelfaserig, stalaktitisch, pulverig	
Phosgenit	148	3	Diamantglanz, Fettglanz	weiß, gelb, grau, braun		deutlich; muschelig	tetragonal; pyramidal	Anglesit Cerussit
Anglesit	158	3	Diamantglanz, Fettglanz	weiß, weißgrau, schwärzlich		deutlich	rhombisch; derb, körnig, nierigtraubig	Phosgenit Cerussit
Baryt	156	3-3½	Perlmuttglanz, Glasglanz	weiß, grau, gelb, rosa, blau		vollkommen	rhombisch; körnig, spätig, dicht, blättrig, Rosetten	Coelestin

Nichtmetallisch glänzende Mineralien mit farblosem Strich

Name	Seite	Härte	Glanz	Farbe	Strich	Spaltbarkeit; Bruch	Kristallsystem; Aggregate	ähnliche Mineralien
Coelestin	154	3-3½	Perlmuttglanz, Glasglanz, Fettglanz	weiß, blau		vollkommen	rhombisch; plattig, faserig, körnig, spätig	Baryt Anglesit Phosgenit
Anhydrit	154	3-3½	Perlmuttglanz, Glasglanz	farblos, weiß, grau, rötlich		vollkommen	rhombisch; säulig, spätig, stengelig, faserig	Hait Gips
Cerussit	144	3-3½	Diamantglanz	weiß, gelbweiß, grau, schwarz		undeutlich; muschelig	rhombisch; büschelig, stengelig, körnig, dicht, erdig	Anglesit Phosgenit Baryt
Laumontit	248	3-3½	Glasglanz	weiß, gelb, braungelb		vollkommen	monoklin; stengelig, faserig, erdig	
Wavellit	188	3-4	Glasglanz, Seidengl.	weiß, gelb, grünbräunlich		vollkommen	rhombisch; faserig, nadelig, radialstrahlig, kugelig	Variscit Strengit
Artinit	150	3½	Glasglanz	farblos, weiß		gut	monoklin; büschelig, faserig, kugelig, radialstrahlig	
Adamin	172	3½	Glasglanz	grün, gelb, weiß		vollkommen	rhombisch; säulig, nadelig, kleinkörnig	Olivenit Konichalcit
Strontianit	142	3½	Glasglanz, Fettglanz	farblos, weiß, grau, gelb		undeutlich	rhombisch; säulig, faserig, stengelig, büschelig	Aragonit Calcit Natrolith
Witherit	142	3½	Glasglanz, Fettglanz	weiß, grau		undeutlich	rhombisch; strahlig, kugelig, derb, nierig	

Nichtmetallisch glänzende Mineralien mit farblosem Strich

Name	Seite	Härte	Glanz	Farbe	Strich	Spaltbarkeit; Bruch	Kristallsystem; Aggregate	ähnliche Mineralien
Thaumasit	210	3½	Glasglanz	weiß, farblos		keine	hexagonal; nadelig, faserig, derb, dicht	
Aragonit	140	3½-4	Glasglanz, Fettglanz	farblos, weiß, braun		undeutlich	rhombisch; radialstrahlig, parallelfaserig, korallenartig	Calcit
Huréaulith	178	3½	Glasglanz, Fettglanz	farblos, rot, gelb, braun, rosa		deutlich	monoklin; kurzprism., langprism., tafelig, derb, knollig	
Dolomit	138	3½-4	Glasglanz, Perlmuttglanz	weißlich, gelblich, braun, rotbraun		vollkommen	trigonal; sattelförmige Aggr., grobkörn., feinkörn., spätig, zukkerkörn.	Calcit Magnesit Siderit Ankerit
Ankerit	138	3½-4	Glasglanz, Perlmuttglanz	braun, rotbraun, hellbraun		vollkommen	trigonal; sattelförm. Aggregate, grobkörnig, feinkörn., spätig, zukkerkörn.	Calcit Magnesit Siderit Dolomit Kutnahorit
Kutnahorit	142	3½-4	Glasglanz, Perlmuttglanz	rosa, rotbraun, braun		vollkommen	trigonal; sattelförm. Aggregate, grobkörn., feinkörn., spätig, zukkerkörn.	Calcit Magnesit Siderit Ankerit Dolomit

Nichtmetallisch glänzende Mineralien mit farblosem Strich

Name	Seite	Härte	Glanz	Farbe	Strich	Spaltbarkeit; Bruch	Kristallsystem; Aggregate	ähnliche Mineralien
Pyromorphit	176	3½-4	Fettglanz, Diamantglanz	grün, braun, gelb, weiß		keine; muschelig, uneben	hexagonal; säulig, tonnenförm., traubig-nierig, krustig	Mimetesit Vanadinit
Mimetesit	176	3½-4	Fettglanz, Diamantglanz	gelb, orangegelb, braun, grau, farblos, weiß		keine; muschelig, uneben	hexagonal; säulig, tonnenförm., traubig-nierig, krustig	Pyromorphit Vanadinit
Stilbit	248	3½-4	Perlmuttglanz, Glasglanz, Seidengl.	weiß, gelblich, grau, rot		vollkommen	monoklin; tafelig, säulig, garbenförm., kugelig	andere Zeolithe
Heulandit	246	3½-4	Perlmuttglanz, Glasglanz, Seidengl.	weiß, rot, blaßrot, gelblich		vollkommen	monoklin; tafelig, blättrig, strahlig, schuppig	andere Zeolithe
Sphalerit	46	3½-4	Diamentgl., Fettglanz	gelb, braun, schwarz		sehr vollkommen	kubisch; körnig, derb, faserig, krustig, schalig, gebändert	Tetraedrit Cassiterit
Fluorit	92	4	Glasglanz	gelb, grün, blau, violett, farblos		vollkommen	kubisch; spätig, dicht, stengelig, radialstr., gebändert	
Strunzit	186	4	Glasglanz, Seidengl.	strohgelb, braungelb		nicht feststellbar	monoklin; faserig, nadelig, strahlig, büschelig	Kakoxen

Nichtmetallisch glänzende Mineralien mit farblosem Strich

Name	Seite	Härte	Glanz	Farbe	Strich	Spaltbarkeit; Bruch	Kristallsystem; Aggregate	ähnliche Mineralien
Colemanit	150	4-4½	Glasglanz	weiß, gelbweiß, grau		vollkommen	monoklin; körnig, blättrig, derb	
Rhodochrosit	136	4-4½	Glasglanz	rosa, rot		vollkommen	trigonal; sattelförm. Aggregate, körnig, spätig, traubig, krustig	Ankerit Rhodonit
Siderit	134	4-4½	Perlmuttglanz, Glasglanz	gelb, braun, schwarz		vollkommen	trigonal; spätig, radialfas., kugelig, nierig	Calcit Dolomit Ankerit Smithsonit
Magnesit	134	4-4½	Glasglanz	weiß, gelbweiß, grauweiß, braun		vollkommen	trigonal; spätig, körnig, knollig, nierig	Dolomit
Variscit	180	4-5	Fettglanz	grün, blaugrün, farblos		gut	rhombisch; nierig-traubig, radialstr., kugelig	Wavellit
Xenotim	170	4-5	Fettglanz	gelb, braun, rotbraun, rot		vollkommen	tetragonal; prismatisch, derb, eingesprengt	
Chabasit	250	4½	Glasglanz	farblos, weiß, gelblich, rötlich		vollkommen	trigonal; würfelig, Zwillinge	andere Zeolithe
Phillipsit	250	4½	Glasglanz	farblos, weiß, gelblich		gut	monoklin; Zwillinge	andere Zeolithe Harmotom
Goyazit	172	4½-5	Glasglanz, Harzglanz	gelblichweiß, braun		vollkommen	trigonal; pseudokubisch, tafelig	

Nichtmetallisch glänzende Mineralien mit farblosem Strich

Name	Seite	Härte	Glanz	Farbe	Strich	Spaltbarkeit; Bruch	Kristallsystem; Aggregate	ähnliche Mineralien
Gmelinit	250	4½	Glasglanz	gelblich, rötlich, weiß, fleischrot, farblos		deutlich	hexagonal; Zwillinge	Chabasit andere Zeolithe
Gismondin	248	4½	Glasglanz	farblos, weiß, blau, grau, rotweiß		deutlich	monoklin; tafelig, kugelig, garbenförm., Zwillinge	
Apophyllit	230	4½-5	Perlmuttglanz, Glasglanz	weiß, rosa, gelb		sehr vollkommen	tetragonal; blättrig, schuppig, körnig, dicht, chalcedonart.	
Scheelit	166	4½-5	Fettglanz, Diamantglanz	grau, gelb, rot		deutlich	tetragonal; körnig, derb, krustig	
Gonnardit	246	4½-5	Seidengl.	weiß		keine	rhombisch; faserig, radialstrahlig, dicht	
Pektolith	222	5	Glasglanz, Seidengl.	weiß, grauweiß		vollkommen	triklin; stengelig, säulig, faserig, kugelig	Zeolithe
Apatit	174	5	Glasglanz, Fettglanz	grün, blau, violett, grau, weiß		deutlich	hexagonal; körnig, dicht, traubig, knollig, nierig	Beryll Nephelin
Brenkit	148	5	Glasglanz	farblos, weiß		keine	rhombisch; radialstrahlig, büschelig	

Nichtmetallisch glänzende Mineralien mit farblosem Strich

Name	Seite	Härte	Glanz	Farbe	Strich	Spaltbarkeit; Bruch	Kristallsystem; Aggregate	ähnliche Mineralien
Smithsonit	136	5	Glasglanz, Fettglanz	farblos, grau, gelb, grün, blau, rot		vollkommen	trigonal; nierig-traubig, stalaktit., chalcedonart., erdig	
Melilith	212	5-5½	Glasglanz	gelb, grau, braun, farblos		deutlich	tetragonal; tafelig, säulig, körnig	Nephelin
Monazit	170	5-5½	Diamantgl.	gelb, braun, rotbraun		deutlich	monoklin; tafelig, nadelig	
Natrolith	244	5-5½	Glasglanz, Seidengl.	weiß, gelb, bräunlich		vollkommen; muschelig	rhombisch; büschelig, radialstr., kugelig, faserig	andere Zeolithe Thomsonit Aragonit
Thomsonit	246	5-5½	Glasglanz, Seidengl., Perlmuttglanz	weiß, weißgrau		gut	rhombisch; säulig, faserig, stengelig, kugelig	Natrolith
Titanit	210	5-5½	Diamantgl., Glasglanz	gelb, gelbgrün, braun, rotbraun		deutlich	monoklin; tafelig, prismatisch, keilförmig, Zwillinge	
Analcim	236	5½	Glasglanz	rötlich, gelblich, weißlich, weiß		keine; muschelig, uneben	kubisch; derb, körnig, dicht	Leucit Sodalith
Perowskit	104	5½	Diamantgl., halbmetallisch	schwarz, grauschwarz		gut	kubisch; derb, körnig, nierig	Magnetit
Eulytin	202	5-6	Diamantgl.	hellbraun, gelblich		keine; muschelig	kubisch; strahlig, kugelig	

Nichtmetallisch glänzende Mineralien mit farblosem Strich

Name	Seite	Härte	Glanz	Farbe	Strich	Spaltbarkeit; Bruch	Kristallsystem; Aggregate	ähnliche Mineralien
Nosean	244	5-6	Glasglanz, Fettglanz	blau, dunkelblau, braun		vollkommen; muschelig	kubisch	
Hauyn	244	5-6	Glasglanz, Fettglanz	blau, grau		vollkommen; muschelig	kubisch; körnig	
Skapolith	238	5-6	Glasglanz, Fettglanz	weiß, grau, rot, gelb		vollkommen	tetragonal; stengelig, nadelig, faserig, körnig	Feldspat Vesuvian Spodumen
Diopsid	224	5-6	Glasglanz	farblos, weiß, gelblich		deutlich	monoklin; säulig, stengelig, derb, körnig	
Hedenbergit	224	5-6	Glasglanz	schwarz, grünschwarz, braunschwarz		deutlich	monoklin; stengelig, strahlig, spätig, dicht	
Augit	224	5-6	Glasglanz	schwarz, braunschwarz, grünschwarz		gut	monoklin; säulig, Zwillinge	Hornblende
Tremolit	226	5½-6	Glasglanz, Seidengl.	weiß, grau, grün		vollkommen	monoklin; stengelig, nadelig, faserig, asbestart.	Wollastonit Pektolith Zoisit
Aktinolith	226	5-6	Glasglanz, Seidengl.	hellgrün, dunkelgrün, graugrün		vollkommen	monoklin; nadelig, faserig, stengelig	Epidot Turmalin
Hornblende	226	5-6	Glasglanz, Seidengl.	hellgrün, dunkelgrün, braungrün, schwarz		vollkommen	monoklin; stengelig, säulig, strahlig, faserig	Pyroxen Turmalin

Nichtmetallisch glänzende Mineralien mit farblosem Strich

Name	Seite	Härte	Glanz	Farbe	Strich	Spaltbarkeit; Bruch	Kristallsystem; Aggregate	ähnliche Mineralien
Anatas	116	5½-6	halbmet. Glanz, Diamantgl.	blau, schwarz, rot, rotbraun, gelb		vollkommen	tetragonal; tafelig, säulig	
Brookit	118	5½-6	Diamantgl.	braun, gelb, gelbrot, schwarz		keine; muschelig	rhombisch; tafelig, säulig	Pseudobrookit
Leucit	238	5½-6	Glasglanz, matt	weiß, grau, farblos		keine; muschelig	tetragonal; pseudokub.	Analcim Sodalith Granat
Nephelin	236	5½-6	Glasglanz, Fettglanz	weiß, grau, farblos, gelbl., rötl.		unvollkommen; muschelig, uneben	hexagonal; säulig, tafelig, körnig	Apatit Cancrinit
Inesit	228	6	Glasglanz	weiß, rosa, orangebraun, braun		vollkommen	triklin; prismatisch, tafelig, gestreckt, radialstr., faserig	Rhodonit
Milarit	222	6	Glasglanz	farblos, hellgrün, gelbgrün		keine	hexagonal; prismatisch	Beryll
Osumilith	222	6	Glasglanz	dunkelblau bis schwarz		keine	hexagonal; prismatisch, tafelig	Cordierit
Rhodonit	228	5½-6½	Glasglanz, Perlmuttglanz	rot, blaurot, braunrot		vollkommen; muschelig	triklin; tafelig, säulig, spätig, körnig	Tephroit Rhodochrosit
Opal	112	5½-6½	Glasglanz, Wachsgl.	weiß, farblos, braunrot, schwärzlich, milchig trüb		keine; muschelig	amorph; traubignierig, stalaktit., krustig	

Nichtmetallisch glänzende Mineralien mit farblosem Strich

Name	Seite	Härte	Glanz	Farbe	Strich	Spaltbarkeit; Bruch	Kristalsystem; Aggregate	ähnliche Mineralien
Orthoklas	240	6	Perlmuttglanz, Glasglanz	farblos, weiß, grau, rötlich, bräunlich		vollkommen	monoklin; leistenförmig, spätig, körnig, dicht	Mikroklin Plagioklas Skapolith
Sanidin	240	6	Perlmuttglanz, Glasglanz	weiß, grau, farblos		vollkommen	monoklin; tafelig, leistenförmig, Zwillinge	Plagioklas
Mikroklin	240	6	Glasglanz, Perlmuttglanz	weiß, grau, gelblich, rötlich, grün		vollkommen	triklin; tafelig, Zwillinge	Orthoklas Plagioklas Spodumen Skapolith
Plagioklas	242	6-6½	Perlmuttglanz, Glasglanz	weiß, gelblich, klar		vollkommen	triklin; plattig, säulig, krustig, spätig	Orthoklas Sanidin Mikroklin
Diaspor	120	6-6½	Perlmuttglanz, Glasglanz	weiß, gelbl., grau		vollkommen; muschelig	rhombisch; blättrig, stengelig, nadelig, faserig	
Rutil	114	6-6½	Diamantgl.	rot, braunrot		vollkommen	tetragonal; säulig, nadelig, derb, körnig, Zwillinge	Zirkon Cassiterit
Prehnit	228	6-6½	Glasglanz, Perlmuttglanz	grünl., gelbl., weiß		vollkommen	rhombisch; prismatisch, fächerförm., kugelig	Zeolithe
Helvin	238	6-6½	Glasglanz, Fettglanz	gelb, gelbbraun, rotbraun		unvollkommen	kubisch; tetraedrisch, kugelig, sphärolith.	

Nichtmetallisch glänzende Mineralien mit farblosem Strich

Name	Seite	Härte	Glanz	Farbe	Strich	Spaltbarkeit; Bruch	Kristallsystem; Aggregate	ähnliche Mineralien
Humit	206	6-6½	Glasglanz, Harzglanz	braun, gelbbraun, rot		undeutlich	rhombisch; pseudohexagonal, körnig	
Vesuvian	216	6½	Glasglanz, Fettglanz	braun, grün, gelb		keine; uneben, splittrig	tetragonal; säulig, tafelig, körnig, stengelig	Granat Skapolith Epidot
Kyanit	204	4½, 7 (Härteanisotropie)	Perlmuttglanz, Glasglanz	weiß, blau, fleckig		vollkommen	triklin; strahlig, stengelig, blättrig, derb	Sillimanit
Mullit	202	6-7	Glasglanz	farblos, weiß, gelb, rosa, rot		deutlich	rhombisch; strahlig, stengelig, faserig, filzig	Sillimanit
Cassiterit	114	6-7	halbmet. Glanz, Diamantgl., Fettglanz	schwarz, braunschw., rotbraun, gelblich, farblos		undeutlich	tetragonal; derb, körnig, dicht, Zwillinge	Rutil Wolframit
Zoisit	214	6½	Perlmuttglanz, Glasglanz	hellgrau, gelbgrau, grüngrau		vollkommen	rhombisch; stengelig, faserig, spätig, derb	Tremolit Wollastonit
Epidot	214	6-7	Glasglanz	dunkelgrün, schwarzgrün, gelbgrün		vollkommen	monoklin; säulig, stengelig, strahlig	Aktinolith Turmalin Vesuvian
Olivin	196	6½-7	Glasglanz, Fettgl.	olivgrün, gelbgrün, grünschwarz, rot		deutlich	rhombisch; körnig, dicht	
Axinit	212	6½-7	Glasglanz	nelkenbraun, lichtbraun, violett, rosa		deutlich; muschelig	triklin; derb, schalig, stengelig	

Nichtmetallisch glänzende Mineralien mit farblosem Strich

Name	Seite	Härte	Glanz	Farbe	Strich	Spaltbarkeit; Bruch	Kristallsystem; Aggregate	ähnliche Mineralien
Tridymit	112	6½-7	Glasglanz	farblos, weißlich, grau		schlecht	hexagonal; tafelig, schuppig, Drillinge	
Quarz Chalcedon Achat	106	7	Glasglanz, Fettglanz	glasklar, farblos, weiß, braun, schwarz, violett, rosa, gelb		keine; muschelig	trigonal; grobkörn., feinkörn., massig, dicht	Phenakit Cordierit Beryll Topas Apatit Nephelin
Granat	198	6½-7	Glasglanz, Fettglanz, Harzglanz	rot, braun, gelb, grünlichgelb, smaragdgrün, schwarz		keine; muschelig, splittrig	kubisch; rundl. Kristalle	
Boracit	150	7	Glasglanz, Diamantgl.	farblos, grünlich, bläulich, gelblich, rötlich, braunschwarz		keine; muschelig	rhombisch; pseudokub., faserig, körnig, knollig	
Turmalin	220	6½-7	Glasglanz, Fettglanz	schwarzbraun, rosa, grün, blau, farblos, zonarblau		keine; muschelig, uneben, splittrig	trigonal; säulig, nadelig, radialstrahlig	Hornblende Epidot Ilvait
Staurolith	206	7-7½	Glasglanz, Fettglanz	rotbraun, schwarzbraun, schwarz		deutlich; muschelig, uneben, splittrig	monoklin; pseudorhombisch, säulig, Zwillinge	
Andalusit	204	6-7½	Glasglanz	rötlich, gelblich, weiß, grauweiß		deutlich; uneben, spröde	rhombisch; säulig, nadelig, strahlig	

Nichtmetallisch glänzende Mineralien mit farblosem Strich

Name	Seite	Härte	Glanz	Farbe	Strich	Spaltbarkeit; Bruch	Kristallsystem; Aggregate	ähnliche Mineralien
Zirkon	202	4-7	Glasglanz, Diamantgl., Fettgl.	gelb, gelbrot, braunrot, gelbgrün, farblos		keine; muschelig	tetragonal; säulig, pyramidal, körnig, traubig	Granat Vesuvian Cassiterit
Beryll	218	7½	Glasglanz	weißgrau, gelb, grün, blau		deutlich; muschelig, uneben	hexagonal; prismatisch, säulig, stengelig	Apatit Korund Chrysoberyll Topas
Spinell	96	8	Glasglanz	rot, rosa, blau, grün, gelborange, violett		keine; muschelig	kubisch; Zwillinge	Korund
Topas	208	8	Perlmuttglanz, Glasglanz	farblos, gelb, hellblau, blau, rosa, braun		vollkommen; muschelig	rhombisch; säulig, strahlig, stengelig, derb	Phenakit Quarz
Korund	102	9	Glasglanz	grau, gelblich, grünlich, rötlich, bläulich, orange		keine; teilbar, muschelig, splittrig	trigonal; säulig, tafelig, körnig	

Nachweis der abgebildeten Mineralien

Die Ziffern bezeichnen die Seitenzahlen des Buches

Institute und Museen

Mineralogisches Institut der Universität Aachen: 51 l.u., 111 r.o., 137 r.o., 137 u. **Mineralogisches Institut der Technischen Universität Berlin**: 37 l.u., 43 l.u., 50 l.o., 67 u., 117 l.o., 123 u., 145 o., 175 r.o., 179 l.u., 187 l.o., 241 o., 243 o. **Deutsches Bergbaumuseum, Bochum**: 191 l.o. **Mineralogisches Institut der Ruhr-Universität, Bochum**: 16 r.m., 23 l.o., 23 m.o., 37 l.o., 39 o., 43 r.o., 61 r.o., 63 o., 81 r.o., 83 u., 91 l.o., 97 u., 101 o., 101 r.u., 103 r.o., 115 l.u., 119 l.o., 121 u., 135 u., 149 l.o., 149 r.o., 155 o., 171 l.o., 171 r.o., 171 l.u., 171 r.u., 197 u., 209 u., 115 o., 215 r.u., 217 r.o., 217 u., 223 r.o., 223 l.u., 225 r.u., 227 l.u., 227 r.u., 229 u., 231 u., 233 o., 233 l.u., 237 l.o., 241 r.u., 249 r.o., 251 l.o., 253 r.o. **Mineralogisches Institut der Universität Bonn**: 12 l.o., 19 r.o., 23 r.u., 31 u., 43 r.u., 49 u., 57 u., 61 l.o., 67 u., 71 r.u., 75 l.o., 77 u., 109 r.o., 125 u., 137 l.o., 139 l.o., 147 r.u., 173 r.o., 193 u., 205 u., 245 l.o. **Mineralogisches Institut der Technischen Hochschule Darmstadt**: 211 l.u. **Naturkundemuseum Dortmund**: 41, 47 u., 123 l.o., 147 l.u., 157 r.o., 167 u., 167 u., 195 **Mineralogisches Institut der Universität Gießen**: 29, 67 l.o., 73 l.o., 175 l.o. **Mineralogisches Institut der Universität Hamburg**: 35 r.o., 45 r.o., 51 o., 69 u., 71 o., 85, 93 u., 111 u., 119 u., 127, 185 u., 203 l.u., 249 r.u. **Mineralogisches Institut der Universität Heidelberg**: 12 r.o., 61 l.u., 91 r.u., 107 l.u., 117 r.u., 129 u., 145 u., 149 l.u., 153, 159 l.o., 167 o., 173 r.o., 205 l.o., 205 r.o., 217 l.o., 229 r.o., 235 l.o., 237 u., 239 l.u., 241 l.u., 243 u., 249 l.u. **Mineralogisches Museum Kopenhagen**: 11 r.m., 21 3.R.l., 25 r.u., 79 u., 91 o., 105 u., 107 r.u., 115 l.o., 133 r.u., 139 u., 163 o., 169, 181 l.u., 201 l.o., 201 r.o., 203 l.u., 207 r.o., 211 r.o., 213 u., 215 l.u., 221 u., 223 r.u., 227 o., 231 o., 239 r.u., 247 u., 251 u., 253 u. **Mineralogisches Institut der Universität Münster**: 31 l.o., 161 l.o., 179 o., 235 l.u. **École des Mines, Paris**: 11 r.u., 15 r.o., 18 r.o., 18 r.u., 21 r.o., 21 2.R.r., 39 u., 59 o., 97 l.o., 139 r.o., 155 u., 159 l.u., 161 r.u., 181 r.u., 183 r.o., 183 u., 191 u., 199 u., 207 r.u., 211 l.u. **Naturhistorisches Museum Wien**: 47 o., 95, 99 u., 103 u., 109 u., 143 l.u., 177 r.u., 197 o., 199 o., 201 u., 207 l.u., 209 o., 211 l.o., 219 l.o., 221 l.o., 221 r.o., 235 r.o., 239 o.

Privatsammlungen

F. J. Barlow, Appleton/USA: 11 l.o. **W. Bartelke, Wiesbaden**: 11 l.m. **G. Becker, Idar-Oberstein**: 23 m.u., 111 l.o. **H. G. Berthold, Recklinghausen**: 161 l.u. **R. Bode, Bochum**: 35 l.o., 45 l.u., 57 r.o., 87 r.o., 105 r.o., 125 o., 143 o., 151 l.o., 151 l.u., 165 r.u., 193, 203 l.o., 225 l.u. **H. Bolland, Wermelskirchen**: 35 l.u., 53 u., 77 r.o., 79 l.o., 81 l.o., 93 l.o., 229 l.o. **Dr. R. Dietrich, Wiesbaden**: 121 l.o., 121 r.o., 151 r.o., 151 r.u., 173 l.u., 181 l.o., 235 r.u. **S. Flach, Damme**: 31 r.o., 73 r.o., 195 r.o., 219 r.o. **Dr. M. Frangipane, Bochum**: 19 r.u. **Dr. G. Gebhard, Oberwehnrat**: 15 l.o., 18 l.u., 19 l.u., 21 l.u., 33 l.o., 33 u., 35 r.u., 37 r.u., 43 l.o., 45 r.u., 53 l.o., 53 r.o., 55 r.o., 57 l.o., 61 r.u., 63 u., 67 r.o., 73 u., 75 r.o., 75 u., 91 l.u., 99 o., 113 o., 129 r.o., 133 o., 143 r.u., 159 r.u., 177 l.o., 179 r.u., 183 l.o., 189 l.u., 189 r.u., 225 o., 245 r.o. **W. Grieger, Thiersheim**: 173 l.o. **K. M. Graef, Biebertal**: 189 r.o. **Dr. U. Habermalz, Heuchelheim**: 21 r.u., 69 o., 81 u., 119 r.o. **R. Haus, Biebertal**: 141 u. **W. Henkel, Mannheim**: 71 l.u., 191 r.o. **H. Hochrein, Bochum**: 129 l.o., 135 l.o. **W. Hofmann, Naunheim**: 23 l.m., 157 u. **W. Kahn, Bayersoien**: 23 m.m. **F. Klein, Idar-Oberstein**: 17 r.o. **Dr. H. Kuhlke, Essen**: 21 3.R.r., 23 l.u., 103 l.o. **Dr. G. Lamprecht, Stuttgart**: 59 u. **Dr. J. Magnusen, Kettwig**: 23 r.m., 65 l.o. **Dr. O. Medenbach, Witten**: 14 r.o., 19 l.o., 21 l.o., 21 2.R.l., 23 r.o., 24 l.o., 24 r.o., 25 l.u., 33 r.u., 37 r.o., 45 l.o., 49 o., 51 r.u., 65 r.o., 83 o., 87 u., 89, 97 r.o., 107 o., 115 r.o., 115 r.u., 123 r.o., 133 l.u., 135 r.o., 141 l.o., 157 l.o., 163 u., 175 u., 177 r.o., 177 l.u., 181 r.o., 185 o., 187 r.o., 189 l.o. **R. Mell, Kassel**: 141 r.o., 147 r.u. **A. Müsse, Allenbach-Hilchenbach**: 55 u., 131 **H. Rinn, Braunfels**: 11 l.u. **J. Runkel, Bochum**: 117 r.o., 161 r.o., 219 u. **H. Ruppe, Neustadt/W.**: 11 r.o. **A. Schulz, Schwicheldt**: 253 l.o. **Dr. K. Springer, Heidelberg**: 117 l.u., 147 l.o., 223 l.o. **G. Schweisfurth, Niederschelden**: 79 r.o., 101 l.u., 159 r.o., 165 l.o., 251 r.o. **B. Ternes, Mayen**: 105 l.o., 149 r.u., 165 l.u., 203 r.o., 213 o., 245 r.u., 247 l.o., 247 r.o., 249 l.o. **H. Tirler, Wanne-Eickel**: 207 l.o. **H. Wachsen, Nürnberg**: 113 u. **H. Wahl, Atzbach**: 109 l.o., 245 l.u. **H. Weber, Wetzlar**: 187 l.u., 187 r.u. **Prof. Dr. H. Wilk, Taunusstein**: 16 r.o., 93 o.

Literatur

Bücher

Blüchel, K., und Medenbach, O.
Zauber der Mineralien-Kristalle, Gold und Edelsteine
Ringier und Co., Zürich, 1981

Brauns, R., und Chudoba, K. F.
Spezielle Mineralogie
Sammlung Göschen, Walter de Gruyter und Co., Berlin 30, 1964

Correns, C. W.
Einführung in die Mineralogie, Kristallographie und Petrographie
Springer, Berlin, 1968

Hochleitner, R.
Fotoatlas der Mineralien und Gesteine
Gräfe und Unzer, München, 1980

Lieber, W.
Der Mineraliensammler
Ott, Thun, 1978

Lieber, W.
Mineralogie in Stichworten
Hirt, Kiel, 1969

Medenbach, O., und Wilk, H.
Zauberwelt der Mineralien
Sigloch Edition, Künzelsau, 1977

Nickel, E.
Grundwissen Mineralogie
3 Bände. Ott, Thun, 1971–1975

v. Phillipsborn, H.
Tafeln zum Bestimmen der Minerale nach äußeren Kennzeichen
Schweizerbart, Stuttgart, 1967

Ramdohr, P., und Strunz, H.
Klockmanns Lehrbuch der Mineralogie
Ferd. Enke, Stuttgart, 1978

Rösler, H. J.
Lehrbuch der Mineralogie
VEB Deutscher Verlag für Grundstoffindustrie, Leipzig, 1980

Schröcke, H., und Weiner, L.
Mineralien
Tafelwerk und Textband. Kronen, Hamburg, 1972

Schumann, W.
Edelsteine und Schmucksteine
BLV Verlagsgesellschaft mbH, München, 1981

Zeitschriften für Mineraliensammler

Lapis
Christian Weise, München

Mineralienmagazin
Franckh, Stuttgart

Der Aufschluß
Zeitschrift der Freunde der Mineralogie und Geologie. Heidelberg

Emser Hefte
R. Bode, Bochum

Der Karinthin
Salzburg/Österreich

The Mineralogical Record
Bowie, Maryland/USA

Le Monde et les Minéraux
Paris/Frankreich

Schweizer Strahler
Zeitschrift der SVSM, Bern/Schweiz

Mineralienfreund
Zeitschrift der Urner Mineralienfreunde, Altdorf/Schweiz

Register

Steinbachs Naturführer

Weitere Bände

Säugetiere · Landvögel · Süßwasserfische
Insekten (außer Schmetterlingen) · Schmetterlinge
Bäume · Strauchgehölze · Wildblumen
Pilze · Orchideen · Alpenblumen

Die Autoren

Dr. Olaf Medenbach, Jahrgang 1949, ist seit fünf Jahren als wissenschaftlicher Angestellter am Institut für Mineralogie an der Ruhr-Universität in Bochum tätig und gilt international als einer der brillantesten Fotografen von Kristallen. Er ist Mitarbeiter bei »Mineralogical Record«, der bedeutendsten Mineralien-Zeitschrift der Welt und Autor des Buches »Zauberwelt der Mineralien«.
Mendenbach wohnt in Witten an der Ruhr.

Von Cornelia Sussieck-Forneteld, Jahrgang 1951, stammen die Mineralienbeschreibungen in diesem Band.

Der Herausgeber

Gunter Steinbach, geboren 1938, hat sich in zahlreichen Publikationen über die heimische Tier- und Pflanzenwelt einen Namen gemacht. Nach zwei Jahrzehnten Verlagstätigkeit lebt er heute auf seinem Einödhof im Westallgäu. Dort widmet er sich artgerechter Tierhaltung, dem biologischen Gartenbau in Höhenlagen und seinen Veröffentlichungen im Themenkreis Natur.